彩色图说

高效养土鸡

新技术

魏刚才　王　亮　王岩保　主编

U0243728

化学工业出版社

·北京·

图书在版编目（CIP）数据

彩色图说高效养土鸡新技术 / 魏刚才，王亮，王岩保主编. —北京：化学工业出版社，2019.10（2025.4 重印）
ISBN 978-7-122-34990-3

Ⅰ. ①彩… Ⅱ. ①魏…②王…③王… Ⅲ. ①鸡 - 饲养管理 - 图集 Ⅳ. ① S831.4-64

中国版本图书馆 CIP 数据核字（2019）第 166289 号

责任编辑：邵桂林　　　　　　　　　文字编辑：焦欣渝
责任校对：王鹏飞　　　　　　　　　装帧设计：关　飞

出版发行：化学工业出版社（北京市东城区青年湖南街13号　邮政编码100011）
印　　装：北京建宏印刷有限公司
850mm×1168mm　1/32　印张10　字数299千字
2025 年 4 月北京第 1 版第 2 次印刷

购书咨询：010-64518888　　　　　售后服务：010-64518899
网　　址：http://www.cip.com.cn
凡购买本书，如有缺损质量问题，本社销售中心负责调换。

定　　价：59.80元　　　　　　　　版权所有　违者必究

编写人员名单

主　编　魏刚才　王　亮　王岩保

副主编　王俊良　杜燕玲　张璐璐　刘先敏

编写人员（按姓名笔画排列）

丰兰竹（新乡市红旗区农业农村局）

王　亮（鹤壁市动物卫生监督所）

王　莉（河南科技学院）

王岩保（鹤壁市农业农村发展服务中心）

王俊良（鹤壁市动物卫生监督所）

刘先敏（河南省动物疫病预防控制中心）

杜燕玲（修武县云台山镇农业服务中心）

李　蛟（河南省动物疫病预防控制中心）

张璐璐（信阳市动物疾病预防控制中心）

郭来军（濮阳市畜牧良种繁育中心）

程灵均（新乡市红旗区农业农村局）

魏刚才（河南科技学院）

前言

我国有着丰富的土鸡品种资源，土鸡因骨细肉厚、皮薄、肉质嫩滑、味香浓郁、营养全面，土鸡蛋蛋白浓稠、蛋黄颜色深、风味好等深受消费者青睐，从而极大地促进了土鸡养殖业的发展，使其成为我国养鸡业中的一个新兴产业，也成为农村新的经济增长点。我国的土鸡养殖虽然具有悠久的历史，但传统的饲养方法已不能适应规模化土鸡养殖业的发展要求，已影响到生产效益，需要采用先进的养殖技术来科学养殖。为此，我们组织了长期从事养鸡教学、科研和生产的有关专家编写了《彩色图说高效养土鸡新技术》一书。

本书全面系统地介绍了高效养土鸡新技术，图文并茂，具有较强的实用性、针对性和可操作性，为土鸡规模化养殖提供技术支撑。

由于水平有限，书中可能会有不当或不妥之处，敬请广大读者批评指正。

编者

目 录

第一章　土鸡的品种与选择

第二章　土鸡的选育与繁殖

第三章　土鸡场的设计建设

第四章　土鸡的营养需要与日粮配制

第五章　种用土鸡的饲养管理

第六章　商品土鸡的饲养管理

第七章　肉蛋兼用型土鸡的饲养管理

第八章　土鸡养殖场的经营管理

第九章 土鸡场的疾病控制

参考文献

第一章
土鸡的品种与选择

第一节　土鸡的主要品种

　　土鸡是我国的地方品种鸡，包括标准土鸡品种和选育土鸡品种。

一、标准土鸡品种

1.桃源鸡

　　【产地与分布】　桃源鸡原产于湖南省桃源县，分布在沅江以北、延溪上游的三阳港、佘家坪一带。它以体形高大而驰名，也称桃源大鸡。20世纪60年代，该品种曾先后在北京和法国巴黎展览。

　　【外貌特征】　桃源鸡体形高大，体质结实，羽毛蓬松，体躯稍长，呈长方形。公鸡姿态雄伟，性情勇猛而好斗，头颈高昂，尾部羽毛上翘，侧面呈"U"字形。母鸡体格稍高，性情温驯，活泼好动，背部较长而平直，后躯深圆，近似方形。单冠，冠齿7～8个，公鸡鸡冠直立，母鸡鸡冠常倒向一侧。耳叶、肉髯鲜红。虹彩呈金黄色。公鸡全身呈金黄色或红色，主翼羽和尾羽呈黑色，梳状羽金黄色或间有黑斑。母鸡羽色有黄色和麻色两类。喙、胫呈青灰色，皮肤白色，见图1-1。

　　【生产性能】　桃源鸡生长较慢，尤其是早期生长发育缓慢，在良好饲养条件下，90天公鸡体重1093.5克，母鸡体重862.0克。雏鸡羽毛生长速度迟缓，出壳后绒毛较稀。主、副翼羽一般要到3周龄才能全部长出。常可见光背、裸腹、秃尾的育成鸡。成年公鸡平均体重3.34千克，母鸡2.94千克。母鸡500日龄产蛋86～148枚，平均蛋重53.4克，蛋壳浅褐色。为提高生产性能，在选育的基础上，可有计划地开展杂交利用，朝向肉鸡商品化方向发展。

图1-1　桃源鸡

2.清远麻鸡

【产地与分布】　清远麻鸡产于广东省清远市。它以体形小、皮下及肌纤维间脂肪发达、皮薄、骨细、肉用品质优良而著名，为我国出口的小型土种肉鸡之一。

【外貌特征】　清远麻鸡体形特征可概括为"一楔"（指母鸡体形极像楔形，前躯紧凑，后躯圆大）、"二细"（指两脚较细）、"三麻身"（指鸡背部羽毛呈麻黄色、麻棕色、麻褐色等三种不同颜色）。单冠直立，颜色鲜红，冠齿为5～6个。肉髯、耳叶鲜红，虹彩橙黄色。公鸡体质结实，结构匀称，头大小适中，头颈、背部的羽毛金黄色，胸部羽毛、尾部羽毛及主翼羽毛黑色，腿较短，呈黄色，胫部、趾部短细，呈黄色，见图1-2。

【生产性能】　农家饲养以放牧为主，在天然食饵较丰富的条件下，其生长发育较快。120日龄体重，公鸡1250克，母鸡1000克。母鸡饲养至180日龄左右时，可达到上市体重。成年公鸡平均体重2.24

千克，母鸡平均体重1.75千克。开产日龄180天左右，年产蛋量为70～80枚，平均蛋重46.6克，蛋壳浅褐色，蛋形指数为1.31。羽毛生长速度，个体之间差异较大，一般母鸡80日龄羽毛可长丰满，公鸡则要延长至95日龄以上。

图1-2　清远麻鸡

3.惠阳胡须鸡

【产地与分布】　惠阳胡须鸡（三黄胡须鸡、龙岗鸡、龙门鸡、惠州鸡），原产于广东省惠阳地区，是我国突出的优良地方肉用鸡种。它以胸肌发达、早熟易肥、肉质鲜嫩、颌下具有胡须状髯羽和黄羽等外貌特征而驰名中外，成为我国活鸡出口量大、经济价值高的传统商品肉鸡。

【外貌特征】　惠阳胡须鸡胸深而背短，后躯丰满，体呈方形。头稍大，喙黄色，单冠直立、鲜红，无肉垂或仅有小肉垂，颌下有发达而张开的羽毛，形状似胡须。"胡须"有乳白色、淡黄色、棕黄色三色。全身羽毛有深黄色和浅黄色。公鸡颈羽、鞍羽、小镰羽为金黄色，主羽尾的颜色分棕、黄、黑三色，以黑色居多，见图1-3。

【生产性能】　初生雏平均体重为31.6克，12周龄的公鸡平均体重为1140克，母鸡平均体重为845克。8周龄前生长速度较慢，生长最快阶段是8～15周龄。成年公鸡体重2～2.5千克，母鸡体重1.5～2千克。惠阳胡须鸡母鸡6月龄左右开产，年产蛋量约为45～55枚，平均蛋重46克。惠阳胡须鸡属慢羽型品种，100日龄羽毛才长丰满。

惠阳胡须鸡肥育性能良好，脂肪沉积能力强。可利用这一优良性状开展杂交配套利用，既保持惠阳胡须鸡的外貌特征，又较快地提高其繁殖力和生长速度。

图1-3 惠阳胡须鸡

4.仙居鸡

【产地与分布】 仙居鸡（梅林鸡）主要分布在浙江仙居县及邻近的临海、天台、黄岩等地。

【外貌特征】 体形较小，结构紧凑，体态匀称，骨骼致密。羽色有黄、花、黑、白四种，以黄羽占多数，其次为花羽、黑羽、白羽。肉质好，味道鲜美可口，早熟，产蛋多、耗料少，觅食力强。目前育种主要为黄羽鸡种的选育，黄羽鸡羽毛紧密贴身，尾羽高翘，背部平直。成年公鸡冠直立，以黄羽为主，主翼羽红夹黑色，镰羽和尾羽均黑色，成年体重平均1.40千克；成年母鸡冠矮，羽色较杂，以黄羽占优势，尚杂有少量白、黑羽，成年体重平均1.15千克，见图1-4。

【生产性能】 初生重，公鸡平均为32.7克，母鸡平均为31.6克。180日龄体重，公鸡平均为1.256千克，母鸡平均为0.953千克。开产日龄为180天，年产蛋为160～180枚，高者可达200枚以上，蛋重为42克左右，壳色以浅褐色为主，蛋形指数1.36。仙居鸡的生长速度较快，鸡肉的品质较好，3月龄公鸡半净膛率为81.5%，全净膛率为70.0%；6月龄公鸡半净膛率为82.7%，全净膛率为71%，母鸡半净膛率为82.96%，全净膛率为72.2%。配种能力强，以性比1∶（16～20）

进行组群，受精率可达到94.3%，受精蛋的孵化率为83.5%。

图1-4　仙居鸡

5.固始鸡

【产地与分布】　原产于河南固始县，主要分布于淮河流域以南、大别山脉北麓的固始县、商城县、新县、淮滨县等地，安徽省霍邱、金寨等县亦有分布，是我国优良的蛋肉兼用型鸡种。

【外貌特征】　固始鸡头部清秀、匀称，喙为青黄色，略短、微弯。眼大，略向外突出，虹膜呈浅栗色。有单冠与豆冠两种冠型，以单冠为主，6个冠峰，冠尾有分叉。冠、肉垂、耳叶与脸均为红色。固始鸡的体躯大小中等，体形细致紧凑，羽毛丰满。公鸡羽色呈深红色和黄色；母鸡以黄色和麻黄色为主，黑、白等色则少见。尾形分为佛手状尾形和直尾形两种。其中佛手状尾形，其尾羽向后上方卷曲，并成为该品种的特征。镰羽多为黑色且富有青铜色光泽。该鸡皮肤呈暗白色，胫部为靛青色，无胫羽。固始鸡外观紧凑、灵活，活泼好动，动作敏捷，觅食能力强，见图1-5。

【生产性能】　固始鸡的性成熟期较晚，平均开产日龄为205天，年产蛋量为141枚，平均蛋重为51.4克。蛋形指数为1.32，与其他地方品种相比是最小的，蛋形偏圆。固始鸡具有就巢性，在舍饲条件下为10%左右。固始鸡的前期生长速度较慢，屠宰率也不算很高。150日龄体重公鸡0.8457千克，母鸡0.6516千克，成年公鸡半净膛率为81.7%左右，全净膛率为73.9%左右，成年母鸡半净膛率为80.2%，全净膛率为70.6%。公母比例1∶12，种蛋受精率为90.4%，受精蛋的孵化率为83.9%。

图1-5　固始鸡

6.杏花鸡

【产地与分布】　杏花鸡因为主产地在广东省封开县杏花乡而得名，当地也称"米仔鸡"，属小型土著鸡品种，亦为我国主要活鸡出口品种之一。

【外貌特征】　杏花鸡主翼羽和副翼羽的内侧多为黑色，尾羽有几根黑羽。该鸡具有早熟、易肥、皮下和肌肉间脂肪分布均匀、骨细皮薄、肌纤维细嫩等特点，宜做白切鸡。杏花鸡属小型肉用优良鸡种，是我国活鸡出口经济价值较高的名产鸡之一。该品种的典型特征是"三黄"（黄羽、黄胫、黄喙）、"三短"（颈短、胫短、体躯短）、"二细"（头细、颈细），见图1-6。

【生产性能】　牧养条件下，早期生长缓慢。在配合饲料喂养条件下，112日龄公鸡的平均体重可达1256.1克，母鸡平均体重1032.7克。成年平均体重，公鸡为2.90千克，母鸡为2.70千克。杏花鸡皮肤多为浅黄色。因其皮薄且有皮下脂肪，故细腻光滑，加之肌肉间脂肪分布均匀，肉质优良，适合制作白切鸡。农村放养条件下，年产蛋60～90枚；在良好的人工饲养条件下，年平均产蛋95枚，蛋重45克左右，蛋壳褐色。杏花鸡肉质较佳，但存在产蛋少、繁殖力低、早期生长缓慢等缺点。

图1-6　杏花鸡

7.霞烟鸡

【产地与分布】　霞烟鸡（下烟鸡），原产于广西容县石寨镇的下烟村。该鸡肉质好，肉味鲜，白切鸡块鲜嫩爽滑，深受国内外消费者欢迎。广东、北京、上海等地都曾引种霞烟鸡进行饲养，供应市场。

【外貌特征】　霞烟鸡体躯短而圆，腹部丰满，胸部宽、胸深与骨盆宽三者长度相近，整个外形呈方形，呈明显肉用型体征。成年鸡头较大，单冠，肉髯、耳叶均为鲜红色。虹彩橘红色，喙基部呈深褐色，喙尖浅黄色。颈部显得粗短，羽毛略为疏松。骨骼粗壮，皮肤白色或黄色，性成熟的公鸡腹部皮肤多呈红色。公鸡羽毛黄红色，母鸡羽毛浅黄色。尾部羽毛不发达，见图1-7。

图1-7　霞烟鸡

【生产性能】 平均体重成年公鸡2.18千克，成年母鸡1.92千克。霞烟鸡在集约化饲养条件下，90日龄公鸡体重922.0克，母鸡体重776.0克。开产日龄为170~180天，农家饲养条件下年产蛋80枚左右，选育后的鸡群年产蛋量可达110枚左右，平均蛋重43.6克，蛋壳浅褐色，蛋形指数为1.33。不足之处仍为繁殖力低、羽毛着生慢。在保障优良肉质和风味的前提下，尚需提高其生产性能。

8.河田鸡

【产地与分布】 河田鸡主产于福建长汀县、上杭县，以长汀县河田镇为中心产区，相邻近的武平县部分地区也有饲养。

【外貌特征】 河田鸡颈部粗，体躯较短，胸部宽，背阔，腿胫骨中等长，体躯呈长方形。分大型与小型两种，两者体形外貌相同。主要特征为鸡冠后部分裂成分叉状的冠尾。皮肤呈白色或黄色，胫黄色，肉质鲜美，深受港、澳市场欢迎。公鸡单冠直立，鸡冠冠齿多为5个，鸡冠前部为单片，后部则分裂成分叉状的冠尾，色鲜红。耳叶呈椭圆形，红色。喙的基部呈褐色，喙尖则呈浅黄色。头部梳状羽呈浅褐色，背、胸、腹部羽毛呈浅黄色，尾羽、镰羽黑色有光泽，但镰羽不发达，主翼羽黑色，有浅黄色镶边。母鸡冠部基本与公鸡相同，但较矮小。羽毛以黄色为主，颈部深黄色，颈部羽毛的边缘呈黑色，形状似颈圈，见图1-8。

图1-8 河田鸡

【生产性能】 河田鸡生长慢，90日龄公鸡体重588.6克，母鸡

488.3克。平均体重成年公鸡1.94千克，成年母鸡1.42千克。开产日龄为180天左右，年产蛋100枚左右，蛋重平均42.9克，蛋壳以浅褐色为主，少数灰白色，蛋形指数为1.38。

9.北京油鸡

【产地与分布】 北京油鸡主要分布于北京朝阳区的大屯和洼里，邻近的海淀、清河也有分布。

【外貌特征】 个体大小中等，在外貌体征上不但具有黄羽、黄喙和黄胫的"三黄"特征，而且具有罕见的毛冠、毛腿和毛髯的"三毛"特征。因此，人们将"三黄"和"三毛"性状作为北京油鸡的主要外貌特征。冠型为单冠，母鸡冠叶较小，在前段形成一个小的"S"状褶曲；公鸡冠叶较大，往往偏向一侧。母鸡的头、尾稍翘，胫略短，体态敦实；公鸡羽毛色泽鲜艳发亮，头部高扬，尾羽高翘，多为黑羽，见图1-9。

图1-9　北京油鸡

【生产性能】 公、母鸡12周龄平均体重959.7克。20周龄平均体重公鸡可达1500克，母鸡达1200克。开产日龄为150 ～ 160天，体重约1.6千克。在农村放养的条件下，年产蛋110枚；选育鸡群年产蛋量可达140 ～ 150枚，蛋重50 ～ 54克。蛋壳颜色大多为浅褐色。该鸡以肉味鲜美、蛋质优良著称。

10.狼山鸡

【产地与分布】 狼山鸡是我国古老的蛋肉兼用型鸡种。原产地在长江三角洲北部的江苏如东县，通州区内也有分布。该鸡种在1872年首先传入英国，继而又传入其他国家。在国外，狼山鸡还与其他品种鸡杂交，培育出了诸如澳洲黑鸡、奥品顿等新品种。

【外貌特征】 狼山鸡分为重型与轻型两种，羽毛颜色分为黑色、黄色和白色3种，但以全黑色的为多，白色的最少，杂色羽毛的几乎没有。现主要保存了黑色鸡种，该鸡头部短圆，脸部、耳叶及肉垂均呈鲜红色，皮肤白，胫黑色。狼山鸡的体格健壮，羽毛紧密，头昂尾翘，背部较凹，形成明显的"U"字形。其皮肤为白色，见图1-10。

图1-10　狼山鸡

【生产性能】 年产蛋量为135～170枚，平均蛋重为58.7克。成年鸡个体很大，500日龄成年体重公鸡为2.84千克，母鸡为2.283千克，6.5月龄屠宰测定：公鸡半净膛率为82.8%左右，全净膛率为76%左右，母鸡半净膛率为80%，全净膛率为69%。公母比例为1：（15～20），在放牧条件下可以达到1：（20～30）。种蛋受精率达到90.6%，受精蛋孵化率80.8%。供种单位有中国农业科学院家禽研究所、江苏如东县狼山鸡种鸡场。

11.大骨鸡（庄河鸡）

【产地与分布】 主产于辽宁省庄河市，在庄河市周边的东沟、凤城、金州区、普兰店区、瓦房店市等地也有大量养殖。大骨鸡是由当地鸡与寿光鸡杂交，经长期选育而形成的兼用型鸡种，是我国较为理想的蛋肉兼用型土鸡种。

【外貌特征】 胸深且广，背宽，腿高而粗壮，腹部丰满，体形高大而有力。公鸡羽毛棕红色，尾羽黑色并带有金属光泽；母鸡多为麻黄色，头颈粗大，眼大而有神，喙、胫和趾均呈黄色。单冠，冠、耳叶和肉髯均呈红色。成年公鸡体重为2.9千克，成年母鸡体重约为2.3千克，见图1-11。

图1-11 大骨鸡

【生产性能】 早期生长速度较快，90日龄公鸡体重可达1039.5克，母鸡达881.0克；120日龄公鸡体重为1478.0克，母鸡为1202.0克；150日龄公鸡体重为1771.0克，母鸡为1415.0克。其产肉性能较好，屠宰率较高。开产日龄为213天左右，年产蛋量160～180枚，蛋重62～64克左右。蛋大是其突出的优点，蛋壳深褐色，壳厚而坚实，破损率较低。种鸡群最适公母配比为1：（8～10）。

12.萧山鸡（越鸡）

【产地与分布】 主产于浙江省的萧山、杭州、绍兴、上虞、余姚、慈溪等地。

【外貌特征】 体形较大，外形近方而浑圆。公鸡体格健壮，羽毛紧密，头昂尾翘。单冠红色、直立、中等大小。肉垂、耳叶红色，眼球略小，虹彩橙黄色。喙稍弯曲，颈羽红黄色，基部褐色。羽毛有红、黄两种颜色，翼和背部等羽色稍深，尾羽多呈黑色。母鸡体态匀称，骨骼较细，全身羽毛基本为黄色，但麻色也不少。颈、翼、尾羽杂有少量黑羽。单冠红色,冠齿大小不等。肉髯、耳叶红色,眼球蓝褐色,虹彩橙黄色。喙、胫黄色。成年公鸡体重平均2.75千克,成年母鸡体重平均1.95千克,见图1-12。

图1-12 萧山鸡

【生产性能】 早期生长速度较快,90日龄公鸡体重可达1247.9克,母鸡达793.8克;120日龄公鸡体重为1604.6克,母鸡为921.5克;150日龄公鸡体重为1785.8克,母鸡为1206.0克。屠体皮肤黄色,皮下脂肪较多,肉质好而味美。开产日龄164天左右,年产蛋量110～130枚,蛋重53克左右。种鸡群最适公母配比1∶12。近年来浙江省农业科学院等单位对萧山鸡进行了选育和开发工作。

13.鹿苑鸡

【产地与分布】 主产区是江苏鹿苑、塘桥、妙桥和乘航等地,属肉用型土著鸡品种。该鸡早在清代已作为"贡品"上贡皇室。

【外貌特征】 体形高大,身躯结实,胸部较深,背部平直。全身羽毛黄色,紧贴体表,主翼羽、尾羽和颈羽有黑色斑纹。公鸡羽毛色泽较艳,梳羽、蓑羽和小镰羽呈金黄色,大镰羽呈黑色并富有光泽。胫、趾为黄色。成年公鸡体重为3.1千克,成年母鸡约为2.4千克,见图1-13。

【生产性能】 早期生长速度较快,90日龄公鸡体重可达1475.2克,母鸡达1201.7克。其产肉性能较好,屠宰率较高。开产日龄为180天左右,年产蛋量平均为144.7枚,平均蛋重55克左右。种鸡群最适公母配比1∶15。

图1-13　鹿苑鸡

提 示

　　"七五"期间，鹿苑鸡被列入国家科委攻关子课题之一，进行了系统选育和杂交试验，使相同体重上市日龄提前了30天，现已在华东地区进行推广养殖。

14. 峨眉黑鸡

　　【产地与分布】　原产于四川峨眉山、乐山、峨边三地沿大渡河的丘陵山区，属蛋肉兼用型鸡种。由于上述地区交通不便，长期在山区放牧散养，形成了外形一致、遗传性能稳定的土鸡品种。

　　【外貌特征】　体形较大，体态浑圆。全身羽毛黑色，有金属光泽。大多为红色单冠，少数有红色豆冠或紫色单冠或豆冠。喙、胫黑色，皮肤白色，偶有乌皮。公鸡梳羽和镰羽发达，见图1-14。

图1-14　峨眉黑鸡

【生产性能】 90日龄公鸡平均体重973.2克,母鸡约为816.4克。成年公鸡平均体重3.0千克,成年母鸡平均体重2.2千克。开产日龄为210日龄左右,年产蛋120枚,平均蛋重54克,蛋壳褐色。

15.寿光鸡

【产地与分布】 主产于山东寿光市,昌乐、青州、广饶等邻近各地也有分布,属蛋肉兼用型土著鸡品种,以蛋重大而著称。

【外貌特征】 主要有大型和中型两种,还有少数是小型。大型寿光鸡外貌雄伟,体躯高大,体形近似方形。成年鸡全身羽毛黑色,有的部位呈深黑色并闪绿色光泽。单冠,公鸡冠大而直立,母鸡冠形有大小之分。寿光鸡为白色皮肤鸡种,胫、趾灰黑色,以黑羽、黑腿、黑嘴的“三黑”特点著称,见图1-15。

图1-15 寿光鸡

【生产性能】 产蛋日龄,大型鸡240天以上,中型鸡145天。大型鸡年产蛋117.5枚,中型鸡122.5枚。大型鸡蛋重为65～75克,中型鸡为60克。蛋形指数,大型鸡为1.32,中型鸡为1.31。蛋壳厚,大型鸡0.36毫米,中型鸡0.358毫米。壳色为褐色。初生重为42.4克,大型成年公鸡体重为3.609千克,成年母鸡为3.305千克;中型成年公鸡为2.875千克,成年母鸡为2.335千克。大型鸡种鸡群的公母比例为1:(8～12);中型鸡为1:(10～12)。种蛋的受精率为90%,受精蛋的孵化率为81%。供种单位为山东省寿光市慈伦种鸡场。

16.汶上芦花鸡

【产地与分布】 主产于山东汶上县及附近地区。

【外貌特征】 体表羽毛呈黑白相间的横斑羽，群众俗称"芦花鸡"。体形一致，呈元宝状。横斑羽，全身大部分羽毛呈黑白相间、宽窄一致的斑纹状。母鸡头部和颈羽边缘镶嵌橘红色或土黄色，羽毛紧密。公鸡颈羽和鞍羽多呈红色，尾羽呈黑色且带有绿色光泽。单冠最多，双重冠、玫瑰冠、豌豆冠和草莓冠较少。喙基部为黑色，边缘及尖端呈白色。虹彩橘红色。胫色以白色为主。爪部颜色以白色最多。皮肤白色，见图1-16。

图1-16 汶上芦花鸡

【生产性能】 成年体重，公鸡为（1.4±0.13）千克，母鸡为（1.26±0.18）千克。开产日龄150～180天。年产蛋130～150枚，较好的饲养条件下产蛋180～200个，高的可达250个以上。平均蛋重为45克，蛋壳颜色多为粉红色，少数为白色。蛋形指数为1.32。

17.浦东鸡

【产地与分布】 浦东鸡（九斤黄）主产于黄浦江以东地区，在上海市浦东新区、奉贤、川沙等地都有大量饲养。个体大，具有黄羽、黄喙、黄脚的特征。

【外貌特征】 浦东鸡属肉用型土著鸡品种，体形硕大宽阔，近似方形，骨粗腿高。公鸡羽色有黄胸黄背、红胸红背和黑胸黑背三种；主翼羽及副翼羽部分呈黑色，腹羽金黄色或带黑色。母鸡全身黄羽，有浅有深；主翼羽及副翼羽黄色，腹羽杂有褐色斑点。公鸡单冠直立，母鸡冠小。冠、肉髯、耳叶和脸均呈红色，肉髯薄而小。胫黄色，少数有胫羽。喙短而稍弯曲。浦东鸡早期羽毛生长缓慢，特别是公鸡，通常需至4月龄全身羽毛才能长齐，见图1-17。

图1-17　浦东鸡

【生产性能】　90日龄公鸡平均体重1600克，母鸡平均体重1250克；180日龄公鸡平均体重3346克，母鸡平均体重2213克。成年公鸡体重3.6～4.0千克，成年母鸡2.8～3.1千克。屠体皮肤黄色，皮下脂肪较多，肉质优良。开产日龄平均为208天左右，年产蛋量平均为100～130枚，最高可达216枚，平均蛋重57.8克，蛋壳浅褐色。种鸡群最适公母配比为1：10。

18.丝羽乌骨鸡

【产地与分布】　乌鸡一般是指丝羽乌骨鸡，是我国的一个地方品种。有时也把一些黑羽、黑胫的鸡称为乌鸡。丝羽乌骨鸡由于其独特的体形外貌，性情温驯，适应性强，在国际标准中被列为观赏型鸡种，世界各地动物园纷纷引入作为观赏型禽类。同时，其还具有极大的药用和保健价值。

【外貌特征】　纯种丝羽乌骨鸡的外貌特征表现为"十全"，即桑葚冠、缨头、绿耳、胡须、丝羽、五爪、毛脚、乌骨、乌肉、乌皮。除了白羽丝羽乌骨鸡（图1-18），我国还培育出了黑羽丝羽乌骨鸡。

图1-18　白丝羽乌骨鸡

【生产性能】　成年公鸡体重为1.3～1.5千克，成年母鸡约为1.0～1.25千克。开产日龄为170～180天，年产蛋量平均为100枚左右，平均蛋重40克左右，蛋壳浅白色。在福建省经过选育的鸡群，150日龄公鸡平均体重为1460克，母鸡约为1370克。成年公鸡体重可达1.81千克，成年母鸡约为1.66千克。开产日龄为205天，年产蛋量为120～150枚，平均蛋重46.8克。

> **提示**
>
> 丝羽乌骨鸡除作为观赏和药用外，在我国已作为特种土鸡大力推广饲养。

二、选育土鸡品种

1. 岭南黄鸡

岭南黄鸡是广东省农科院畜牧研究所家禽研究室利用现代遗传育种技术选育成功的优质、节粮、高效黄羽肉鸡新品种（图1-19），包括优质黄羽矮小型肉鸡品系4个，优质黄羽正常型肉鸡品系5个，均不含隐性白羽血缘。为了达到节粮、高效的目的，岭南黄鸡生产配套的基本模式是父本侧重生长速度，母本侧重产蛋性能。父母代饲养成本低，产蛋多；商品代饲料转化率高，初生雏能自别雌雄，准确率达99%。目前，推出的配套系有岭南黄鸡Ⅰ、Ⅱ、Ⅲ号，Ⅰ号为中速型，Ⅱ号为快大型，Ⅲ号为优质型。经国家家禽生产性能测定站检测，42日龄公、母鸡平均体重为1302.94克，料肉比为1.83 : 1，成活率为98.9%。在全国参加测试的14个黄羽肉鸡品种中岭南黄鸡生长速度和饲料转化率最好，产品质量达到国内领先水平，适合南、北方各省市场。

图1-19　岭南黄鸡

2.江村黄鸡JH-1号（土鸡型）

江村黄鸡（图1-20）是由广州市江丰实业股份有限公司培育的优良品种，特点是鸡冠鲜红直立，嘴黄而短，全身羽毛色泽鲜艳呈金黄色（也有羽毛是亮黑色，多分布于鸡尾），被毛紧贴体躯，体形短而宽，肌肉丰满，肉质细嫩，味道鲜美，皮下脂肪适中，抗逆性好，饲料转化率高。该鸡既适合大规模集约化饲养，也适合小群放养。

图1-20　江村黄鸡JH-1号（土鸡型）

种鸡68周龄产蛋达155枚，商品代100日龄母鸡体重1.4千克，料肉比3.2：1。

3.康达尔黄鸡

康达尔黄鸡是由深圳市康达尔（集团）养鸡有限公司选育而成的优质芝黄鸡配套系。它既有地方品种三黄鸡的肉质嫩滑、口味鲜美的优点，又具有增重较快、胸肌发达、早熟、脚矮、抗病力强的遗传特性。

商品鸡16周龄上市，公鸡平均体重2.3千克，母鸡平均体重1.86千克，饲料转化率3.2：1。

4.新浦东鸡

新浦东鸡是由上海市农业科学院畜牧兽医研究所主持培育而成的土著肉用鸡种。该鸡保留了浦东鸡的体形大和肉质鲜美的特点，克服了早期发育和羽毛生长缓慢的缺点，是用作肉鸡生产和活鸡出口较为理想的品种。

新浦东鸡黄羽，黄脚，初生雏鸡羽毛淡黄色为多，小部分初生雏背部羽毛有蛙背样花纹。1月龄左右才能长齐体羽，体羽淡黄色，羽尖具白点，开始长头羽。2月龄时，体羽毛尖白点消失，羽毛颜色变深，头部羽毛长齐。成年鸡羽毛棕黄色，部分为深黄色；肤色微黄。喙部色泽不一，1月龄前呈黄褐色，2～6月龄部分呈黑色，产蛋后期近黄色。趾部呈黄色，有胫毛。鸡冠为单冠，多为6～7齿。公鸡冠竖立，中等大小，结构细致，鲜红色，母鸡冠峰不十分明显。眼睑、耳朵呈黄色，见图1-21。

图1-21 新浦东鸡

新浦东鸡生长发育较快，体形变化明显。70日龄平均体重1.5～1.75千克，0～70日龄死亡率5%左右；成年公鸡平均体重为4.3千克，成年母鸡3.4千克。26周龄开产，28～29周龄产蛋率达50%，31周龄达产蛋高峰；初产蛋重平均为49.8克/枚，300日龄60.3克/枚；全期平均产蛋率44.8%，饲养日产蛋数300日龄64.57～65.10枚，500日龄140～152.5枚；种蛋合格率85%～95%，平均受精率90%，受精蛋孵化率80%；耗料量0～10周龄3.5千克，11～24周龄11千克，25～72周龄47.5千克；平均日耗料量0～300日龄130克/天，产蛋期140～165克/天，料肉比0～70日龄（2.6～3.0）：1。

5.绿壳蛋鸡

蛋壳颜色是由基因决定的，主要绿壳蛋鸡品种如下：

（1）东乡黑羽绿壳蛋鸡　体形较小，产蛋性能较高，适应性强，羽毛全黑，乌皮、乌骨、乌肉、乌内脏，喙、趾均为黑色。该品种就巢性较强，因而产蛋率较低。

（2）三凤绿壳蛋鸡　有黄羽、黑羽两个品系。单冠，黄喙、黄腿，耳叶红色。

（3）新杨绿壳蛋鸡　商品代母鸡羽毛白色，但多数鸡身上带有黑斑；单冠，冠、耳叶多数为红色，少数为黑色；60%左右的母鸡青脚、青喙，其余为黄脚、黄喙。

第二节　土鸡品种的选择

土鸡品种繁多，又各有其不同的经济特点和适应性，必须进行科学选择和引种。品种选择和引进时要注意如下几方面：

一、市场需求和市场价格

随着经济条件的改善和人们生活水平的提高，沿海发达地区和大、中城市的消费者越来越喜爱土鸡（地方品种鸡或利用地方品种杂交），因为土鸡口味好，加上健康的养殖方式，产品更加绿色。土鸡成年后公鸡出售，母鸡留作产蛋用，生产的蛋口味好、品质高，但产蛋率低，蛋品数量少，市场价格高。但不同地区由于消费习惯不同，对土鸡外貌特征、鸡蛋的颜色、土鸡的经济特点（包括蛋肉兼用型、蛋用型、肉用型）有不同要求，所以选择品种时要考虑销售地区和消费对象的需求，选择他们喜爱的羽色、皮肤颜色、蛋壳颜色以及经济类型的品种。如北方人喜欢的多是羽毛颜色多种混杂的地方标准品种（或地方标准品种之间杂交的品种），南方不仅喜欢地方标准品种，也喜欢选育杂交的优质黄羽肉鸡品种。优质黄羽肉鸡品种在北方没有太大市场，大部分都在南方被消费。

二、生产性能

土鸡品种类型众多，通常未经系统的选育，并且各地的生态环境和养殖方式也不尽相同。因此，不仅不同品种间生产性能差异较大，而且群体内不同个体间生产性能也很不一致。由于土鸡未经系统的选育提纯，人们重开发、轻选育，真正能够开展土鸡选育的种鸡场很少。市场上种鸡来源混杂，群体整齐度较差，羽色、体貌、生产性能和体重大小不够整齐。因此，在选择品种时应注意选择体形外貌一致、生产性能较好的品种，否则会对生产造成不利影响。

三、适应能力

土鸡养殖多采用放养方式。放养阶段是在野外，外界环境条件不稳定，如温度、气流、光照等变化大，还会遭受雷鸣闪电、大风大雨、野兽或其他动物侵袭等一些意想不到的刺激，应激因素很多，再加之管理相对粗放，所以放养的土鸡必须具有较强抵抗力和适应能力，否则在放养时就可能出现较多的伤亡或严重影响其生产性能的发挥。放养过程中，土鸡要大量地觅食野生饲料资源，必须具有较强的觅食能力，同时，野生的饲料资源中含有较多的植物饲料，粗纤维含量高，放养鸡还应具有较强的消化能力，从而提高粗纤维的消化利用率。

四、饲养条件

土鸡放养地的种类多种多样，如林地、园地、草地、大田、山地等。放养地不同，放养条件也有差异，也影响放养鸡的品种选择。果园、林地或山地放养要求选择腿细长，奔跑能力、觅食能力和抗病力强，肉质好的小体形鸡（最大能长到1～1.5千克）。这种鸡觅食范围能达到几百米远，身体灵活能逃避敌害生物，尽管生长慢一些，但因为成活率高，市场售价高，饲养收入要大于其他鸡种。若要圈养，可以选择利用杂交方式选育的一些黑羽红冠带有土鸡特点的品种鸡（这些鸡生长速度相对比较快、体重比较大，但觅食能力和活动能力差，仅适合集中饲喂条件下的圈养）。

五、种鸡场管理

种鸡场的管理水平直接影响到其后代的质量和生产性能表现。要选择管理严格、信誉度高和有资质的种鸡场引种。

第二章
土鸡的选育与繁殖

第一节　土鸡的选育方法

　　土鸡育种中，不但要提高其生产性能，而且要注意其装饰性状（如羽色、冠形、肤色、胫色、体形等），以满足不同消费者的需求。

一、表型选择

　　根据土鸡的外貌特征、生理特征和生产性能记录等进行选择。育种实践中，快慢羽可进行表型选择，雏鸡出壳后第1天根据主翼羽和副翼羽的长短选择出快羽、慢羽并分别组群繁殖，在以后各代中逐步选择淘汰慢羽群中的快羽，或经过测定淘汰慢羽群中的杂合子公雏。土鸡的装饰性状鸡冠发育迟早的选择在30日龄左右进行，选择鸡冠发育快、鸡冠红润的个体留种。此外，绿壳蛋、产蛋性能、生长速度等性状的选择均采用表型选择。

二、基因型选择

　　基因型选择是以表型选择为基础，根据被选个体的祖先、同胞后裔和个体本身的遗传性能表现进行选择。

质量性状的基因型选择比较容易，利用孟德尔定律来进行遗传分析。例如丝羽性状的选择，丝羽性状由一对隐性基因控制，在快大型乌骨鸡选育中，艾维茵肉鸡与丝羽乌骨鸡杂交 F_1 代全部为正常羽，F_1 代中出现的丝羽个体则为隐性纯合体，选择隐性个体纯繁可获得速长型丝羽鸡。而显性基因选择比较困难，因为显性纯合体和显性杂合体的表型相同。因此，除根据表型淘汰隐性个体外，还可应用侧交方法淘汰杂合子。

数量性状的选择比较复杂。任何一个数量性状的表型值都是遗传和环境共同作用的结果。一般我们把遗传效应分为加性效应、显性效应和互作效应。加性效应的基因值可真实地遗传给后代，而显性效应和互作效应虽然也受基因控制，但不能真实地遗传给后代，育种过程中不能固定，对育种工作意义不大。

三、个体选择

个体选择是指依据个体表型值进行的选择。个体选择是育种实践中广泛采用的一种方法。它适合质量性状和遗传力中等以上数量性状的选择，个体选择可以有效地改进体重、蛋重、蛋壳、羽毛生长速度和早熟性，是土鸡育种实践中常用的方法之一。

四、家系选择

家系选择是根据家系的表型值进行选择的一种方法。家系选择是现代家禽育种中广泛采用的一种方法。适合遗传力低但又很重要的经济性状的选择，例如产蛋量、受精率和生活力等。家系选择并不以个体表型值的大小为依据，而是以家系表型均值的大小为依据，以家系为单位进行选择。

家系选择与同胞选择属于同一范畴，但又有所不同，家系选择直接选留优秀家系，而同胞选择则是根据同胞成绩选留优秀个体。家系大时，二者没有多大差别；家系小时，二者有一定的差别，因同胞选择中同胞成绩对被选留种禽的育种值没有直接影响，同胞选择常用于对公鸡的选择。

五、单性状选择

　　单性状选择是针对某一个性状进行的选择，在土鸡育种实践中也经常用到，特别是在一个有稳定遗传结构的群体中选择某一标志性性状时采用，例如青胫、青喙、乌皮、乌骨等性状的选择。

六、多性状选择

　　多性状选择是指育种实践中对多个性状同时选择的一种方法，是家禽育种中常采用的方法。多性状选择的方法有顺序选择法（把所要选择的几个性状，按顺序一个一个地选，这种选择方法需较长时间，而且在遇到性状之间呈负相关时，很可能顾此失彼，在使用上有其局限性）、独立淘汰法（对各个待选性状规定一个淘汰标准，个体或家系只要其中一项指标未达标就被淘汰。这种方法易把一些个别性状优良的个体或家系淘汰掉，留下一些所谓的"中庸者"。在土鸡育种中，独立淘汰法仍有较强的实用价值。该方法一般适用于一些不是最重要的，但又必须加以改进的次级选育性状，如受精率、孵化率或成活率甚至肉种鸡的产蛋量等性状）和综合指数选择法（综合指数选择法是对几个性状同时进行选择时，按照每个性状的遗传力和相关程度以及在经济上的重要性，制定一个能代表育种值的综合指数作为选择依据，选择指数比较高的个体留作种用。在制定综合指数时，要按照每个性状的经济重要性或选择重要性不同给出不同的加权值）。

第二节 土鸡的繁育方法

一、纯种繁育

纯种繁育（图2-1）是用同一品种内的公、母鸡进行配种繁殖，这种方式能保持一个品种的优良性状，有目的地进行系统选育，能不断提高该品种的生产能力和育种价值，所以，无论在种鸡场还是商品生产场该方法都被广泛采用。但要注意，采用本品种繁育，容易出现近亲繁殖，尤其是规模小的鸡场，鸡群数量小，很难避免近亲繁殖，进而引起后代的生活力和生产性能降低，体质变弱，发病率、死亡率增高，同时种蛋受精率、孵化率、产蛋率、蛋重和体重都会下降。为了避免近亲繁殖，必须进行血缘更新，即每隔几年应从外地引进体质强健、生产性能优良的同品种种公鸡进行配种。

图2-1 纯种繁育模式

二、杂交利用

不同品种间的公、母鸡交配称为杂交。由两个或两个以上的品种杂交所获得的后代，具有亲代品种的某些特征和性能，丰富和扩大了遗传物质基础和变异性，因此，杂交是改良现有品种和培育新品种的重要方法。由于杂交一代常表现出生活力强、成活率高、生长发育快、产蛋产肉多、饲料报酬高、适应性和抗病力强的特点，所以在生产中利用杂交生产出的具有杂种优势的后代作为商品鸡是经济而有效的。

（一）杂交亲本的选择

土鸡的杂交以有特殊性状的品系选育为基础，确定父系和母系两个选育方向，再用父系公鸡和母系母鸡杂交生产F_1代土鸡。特殊性状是指如羽色、胫色、冠形和肤色等标志性性状（土鸡的标志性性状多为质量性状）。如芦花羽系，选择芦花羽的公鸡和母鸡建立核心群，淘汰杂种芦花羽公鸡，选育出纯种芦花羽公鸡和母鸡建立芦花羽系。

1.父系选择

要求体形大、肌肉丰满、有一定的早期生长速度、肉质滑嫩、味道鲜美。羽毛以快羽最佳，丰满有光泽，羽色杂。鸡冠发育较早，颜色鲜红。胫以青色最好。产蛋性能好。

2.母系选择

要求体形中等、有一定的载肉量、肉质鲜嫩、骨细、皮脆味鲜、产蛋率高、蛋重较大，适合各种饲养方式。羽毛以快羽最佳，紧贴体躯，羽色多样（每个羽色品系羽色相同）。性成熟早，鸡冠发达，鸡冠的颜色以鲜红为主，也可以是乌冠。胫、喙以青色、黑色为佳，黄色少，其他胫色亦可。

> **提示**
>
> 选择的父系公鸡和母系母鸡杂交后获得的F_1代必须符合土鸡的外貌特征和生产性能要求。

（二）杂交利用模式

土鸡选育的目的就是通过品系间、品种间或品系与品种间杂交配套生产出符合市场需求的商品土鸡。亲本品系、品种选择确定后，品系、品种间杂交，进行配合力测定，选出最佳杂交配套模式用于生产商品土鸡。杂交利用模式的主要方式如下：

1.品种间、品系间或两品系间杂交配套

这种杂交利用模式实际上是二元杂交和级进杂交，如图2-2所示。

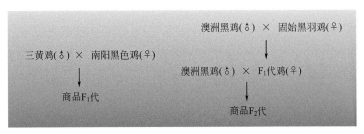

图2-2　二元杂交和级进杂交

注：1.F₁代土鸡羽色有黄色、红色、灰色和麻色等。胫色以黄色为主，有黑胫黄脚、黑胫黑脚等特征。

2.澳洲黑公鸡与固始黑羽母鸡级杂交生产的F₁代土鸡有黑羽、麻羽和少量灰羽、咖啡色羽。F₂代土鸡生长速度快。这种杂交利用模式速度快、见效快、成本低，大约1年时间可杂交配套生产出F₁代土鸡。

2.三元杂交

这种杂交采用三个品系或三个地方品种、三个品系或品种之间等杂交配套生产F₂代土鸡，如图2-3所示。

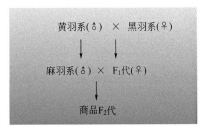

图2-3　三元杂交

注：F₂代商品土鸡含有两个以上地方品种或品系的血缘，羽色、胫色混杂，生长速度快，鸡群整齐度稍差，适合需求杂色羽和杂色胫的消费者。

3.杂交选育

采用以上两种杂交利用模式快速生产开发利用的同时，为了长远的利益，杂交选育自己的配套品系是很有必要的。杂交选育是采

用品种间、品系间或品种与品系间杂交产生的后代闭锁繁育，再经过3～10年培育出纯系和杂交配套品系的一种方法。这种方法耗时长、成本高、见效慢，育种实践中应用较少，如图2-4所示。

图2-4　杂交选育

注：F₁代公鸡与母鸡横交固定，逐步建立黄羽纯系鸡种，淘汰每代出现的隐性白羽鸡。再用地方品种的公鸡与新培系的黄羽纯系母鸡杂交配套生产F₁代供应市场。这种方式有利于在杂交配套生产土鸡的同时培育纯系，为育种企业长期发展奠定基础。

第三节　土鸡的配种方法

一、自然交配

（一）大群配种

大群配种是指公、母鸡按照1：（10～12）的比例组成100只以上的群体，使每只公鸡和母鸡间的交配次数均等的配种方法。这种方法多用于种鸡的繁殖扩群和商品土鸡苗的制种。大群配种的受精率高、孵化率高，而且需要公鸡的数量少。

（二）小间配种

一个配种小间以8～12只母鸡配1只公鸡，安装自闭式产蛋箱，种鸡和种蛋均编号。种鸡用肩号或脚号，而将配种间号、公鸡号、母鸡号写在种蛋的小头便于谱系孵化。这种方法可以准确地知道雏鸡的父母，多用于家系繁殖。

二、人工授精

人工授精就是人工采集公鸡精液，然后输入母鸡的子宫内，使卵子受精。无论是原精液输精还是稀释后的精液输精都取得了良好的受精率和孵化率。人工授精具有重要意义：一是可以降低饲养成本，自然交配条件下公母比例为1∶（8～12），而人工授精可以提高到1∶（20～40），种公鸡的饲养数量减少近三分之一；二是可以充分利用优质种公鸡，及时淘汰不良种公鸡，提高种蛋质量和雏鸡品质。

（一）采精前的准备工作

1.公鸡的准备

公鸡开始训练之前，应将公鸡肛门周围2厘米范围内的羽毛剪除，腹部皮肤裸露区直径应达到3～4厘米，以防羽毛挡住操作者的视线和采精时污染精液。

2.公鸡的训练

公鸡应在使用前4周转入单笼饲养，在配种前2～3周开始训练公鸡采精，每天1次或隔天1次。一旦训练成功，则应坚持隔日采精。公鸡经3～4次训练，大多数都能采到精液。有些发育良好的公鸡，如果采精人员的操作技术熟练，开始训练的当天便可采到精液。对于那些经过多次训练仍不能建立条件反射的公鸡应予以淘汰，这种公鸡一般占3%左右。

3.人工授精用具的消毒

人工授精用具有集精杯、刻度杯等。在使用前，均应进行彻底清洗、消毒、烘干。如无烘干设备，用具洗净后，可用蒸汽消毒法消毒，消毒后用灭菌生理盐水冲洗2～3次即可应用。

（二）公鸡选留和训练

1.选留

人工授精时，公母配种比例比自然交配比例扩大3～4倍，这对后代影响较大，要选择生产性能好且本身生长发育良好的种公鸡。35日龄左右选留健康活泼、发育良好、冠大色红的小公鸡；16周龄选择生长发育好、毛色光亮、腹部柔软、按摩背部和尾根部尾巴上翘的小公鸡。每15～20只母鸡选留一只公鸡；28周龄左右通过采精训练，选择射精量大、精液品质良好的公鸡，每40～60只母鸡留一只公鸡，并增留15%的后备公鸡。

2.按摩训练

每天一次或隔天一次，一般经3～4次训练，可建立条件反射，采到精液，淘汰不能建立条件反射的公鸡。训练方法采用背腹式按摩法，见"采精操作"。首次训练先剪去公鸡泄殖腔周围的羽毛，以不妨碍采精为限。大部分公鸡经过有规律的几次按摩采精后，均可达到理想的采精效果。

（三）采精

1.采精操作

常用的采精方法是按摩法。助手从公鸡笼中把公鸡抓出送给采精者（下称术者）。术者坐在凳子上，接过公鸡，把公鸡两腿夹持在自己交叉的大腿间，根据习惯，一般左腿抬起交叉将鸡腿夹住。这样公鸡的胸部自然就会伏在术者的左腿上。一定不能让公鸡有挣扎的余地，以达到保定鸡的目的。公鸡保定以后，术者从助手手中接过漏斗状的采精杯。接杯时用右手的食指与中指或者中指与无名指将采精杯夹住，采精杯口朝向手背。夹好采精杯后，术者即可进行按摩采精操作：左手大拇指和其余四指自然分开微弯曲，以掌面从公鸡背部靠翼基处向背腰部至尾根处，由轻至重来回按摩，同时，持采精杯的右手大拇指与其余四指分开由腹部向泄殖腔部轻轻按摩，左右手配合默契。按摩几次后，公鸡很快出现性反射动作，尾部向上翘起，肛门也向外翻出时，可见到勃起的生殖器，左手迅速将其尾羽拨向背侧，左手拇指和食指迅速跨在泄殖腔上两侧柔软部位，并向勃起的交配器轻轻挤压，乳白色的精液从精沟中流出，右手离开鸡体，将夹持的采精杯口朝上贴向外翻的肛门，接收外流的精液。公鸡排精时，左手一定要捏紧肛门两侧，不能放松，否则精液排出不完全，影响采精量。精液排完，即可放开左手，持杯的右手将杯递给收集精液的助手。捉鸡的助手把公鸡拿走，接着轮换另一只公鸡。接精液的助手将精液倒入集精杯内。收集到足够0.5小时内输完的精液时，采精即告停止。一般情况下，如果采精技术熟练，10分钟左右可采20～30只中型品种公鸡或30～35只轻型品种公鸡，可采得一杯精液（8～10毫升），一个3人的输精小组，在0.5小时内即可输完。

采精亦可一人操作，即采精员用两腿保定公鸡，使其头朝左侧，再按摩采精。有的训练较好的或性反射强的公鸡，不需保定或只需按摩背部，即可迅速采得精液（图2-5）。

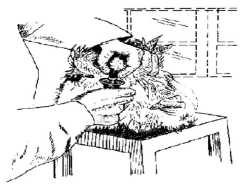

图2-5　公鸡的采精

2.注意事项

（1）停食　种公鸡在采精前3～4小时要停止摄食，以防止吃食过多而排粪，影响精液品质。

（2）人员固定　采精人员要相对固定，不同采精人员的采精手势和用力轻重不同，对公鸡的刺激和公鸡产生的兴奋程度也不一样，另外引起公鸡性反应的时间也不一样。

（3）动作要迅速　采精人员按摩刺激后公鸡已经产生性欲，交配器外翻时如果采精者的左手拇指和食指没有及时地跨在露出的交配器两侧挤压而错过良机，性反射消失，结果采不到精或采精量过少。

（4）手势正确　采精的手势要正确，挤压露出的交配器上两侧时用力要轻，力大易出血。

（5）固定采精杯　每只公鸡使用一只采精杯，然后用吸管将精液吸到贮精杯中混合待用。

3.公鸡的使用

公鸡一般可以连续采精4～5天，休息一天。

（四）精液品质检查

精液的常规检查项目，包括外观检查（正常精液呈乳白色均匀的液态，不透明；混入血液时为粉红色；被粪便污染时为黄褐色；混入尿酸盐时，呈粉白色棉絮状；过量的透明液混入时，则见有水渍状。凡受到污染的精液，品质大幅度下降，受精率不高）、精子的密度及精子活力检查（应于采精后30分钟内进行。取精液一滴置于载玻片中央，再加一滴灭菌生理盐水混合均匀，放上盖玻片即可在显微镜下观察）等。

（五）输精

输精是人工授精的最后一个技术环节。适时而准确地把一定量的精液输到母鸡生殖道的一定深度处，是保证得到高受精率种蛋的关键。

1.输精操作

输精时，一般是由两人操作，助手用左手握住母鸡的双翅提起，令母鸡头朝上，肛门朝下；右手掌置于母鸡耻骨下，在腹部柔软处施以一定压力，泄殖腔内的输卵管口便会翻出（图2-6）。输精员可将输精器轻轻插入输卵管口1～2厘米进行输精，在输精器插入的一瞬间，助手应立刻解除对母鸡腹部的压力，输精员方可将精液全部输入而不外溢。

笼养种鸡人工授精时，不必从鸡笼中取出母鸡，只需助手以左手握住鸡的双腿，稍稍提起，将种鸡胸部靠在笼门口处，右手在腹部施以轻压，输卵管开口即可外露，输精员便可注入精液。

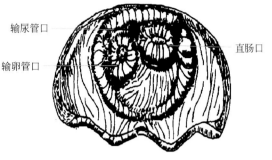

输尿管口

直肠口

输卵管口

图2-6　母鸡的泄殖腔

2.输精量与输精次数

输精量与输精次数取决于精液品质、鸡群周龄和所在季节等。生产实践证明：使用精子活力5级、稠密的精液，开产初期，每只母鸡一次输精量（原精液）以0.025～0.03毫升为宜，每5天输精1次，可获得高受精率的种蛋；产蛋的中后期，每只母鸡一次输入原精液0.04～0.05毫升，每5天输精1次，亦可保证高的受精率。在炎热的夏季和寒冷的冬季，不管是产蛋前期还是产蛋中、后期，输精量均应适当增加。

另外，一般认为给母鸡输精，每次输精的精液内只要有1亿个以上的精子，就可获得高受精率的种蛋。

3.输精时间

土种鸡最好在下午三点以后进行人工授精。此时，母鸡绝大部分当天产蛋已结束，受精效果最好。

4.输精注意事项

一是给母鸡腹部施加压力时，一定要着力于腹部左侧，这样才能使输卵管顺利翻出，否则可引起母鸡排粪；二是无论使用哪种输精器，均需对准输卵管口中央，轻轻插入，切忌粗暴，以防止损伤输卵管黏膜；三是切忌输入空气或气泡；四是做到一只母鸡换一个输精管接头，如使用滴管类的输精器，必须每输1只母鸡用干燥的消毒棉球擦拭一次，以防止传播疾病；五是母鸡第一次授精后48小时可以开始收集种蛋。

第四节　土鸡种蛋的孵化管理

一、种蛋的管理

（一）种蛋选择

1.种蛋的来源

种蛋应来源于生产性能稳定、高产、稳产，且无经蛋传播疾病的种鸡群。并且对于种鸡群有良好的饲养管理技术，公母比例适当。

2.种蛋的选择标准

（1）种蛋的清洁度　使用不洁的种蛋入孵，会污染正常蛋和孵化器，增加臭蛋、死胚蛋，导致孵化率和健雏率降低。因此，入孵的种蛋，蛋壳上不应有粪便、破蛋液等污物。

（2）蛋重应均匀　不同品种鸡的蛋重是有差异的，但同一品种入孵的种蛋，应大小均匀一致，不得差异太大。蛋重过大，孵化时间较长，出雏较晚，雏鸡出壳体重大；蛋重过小，孵化时间较短，出雏较早，雏鸡出壳体重小。中等大小且均匀的种蛋孵化率和健雏率较高，孵出的雏鸡整齐度较好，成活率较高。因此，种蛋入孵前一定要认真进行挑选。

（3）蛋形指数　正常蛋形为椭圆形，蛋形指数为1.35，蛋形指数与孵化率、健雏率直接相关。过长、过圆、腰鼓形、双黄蛋、橄榄形的畸形蛋，其孵化率、健雏率明显低于正常蛋，不能用来孵化，故在入孵前应将其挑出，作为食用。

（4）蛋壳厚度　胚胎发育过程中所需的氧气以及排出的二氧化碳都有赖于蛋壳的扩散作用来完成。蛋壳过薄或气孔过多的砂皮蛋，在孵化过程中水分散失过快过多；反之，若蛋壳过厚，则胚胎气体交换受阻，都会影响孵化率。因此，种蛋入孵前，同时应选出砂皮蛋、钢皮蛋及蛋壳厚薄不均的皱纹蛋。

（二）种蛋的消毒

经过消毒的种蛋，孵化率高，雏鸡发病率低。生产上常用的消毒方法有以下两种：

1.浸泡消毒

（1）新洁尔灭浸泡消毒　消毒时将种蛋放入0.1%新洁尔灭水溶液中，浸泡3分钟，捞出后沥干，即可装盘入孵。

（2）聚维酮碘浸泡消毒　配制5%聚维酮碘水溶液（含有效碘0.5%）适量，将种蛋轻、快放入聚维酮碘水溶液中，浸泡3分钟，捞出后沥干，即可装盘入孵。

（3）高锰酸钾浸泡消毒　消毒时将种蛋放入0.1%高锰酸钾水溶液中，浸泡3分钟，捞出后沥干，即可装盘入孵。

浸泡消毒只能用于入孵前，种蛋贮存前不能使用。因为浸泡能够破坏蛋壳外膜，不利于种蛋的贮存，对胚胎会产生不良影响。

2.熏蒸消毒

（1）甲醛－高锰酸钾熏蒸消毒　每立方米空间用高锰酸钾15克，40%甲醛30毫升。先将盛有高锰酸钾的搪瓷器皿放入孵化器底部，然后加入甲醛，立即将孵化器门关闭，熏蒸30分钟。此种方法常在孵化器中进行，不仅对种蛋进行了消毒，同时也对孵化器进行了消毒。

（2）过氧乙酸熏蒸消毒　每立方米空间用1%过氧乙酸溶液30毫升，熏蒸60分钟。此种方法可用于种蛋库和孵化器消毒。

种蛋贮存前最好在种鸡舍设置消毒柜，每次捡蛋后立即进行熏蒸消毒。熏蒸消毒时，温度应控制在25～27℃（过氧乙酸熏蒸消毒时应控制在18℃左右），相对湿度75%～80%。

（三）种蛋的保存

1.贮存时间

种蛋贮存时间一般以产后1周为宜，最长不要超过2周。

2.贮存温度

保存期在1周以内时以18.3℃为宜；1～2周时以12～15℃为宜；超过2周时以10.5℃为宜。温度超过25℃，保存时间不超过5天；温度超过30℃，保存时间不超过3天。

➤ 小 资 料 ◀

受精蛋在母鸡输卵管中胚胎已经开始发育，鸡蛋产出后，胚胎发育暂时停止。研究发现，鸡胚发育的临界温度为23.9℃，当环境温度低于23.9℃时，胚胎发育处于休眠状态；如果环境温度较高，但又达不到孵化温度37.8℃，胚胎发育是不完全和不稳定的，可致胚胎早期死亡。如果环境温度长时间处于0℃，胚胎发育虽然处于休眠状态，但可使胚胎活力显著降低。

3.贮存湿度

种蛋贮存过程中，蛋内水分可通过气孔不断向外蒸发。蒸发量的大小随贮存时间和环境湿度而变化，湿度大、贮存时间短则蒸发量小，反之则蒸发量大。因此，必须使贮存室保持适宜的湿度，一般以相对湿度75%～80%为宜。

环境湿度过小，蛋内水分蒸发过多，影响孵化率；湿度过大，有利于霉菌滋生繁殖，使种蛋受污染。

4.种蛋放置状态

　　种蛋放置状态与种蛋贮存时间有关，如贮存期在1周以内，蛋的大头向上或小头向上均可；如果贮存期在1周以上，种蛋放入蛋托时，则应小头向上放置，否则，孵化率会明显下降。

（四）种蛋的装运

　　启运前，必须将种蛋包装妥善，盛器要坚实，能承受较大的压力而不变形，并且要有通气孔，一般都用纸箱或塑料制的蛋箱盛放。装蛋时，每两个蛋之间上下左右都要隔开，不留空隙，以免松动时碰破。通常用纸屑或木屑、谷壳填充空隙。装蛋时，蛋要竖放，钝端在上，每箱（筐）都要装满，然后整齐地排放在车（船）上，盖好防雨设备。冬季还要防风保湿，运行时不可剧烈颠簸，以免引起蛋壳或蛋黄膜破裂，损坏种蛋。经过长途运输的种蛋，到达目的地后，要及时开箱，取出种蛋，剔除破蛋，尽快消毒装盘入孵，千万不可贮放。

　　种蛋运输要平稳快速，防雨淋、日晒和震荡。

二、孵化条件

（一）温度

　　温度是鸡蛋孵化的首要条件。在胚胎发育的整个过程中，各种物质代谢都是在一定的温度条件下进行的。适宜的温度是孵化成败的关键，孵化温度过高或过低都会影响胚胎的发育。机器孵化的温度标准见表2-1。

38　彩色图说高效养土鸡新技术

表 2-1　机器孵化的温度标准

胚龄	孵化室内温度（室温）/℃	孵化器内温度（孵化温度）/℃
1～18天	23.9～29.4	37.8
18天以后	29.4以上	37～37.5

（二）湿度

湿度与蛋内水分蒸发和胚胎物质代谢有密切关系，对胚胎的发育有较大影响。湿度偏高，蛋内水分不易蒸发，影响胚胎发育；湿度偏低，蛋内水分蒸发快，容易造成绒毛与蛋壳膜粘连现象。孵化前期，胚胎要形成大量羊水和尿囊液，孵化器内温度又较高，所以相对湿度需要大一些。一般前10天的相对湿度控制在70%～65%；中间10天，为了排除羊水和尿囊液，相对湿度可降至60%～55%；孵至后10天，为了防止绒毛粘连，要将相对湿度提高到70%～75%。湿度对鸡胚破壳有直接关系，在湿度与空气中二氧化碳的共同作用下，蛋壳变脆，便于雏鸡啄壳。孵化室相对湿度50%～60%。

（三）空气（通风换气）

鸡胚胎在发育的过程中，不断吸入氧气，排出二氧化碳，进行气体交换。孵化初期，胚胎的物质代谢能力较低，需要氧气较少，随胚龄的增大，尿囊发育，呼吸量逐渐增加，孵至最后两天，胚胎开始用肺呼吸，吸入的氧气和呼出的二氧化碳比孵化初期增加100多倍。为保护胚胎的正常发育，孵化器必须有良好的通风条件，保证提供足够的新鲜空气。特别是孵化后期，通风量应逐渐增大。如果通风换气不足，易导致出雏前死胚增多。现在的孵化器，通风系统设计都比较合理。

（四）翻蛋

翻蛋的作用是使胚胎各部受热均匀，避免与蛋壳粘连，并促进气体代谢，有利于营养吸收，提高孵化率。机器孵化有自动和半自动翻蛋系统，可根据需要定时翻蛋。一般每昼夜可翻蛋4～12次。在整个孵化期中，前期和后期的翻蛋次数不同，前期翻蛋次数要多些，开始第一周特别重要，应适当增加翻蛋次数，而孵至最后3～4天，可停止翻蛋。翻蛋的角度以90°～100°效果最好。

（五）凉蛋

凉蛋的目的是帮助胚胎散发热量，促进气体代谢，改善血液循环，增强胚胎调节体温的能力，从而提高孵化率和雏鸡的品质。凉蛋就是在短时间内使蛋温降低。机器孵化时，照蛋、喷水也属于凉蛋工作，但经常性的凉蛋要每天进行。孵化前期，凉蛋的时间要短一些，孵至第15天后，要逐渐增加凉蛋的时间，每天打开机门两次，关闭热源，只开动风扇，并把蛋盘从蛋盘架上抽出1/3，再将温水喷洒在蛋上，随着胚龄的增加，延长凉蛋时间，每天可喷水2～3次，每天凉蛋的程度，以眼皮接触蛋壳感觉比较温和即可。凉蛋结束后，将蛋盘推回机内，关闭机门，接通热源。每次凉蛋的时间因季节、室温、胚龄而异，通常为20～30分钟。摊床孵化时，凉蛋与翻蛋结合进行。

> **提示**
>
> 凉蛋不是机器孵化的必需程序，应根据情况凉蛋，也可不凉蛋。

三、胚胎发育特征

鸡的胚胎发育分为两个阶段：第一阶段在母体内进行，精子移动到喇叭口与卵子结合，在鸡体内较高的温度条件下开始发育，当受精蛋产出体外后，胚胎就处于相对静止的状态；第二阶段在母体外进行。若将受精蛋置于适宜的环境里孵化，胚胎就继续发育，经过20～21天（鸡的孵化期为20～21天），发育出壳成为雏鸡。孵化期内，胚胎每天都在变化，并且有一定的规律性。采取照蛋办法可以检验胚胎的发育情况（表2-2）。

表 2-2　鸡胚胎发育和照蛋特征

胚龄/天	胚蛋解剖时的特征	照蛋特征
1	胚盘重新开始发育；入孵24小时可见到绿豆大小的血岛	蛋黄表面有一颗颜色稍深、四周稍亮的圆点，俗称"鱼眼珠"
2	血液循环开始，卵黄囊血管区出现心脏，并开始跳动，卵黄囊、羊膜和浆膜开始生出	已经可以看到卵黄囊血管区，其形状很像樱桃，俗称"樱桃珠"
3	眼睛开始出现黑色，胚胎头尾分明，内脏器官开始形成。卵黄囊明显扩大	卵黄囊血管的分布像蚊子，俗称"蚊虫珠"
4	胚胎头明显增大，与卵黄分离，各器官和组织都已具备，可见脚、翼、喙的雏形。尿囊迅速生长，卵黄囊血管所包围的卵黄达1/3。羊水增加	卵黄不随着蛋的转动而转动，俗称"钉壳"。胚胎和卵黄囊血管形状像一只小的蜘蛛，又称"小蜘蛛"
5	胚胎头弯向胸部，四肢开始发育，已具有鸟类外形特征，生殖器官形成，公母已定。尿囊与浆膜、壳膜接近，血管网向四周发射	能明显看到黑色的眼点，称"单珠""起眼"
6	胚胎的躯干部增大，口部形成，翅与腿可分辨，胚胎开始活动，羊膜有规律地收缩。卵黄囊包围一半以上的卵黄，尿囊迅速增大	胚胎头部明显，与弯曲增大的躯干部形似"电话筒"，俗称"双珠"
7	胚胎已现明显的鸟类特征，颈伸长，翼、喙明显，脚上生出趾。卵黄增大达最大，蛋白重量减少	羊水增多，胚胎活动尚不强，似沉在羊水中，俗称"沉"。正面已布满扩大的卵黄和血管
8	胚胎的肋骨、肺、肝和胃明显，四肢成形	正面：胚胎较易看到，像浮在水中，俗称"浮"。背面：卵黄扩大到背面，转动时两边卵黄不易晃动，称"边口发硬"
9	胚胎眼裂呈椭圆形，脚趾上出现爪，绒毛原基扩展到头、颈部，羽毛突起明显，腹腔愈合，软骨开始骨化。尿囊迅速向小头伸展，几乎包围了整个胚胎	蛋转动时，两边卵黄容易晃动，俗称"晃得动"。背面尿囊血管迅速伸展，越出卵黄，俗称"发边"

胚龄/天	胚蛋解剖时的特征	照蛋特征
10	胚胎的头部偏向气室，眼裂缩小，喙具一定形状，爪角质化，全部躯干覆以绒羽。尿囊在蛋的小头完全合拢	尿囊血管继续伸展，在蛋小头合拢，整个蛋除气室外都布满血管，俗称"合拢""长足"
11	胚胎各器官进一步发育，头部和翅生出羽毛，腺胃可区别出来，足部鳞片明显可见	血管开始加粗，血管颜色开始加深
12	鼻孔出现，肾脏开始工作。小头蛋白由一管状道（浆羊膜道）输入羊膜腔中	血管继续加粗，颜色逐渐加深。左右两边卵黄在大头端连接
13	胚胎头部位于翼下，生长迅速，骨化作用急剧。胚胎大量吞食稀释的蛋白，尿囊中有白絮状排泄物出现。绒毛覆盖头部	
14	卵黄与蛋白显著减少，羊膜腔及尿囊中液体减少，绒毛明显覆盖全身，气室逐渐增大	背面：小头发亮的部分逐渐缩小，蛋内黑影部分则相应增大，胚体不断增大
15	胚胎的头部全在翼下，眼睛已被眼睑覆盖，胚胎开始由横向转向纵向	
16	冠和肉髯明显，蛋白几乎被吸到羊膜腔内	
17	鼻孔已形成，小头蛋白已全部输入到羊膜囊中，蛋壳与尿囊极易剥离	小头看不到发亮的部分，俗称"封门"
18	喙开始朝向气室端，眼睛睁开。吞食蛋白结束，卵黄已有少量进入腹中	胚胎转身引起气室朝一方倾斜，俗称"斜口"
19	胚胎两腿弯曲朝向头部，颈部肌肉发达，同时大转身，颈部及翅突入气室内，准备啄壳。卵黄绝大部分已进入腹中，尿囊血管逐渐萎缩，胚膜完全退化	气室内可以看到黑影在闪动，俗称"闪毛"

胚龄/天	胚蛋解剖时的特征	照蛋特征
20	胚胎的喙进入气室，开始啄壳见嘌，卵黄收净，可听到雏的叫声，肺呼吸开始。尿囊血管枯萎。少量雏鸡出壳	开始啄壳，俗称"啄壳""见嘌"
21	出壳重为蛋重的65%～70%，腹中尚有5克左右的卵黄	出壳完毕

四、孵化操作

（一）传统孵化

种蛋的传统孵化方法有温室孵化、水孵化、火炕孵化、缸孵化、煤油灯孵化等。

（二）机器孵化

1.孵化设备和用具

土鸡的机器孵化设备有孵化器和出雏器，另需要蛋架车、孵化盘、出雏盘、照蛋器、清洗机等用具（图2-7）。目前土鸡产业化生产均采用全自动孵化器和出雏器。孵化厅要备用专门化的发电机组，以防突然停电造成经济损失。

图2-7　电孵化器（左）与电孵化器内的蛋架车和孵化盘（右）

2.机器孵化操作

（1）入孵前的准备　孵化前要对孵化器进行全面检修，温度、湿度控制要求为孵化器内的各部温差不要超过0.2℃；孵化时，机内各部湿差不要超过3%。调节方法：可在地面上洒水，机内增加或减少水盘；将孵化室和孵化机具彻底消毒。

（2）种蛋的预热　入孵前种蛋要预热，如果凉蛋直接放入孵化器内，由于温差悬殊对胚胎发育不利，还会使种蛋表面凝结水汽。预热对存放时间长的种蛋和孵化率低的种蛋更为有利。一般在18～22℃的孵化室内预热6～18小时。

（3）入孵及入孵消毒　入孵的时间应在下午4～5点，这样白天大量出雏，方便进行雏鸡的分级、性别鉴定、疫苗接种和装箱等工作。种蛋要大头向上码入蛋盘中，分批入孵时"新蛋"与"老蛋"交错放置，彼此调节温度。

当机内温度升高到27℃、湿度达到65%时，进行入孵消毒。方法为甲醛熏蒸法，孵化器每立方米空间用福尔马林30毫升、高锰酸钾15克，熏蒸时间为20分钟。然后打开排风扇，排除甲醛气体。

（4）温度、湿度调节　入孵前要根据不同的季节、前几次的孵化经验设定合理的孵化温度、湿度，设定好以后，旋钮不能随意扭动。刚入孵时，开门上蛋会引起热量散失，同时种蛋和孵化盘也要吸收热量，这样会造成孵化器温度暂时降低，经3～6小时即可恢复正常。孵化开始后，要对机显温度和湿度、门表温度和湿度进行观察记录。一般要求每隔半小时观察1次，每隔2小时记录1次，以便及时发现问题，得到尽快处理。有经验的孵化人员，要经常用手触摸胚蛋或将胚蛋放在眼皮上测温，实行"看胚施温"。正常温度情况下，眼皮感温要求微温，温而不凉。

（5）通风换气　在不影响温度、湿度的情况下，通风换气越畅通越好。在恒温孵化时，孵化器的通气孔要打开一半以上，落盘后全部打开。变温孵化时，随胚胎日龄的增加，需要的氧气量逐渐增多，所以要逐渐开大排气孔，尤其是孵化第14～15天以后，更要注意换气、散热。

（6）翻蛋（转蛋）　入孵后12小时开始翻蛋，每2小时翻蛋1次，1昼夜翻蛋12次。在出雏前3天移入出雏盘后停止翻蛋。孵化初期适当增加翻蛋次数，有利于种蛋受热均匀和胚胎正常发育。每次翻蛋的时间间隔要求相等，转蛋角度为90°（图2-8）。

图2-8　转蛋

（7）照蛋　孵化期间一般照蛋2次，也有在落盘时再照1次的。利用照蛋器（图2-9）进行照蛋，查明胚胎发育情况及孵化条件是否合适，为下一步采取措施提供依据以及剔出无精蛋和死胚蛋，以免污染孵化器，影响其他蛋的正常发育。

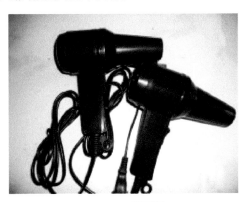

图2-9　照蛋器

5天头照，照蛋特征是"单珠"；10天二照，照蛋特征是"合拢"；19天三照，照蛋特征是"闪毛"。正常蛋和异常蛋的区别见表2-3。

表 2-3   正常蛋和异常蛋的区别

分类	头照	二照	三照
正常蛋	可见明显的血管网，气室界限明显，胚胎活动，蛋转动胚胎也随着转动，可见到黑色的眼点（剖检时可见到胚胎黑色的眼睛）	种蛋的正面小头有血管网分布，活胚呈黑红色，可见到粗大的血管及胚胎活动	可见到此时气室的边缘呈弯曲倾斜状，气室中有黑影闪动
异常蛋	颜色发淡，只能看见卵黄的影子，其余部分透明。旋转种蛋时，可见扁形的蛋黄悠荡飘转，转速快的是无精蛋；不规则的血环或几条血管贴在蛋壳上，形成血圈、血弧、血点或断裂的血管残痕，无放射形血管的是死胚蛋	气室界限模糊，胚胎黑团状，有时可见气室和蛋身下部发亮，无血管，或有残余的血丝或死亡的胚胎阴影的是死胚蛋	小头透亮，则为死胚蛋；胚蛋气室边缘整齐，血管发红，气室小的多是发育慢的胚蛋

（8）落盘（移盘）   孵化到第18～19天时，将入孵蛋移至出雏盘，这个过程称落盘。要防止在孵化盘上出雏，以免雏鸡被风扇打死或落入水盘溺死。

（9）捡雏和人工助产   出雏孵化到第20.5天时，开始出雏。这时要保持机内温度、湿度的相对稳定，并要及时捡雏。有30%的雏鸡出壳后可进行第一次捡雏；70%的雏鸡出壳后进行第二次捡雏，剩余的在最后一次捡雏。每次捡雏一定要将蛋壳捡出，第二次捡雏后将剩余的胚蛋集中放在温度稍高的地方，出雏期间保持出雏箱内黑暗。第二次和第三次捡雏时要注意帮助那些自行出壳困难的胚蛋（人工助产）。注意观察，若胚蛋已经被啄破，壳下膜变成橘黄色，说明尿囊膜血管已萎缩，出壳困难，可以人工助产；若壳下膜仍为白色，则尿囊血管未萎缩，这时人工破壳会造成出血死亡。人工破壳是从啄壳孔处剥离蛋壳1厘米左右，把雏鸡的头颈拉出并放回出雏箱中继续孵化至出雏。

（10）清扫与消毒   为保持孵化器的清洁卫生，必须在每次出雏结束后，对孵化器进行彻底清扫和消毒。在消毒前，先将孵化用具用水浸润，用刷子除掉脏物，再用消毒液消毒，最后用清水洗干净，沥干后备用。孵化器的消毒，可用3%来苏儿喷洒或用福尔马林熏蒸法（同种蛋）消毒。

注 意

　　加强停电时的孵化管理，重点是保温，但也要注意通风。措施：一是断电源，提高室温至27～30℃；二是如有10天内的种蛋，应关闭进出气孔，以利保温；三是孵化后期的胚蛋，停电后每隔15～20分钟应翻蛋一次，每隔1小时打开半扇门拨风扇2～3分钟，驱除机内积热；四是如有17天的胚蛋，应提前落盘；五是密切观察胚蛋的温度变化。

（三）出雏的管理

　　在孵化条件掌握适宜的情况下，孵化期满后，雏鸡即出壳。出雏期间不要经常打开机门，以免降低机内温度和湿度，影响出雏。一般情况下每2小时捡一次雏，将绒毛已干燥的雏鸡和空蛋壳捡出，以利继续出雏。出雏开始后应关闭机内照明灯，可避免雏鸡的骚动。出雏末期，对已啄壳但无力出壳的雏鸡可进行人工破壳助产。雏鸡从出雏器内捡出后，应立即进行雌雄鉴别、注射马立克疫苗免疫。

注 意

　　助产只能在尿囊血管枯萎时进行，否则容易引起大量出血，造成雏鸡死亡。

（四）孵化记录

1.孵化室日程表

　　制作孵化室日程表的目的是合理安排孵化室的工作日程。各批次之间，尽量把入孵、照蛋、移盘、出雏工作错开，一般每周入孵两批，工作效率较高。孵化室日程表见表2-4。

表 2-4 孵化室日程表

批次	机号	入孵		头照		二照		移盘		出雏	
		月	日	月	日	月	日	月	日	月	日

2. 孵化条件记录表

在孵化的过程中，值班人员每 1 ～ 2 小时观察记录温度、湿度 1 次；对孵化室的温度、湿度也要做记录。孵化条件记录表见表 2-5。

表 2-5 孵化条件记录表

时间/小时	孵化室		孵化器				值班人员	备注
	温度	湿度	温度	湿度	翻蛋	凉蛋		
0								
2								
4								
6								
8								
10								
12								

续表

时间/小时	孵化室		孵化器				值班人员	备注
	温度	湿度	温度	湿度	翻蛋	凉蛋		
14								
16								
18								
20								
22								

3. 孵化成绩统计表

每批孵化结束后，要对本批孵化情况进行统计和分析。孵化成绩统计表见表2-6。

表 2-6　孵化成绩统计表

批次	品种	种蛋来源	入孵日期	入孵蛋数	照蛋			移盘数	出雏情况			受精蛋数	受精率	孵化率		健雏率	备注
					无精蛋	死精蛋	破蛋		健雏数	弱雏数	死胚			受精蛋	入孵蛋		

五、雏鸡的处理

（一）雏鸡的雌雄鉴别

雏鸡的雌雄鉴别有利于合理安排生产计划、提高群体均匀程度和资源利用效率。土鸡多是传统的品种，不具备自别雌雄的基因条件，多采用翻肛鉴别法。

将刚出壳的雏鸡握在左手中，排除肛内粪便，翻开肛门观察生殖突的发育情况和状态，看生殖突的有无和充实程度。公雏的生殖突（阴茎）位于泄殖腔下端"八"字皱襞的中央，呈小点状，直径0.3～1.0毫米，一般为0.5毫米，充实而有光泽，轮廓清晰。雌雏的生殖突退化，无突起点或有少许残余。少数雌雏可有不规则的小突起，但不充实。

这种方法适用于出壳12～24小时以内雏鸡的雌雄鉴别。因为此时公、母雏的生殖突差别最明显，以后随着时间的推移，生殖突就会逐渐陷入泄殖腔的深处而不易观察。

（二）雏鸡的分级

每次孵化，总有一些弱雏和畸形雏，孵化成绩越差，其弱雏和畸形雏的数量就越多。雏鸡进行雌雄鉴别时，应同时将头部、颈部、爪部弯曲，关节肿大，瞎眼，大肚，残肢，残翅的雏鸡挑出淘汰。雌雄鉴别后，应将雏鸡按体质强弱进行分级，分别进行饲养。这样可以使雏鸡发育均匀，减少疾病感染机会，提高雏鸡成活率。健雏与弱雏的区别见表2-7。

表 2-7　健雏与弱雏的区别

项目	健雏	弱雏
绒毛	绒毛整洁，长短适中，色泽光亮	污秽蓬乱，缺乏光泽，有时绒毛短缺
体重	大小均匀，体态匀称	大小不一，过重或过轻
脐部	愈合良好，干燥，覆盖有绒毛	愈合不良，有黏液或卵黄囊外露，触摸有硬块

项目	健雏	弱雏
腹部	大小适中，柔软	特别大
精神	活泼好动，反应灵敏	站立不稳，闭目，反应迟钝
叫声	响亮而清脆	嘶哑或鸣叫不休

（三）雏鸡的运输

雏鸡经雌雄鉴别、分级装箱后，一般应在24小时内运到育雏室，长途运输也不应超过48小时，以免雏鸡中途死亡。路程过远时可采用飞机空运。

运雏的基本要求是卫生、及时、安全、舒适。装雏最好选用专用的雏鸡箱，雏鸡箱一般用瓦楞纸制成，长60厘米、宽45厘米、高18厘米，四周均有通气孔，内部分为4格，底垫锯末或麦秸，每格可容雏鸡25只，每箱100只。路途较近时可选用可以多次使用的塑料运输盒。运雏的车辆应装有空调机，装车前应进行清洗和消毒，装车时箱与箱之间应留出通气道，运雏箱要平稳、牢靠、耐震动、不倾斜。雏鸡运达目的地后，应立即卸车，并将雏鸡放入育雏室，休息1～2小时后再开食和饮水。

第三章
土鸡场的设计建设

第一节
舍饲土鸡场场址的选择和规划布局

一、场址的选择

土鸡场是土鸡的生活地，土鸡场的环境与鸡群的健康、蛋品和肉品的质量紧密相关。因此，在土鸡场场址选择上必须遵循以下原则：

（一）场地

土鸡场的土壤土质、水源水质、空气及周围建筑等环境应符合无公害生产的要求。因此，应将土鸡场选在远离重工业区、化工工业区、居民点的地方，最好选在山坡、树林旁等水质优良、空气清新的地方。如土鸡场建在重工业区，尤其是化工工业区，就会使土鸡从受污染的水和空气中摄入有害物质，并聚集在体内。这些有害物质不但会危害鸡体健康，降低饲料报酬，而且还会随着鸡肉、鸡蛋进入餐桌，危害人们的健康。土鸡场场址选择的总体要求见图3-1。

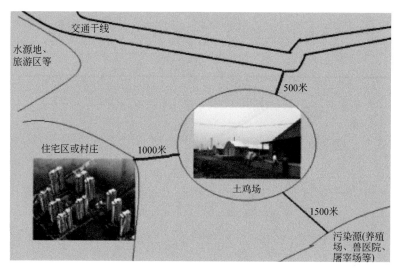

交通干线

水源地、旅游区等

500米

住宅区或村庄 1000米

土鸡场

1500米

污染源(养殖场、兽医院、屠宰场等)

图3-1　土鸡场场址选择的总体要求

（二）地势与地形

土鸡场要求地势高燥、平坦，稍有坡度更好（图3-2），这样更有利于排水和排污，保持场地干燥。如果将土鸡场选在低洼潮湿的地方，多雨季节容易积水，通风不良，空气闷热，使鸡群产生热应激，导致生产力下降；同时，有利于蚊、蝇等昆虫的滋生，使虫媒传染病的发生机会增多。

图3-2　土鸡场地势平坦，稍有坡度

土鸡场要求地形整齐、开阔、有足够的面积。地形整齐有利于土鸡场建筑和各种设施的合理布局，并提高场地的利用率。场地开阔，周围没有高层建筑物，不但有利于土鸡场的通风和采光，而且还给今后的发展、场地的拓宽留出了余地。

（三）土壤

土鸡场场地的土壤应透气、透水性能良好。透气、透水性能差的土壤受到粪尿等有机物污染后，在厌氧条件下分解产生氨和硫化氢等有害气体，污染场区空气。另外，透气、透水性能差的土壤容易吸水，导致场地潮湿。潮湿的环境中，如遇适宜的温度，病原微生物就会大量繁殖，危害鸡群健康。土鸡场较为理想的土壤是沙壤土，见图3-3。

图3-3　土鸡场较为理想的土壤是沙壤土

（四）水源

鸡群每天要饮水，饲养管理人员生活要用水，养鸡场各种用具清洁洗刷要用水，炎热季节鸡舍降温更要使用大量的水。因此要求水源水量充足、水质良好、取用方便和便以保护。水源以地下水为好（图3-4），它不但比较充足，不易受气候变化的影响，而且受污染的机会较少，也便于加工处理。以地下水为水源时，应注意有些内陆地区和沿海地区，地下水常有咸涩味。在这些地区建场，必须有其他水质良好、供应充足的供水系统，否则不宜建场养鸡。

图3-4 土鸡场以地下水源为好

二、场区规划布局

土鸡场场内布局要因地制宜、科学适用。合理规划各区的位置、房舍的类型、道路的走向与连接、供水供电及排污管线、绿化带等，使之有利于生产管理、卫生防疫、环境条件控制。

（一）场区规划

根据功能，土鸡场可分为生活管理区、生产区和隔离区等。应从人畜健康角度出发，根据风向和地势合理确定各区位置，见图3-5。

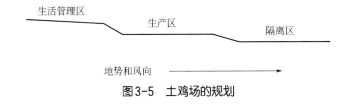

图3-5 土鸡场的规划

1.生活管理区

该区域是土鸡场经营管理活动的场所，与社会联系紧密，也是疾病传入的重要门户。因此，生活管理区应紧靠大门口，位于生产区上风向，并与生产区隔开，外来人员只能在该区域内活动，外来人员和车辆不得进入生产区，生产区的运料车也不得随便离开生产区进入生活管理区。

2.生产区

生产区是雏鸡、育成鸡和产蛋鸡等不同日龄鸡群生活和生产的场所，占地面积最大。因为鸡的日龄不同，其生理特点、对环境的要求和抗病能力也不相同，所以在生产区内，还要进行小区规划，将育雏区、育成区和产蛋区严格分开，并加以隔离。各区的分布，应是育雏区在上风向，育成区在育雏区的下风向，产蛋区在育成区的下风向。

3.隔离区

病鸡的隔离观察、疫病诊断和病死鸡处理等设施和建筑设置在隔离区，位于生产区下风向，并与生产区严格隔离。

（二）鸡舍距离

鸡舍间的距离与鸡舍的通风、采光、卫生、隔离、防火密切相关。鸡舍之间的距离过近，南边鸡舍会遮挡北边鸡舍，使北边鸡舍见不到阳光；当发生传染病时，上风向鸡舍排出的污浊空气很容易进入下风向鸡舍，引起病原体在鸡舍间的传播；如果发生火灾，很容易殃及全场的鸡舍及鸡群。为了保持生产区和鸡舍有一个良好的环境，鸡舍之间应保持适宜的距离。一般认为鸡舍间的距离，以不低于鸡舍高度的5倍为宜，如鸡舍的高度为5米，则鸡舍之间的距离最少不应低于25米。开放舍和密闭舍间距见图3-6。

（三）场内道路

场内道路主要指生产区，生产区应设清洁道和排污道（图3-7）。清洁道供饲养管理人员、运料车、鸡群转群车等使用；排污道则供清污人员、清污车辆及淘汰病、死鸡时使用。清洁道和排污道应平行排列，不得交叉。

图3-6　开放舍（上）和密闭舍（下）间距情况

开放舍间距一般为20～30米；密闭舍间距以15～25米为宜

(a) 清洁道

图3-7

(b) 排污道

图3-7 土鸡场内道路

（四）储粪场

储粪场（图3-8）应设在生产区和生活管理区的下风向，并与鸡舍、职工宿舍之间保持一定的卫生间距（40 ～ 50米），最好位于田间小道旁，便于将粪运往农田或鱼塘。储粪场的地面要夯实或做成水泥地面，以防粪液流失或渗漏污染水源和土壤。储粪场较低的一侧应建一个集液池，以收集和贮存粪水，便于随时取用肥田。

图3-8 储粪场

（五）防疫隔离设施

土鸡场周围要设置隔离墙，墙体严实，高度2.5 ～ 3米左右。土鸡场周围设置隔离带。大门口设置消毒池和消毒室，供进入的人员、设备和用具消毒。

土种鸡或蛋鸡饲养场规划布局见图3-9。

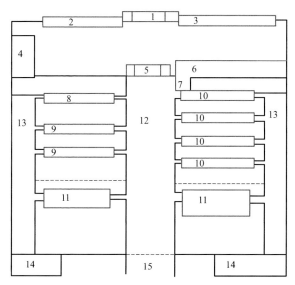

图3-9　土种鸡或蛋鸡饲养场规划布局

1—生活管理区大门和车辆消毒池；2—仓库；3—办公区；4—饲料加工车间；5—生产
区消毒池和消毒室；6—孵化车间；7—种蛋存放消毒间；8—育雏舍；9—育成舍；
10—种鸡舍；11—商品鸡舍；12—清洁道；13—排污道；14—粪场；15—放牧道

三、主要建筑物的设计

土鸡场的主要建筑物有孵化车间、育雏舍、育成舍、种鸡舍和商
品鸡舍。

（一）孵化车间

孵化车间的建筑设计必须注意如下几点：一是孵化车间由种蛋
库、孵化室和出雏间三部分组成，三者要求有房门隔离，工作流程为
种蛋库→孵化室→出雏间，有利于隔离消毒；二是孵化车间的窗户要
小，避免阳光直射种蛋、孵化器和雏鸡，而且有利于熏蒸消毒；三是
孵化车间地面最好为水泥地面，并设置排水槽，有利于冲洗消毒，孵

化室和出雏间一侧设置洗涤间，有利于对孵化盘和出雏盘的清洗消毒；四是孵化车间要设置排气孔，将每台孵化器、出雏器排出的有害气体集中在一个管道内，然后经排气孔排出。孵化车间的平面图见图3-10。

图3-10　孵化车间平面图

（二）鸡舍设计

鸡舍是鸡生活和生产的场所，鸡舍环境直接影响着鸡的健康和生产性能的发挥。生产中许多问题的发生都与鸡舍的不良环境有密切关系。为了保证鸡群的健康和较高的生产力，鸡舍的建筑、结构及设置都应符合生产及卫生要求，为提高劳动生产效率提供方便。

1.鸡舍的朝向

鸡舍的朝向是指鸡舍长轴与南北方向的位置关系。鸡舍朝南，即鸡舍的长轴垂直于南北方向，为东西走向。我国处于北半球，太阳位于南方天空。鸡舍朝南，对于我国大部分地区来说是较为适宜的。这样的朝向，冬季可以充分利用太阳照射的温热效应为鸡舍防寒供暖；夏季阳光不易直射鸡舍墙体进入舍内，有利于鸡舍的防暑降温。

2.鸡舍类型

鸡舍的类型和结构对鸡舍的环境控制具有决定性的作用，因此在建场时应进行精心设计和选材。常见的鸡舍有开放式和密闭式两种类型。

（1）开放式鸡舍　开放式鸡舍（图3-11）前后墙都有窗户，靠自然的空气流通进行通风和换气。采光靠从窗户透过的自然光照，光照时间随季节的转换而增减，舍内温度基本上也是随着季节的变化而升降，冬季常使用一些保温材料适当遮挡窗口。

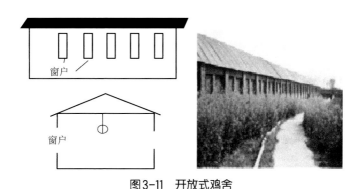

图3-11　开放式鸡舍

这种鸡舍设计、建材、施工工艺与内部设置等条件要求较简单，造价较低，投资较少，常用来饲养育成鸡或商品土鸡。饲养商品土鸡的开放式鸡舍常设有运动场，鸡群经常接受自然条件的锻炼，并进行户外运动，适应性和抗逆性较好，体质较为强健。

开放式鸡舍的缺点是鸡群的生理状态与生产性能均受到外界条件变化的影响，外界条件变化愈大，对鸡群的影响也愈大。因此，常造成鸡只生长发育缓慢、产蛋率忽高忽低的现象。

（2）密闭式鸡舍　这种鸡舍是用保温性能良好的建筑材料建成，将鸡舍小环境与外界环境完全隔开，有的设有应急窗，有的无应急窗，见图3-12。舍内小气候通过通风机和空调机来控制和调节，使各种环境条件都能满足机体的生理需要。

密闭式鸡舍的优点是能有效控制鸡群的生活环境，避免严寒酷暑等气候骤变对鸡群的不利影响，为鸡群的生活和生产提供一个适宜的环境。密闭式鸡舍基本上切断了大多数媒介传入疫病的途径，使传染病的发病率大幅度降低。因此，鸡群的生长发育较好，生产性能比较稳定，一年四季可以均衡生产。

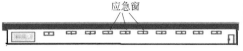

应急窗

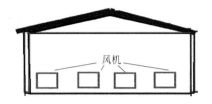

风机

图3-12　密闭式鸡舍

密闭式鸡舍的缺点是设计、建筑条件要求较高，鸡舍建设、配套设备投入较大，对电力依赖性强，运行成本偏高。

3.育雏舍设计要求

育雏舍的长和宽应根据场地形状大小、笼具规格和饲养数量等确定，高度一般为2.5～2.8米。育雏舍要符合如下条件：

（1）较好的保温隔热能力　鸡舍的保温隔热能力影响舍内温热环境，特别是温度。保温隔热能力好，有利于冬天的保温和夏季的隔热，有利于舍内适宜温度的维持和稳定。专用育雏舍，由于雏鸡需要较高的环境温度，育雏期需要人工加温，所以，对保温性能要求更高些。鸡舍的维护结构应设计合理，具有一定的厚度，设置天花板，精细施工。为减少散热和保温可以缩小窗户面积（每间可留两个1米×1米的窗户）和降低育雏舍的高度（高度一般为2.5～2.8米）；育雏舍不仅要考虑保温，还要考虑通风和隔热。设置的窗户面积可以大一些，育雏期封闭，育成期可以根据温度情况打开。设置活动式天花板，育雏期封闭，育成期根据温度情况撩开。适当提高鸡舍房檐高度（3～3.2米），并设置通风换气系统。

（2）良好的卫生条件　鸡舍的地面要硬化，墙体要粉刷光滑，有利于冲洗和清洁消毒。

（3）适宜的鸡舍面积　面积大小关系到饲养密度，影响培育效果，必须有适宜的鸡舍面积。培育方式不同、鸡的种类不同、饲养阶段不同，则需要的面积不同，鸡舍面积应根据培育方式、种类、数量来确定。

4.育成舍或育肥舍设计要求

育成舍或育肥舍一般不需要人工加温，而需要增加通风面积和通风量，因此对其结构没有特殊要求，可以因地制宜建设，但需要考虑冬季的保温和夏季的防暑。

5.种鸡舍设计要求

种鸡舍要求有一定的保温性能，采光和通风条件良好，一般不需要供温设施，通过鸡的自身产热就能维持其所需温度。种鸡舍要求地面宽阔，跨度一般在6～8米，长度依饲养规模而定。鸡舍高度要求在3.5～4米，要设置顶棚。阳面窗户面积大，阴面窗户面积小。种鸡自然交配时，舍前应设置运动场，面积是舍内面积的1～2倍，舍内设产蛋箱。笼养时采用人工授精技术，无需运动场和产蛋箱。不同的饲养方式，舍内的结构和设施不同。自然交配的种鸡舍有地面平养种鸡舍、网上平养种鸡舍和地面-网上结合平养种鸡舍（图3-13）；人工授精的种鸡舍按笼具排列方式有一般式种鸡舍和高床式种鸡舍（图3-14）。

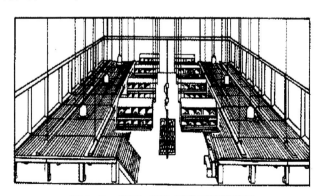

图3-13　地面-网上结合平养种鸡舍

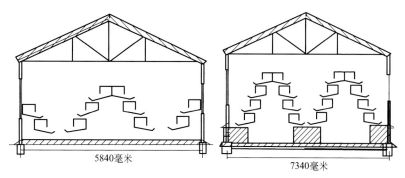

5840毫米   7340毫米

图3-14   一般式和高床式种鸡舍

第二节
放养土鸡场的场址选择和鸡舍建设

一、放养场地的选择

放养土鸡需要有良好的生态条件。适合规模放养土鸡的地方包括山地、坡地、园地、大田、河湖滩涂和经济林地等。放养场地必须远离住宅区、工矿区和公路主干线，环境僻静、空气质量好。

山地、坡地最好有灌木林、荆棘林和阔叶林等，其坡度不宜过大，附近最好有未被污染的小溪、池塘等清洁水源。场地地势高燥，空气新鲜，环境安静，使鸡能够自由活动，如晒太阳、觅食和泥沙浴等，采食天然的饲料。土壤以沙壤土为佳。

适宜放养土鸡的园地包括竹园、果园、茶园和桑园等，应选择向阳、平坦、干燥、取水方便、树冠较小、树木稀疏、无污染和无兽害的场地。否则，场地阳光不足，阴暗潮湿或坡度太大，不利于鸡群管理和鸡体健康。最理想的是核桃园、枣园、柿园、桑园等。在果园放养土鸡，一定要避开用药期。

可以利用冬闲田放养土鸡。一般选择离村庄较远、交通便利、地势平坦、取水排水方便的地块，面积一般不低于1000平方米。放养场地见图3-15。

(a) 坡地

(b) 果园

(c) 大田

(d) 竹林

图3-15　放养场地

二、放养鸡舍的建设

（一）放养鸡舍的建筑要求

1. 鸡舍的位置适当

放养土鸡的鸡舍要建在地势较高的地方，下雨不发生水灾且容易干燥，空气、水源无污染（图3-16）。

2. 便于清洁卫生

地面最好硬化，以便清理粪便和鸡舍消毒；或使用网面，鸡不与粪便接触，减少疾病传播机会。

3.通风换气良好

根据放养季节能够调节鸡舍的门窗进行适量通风换气，保持鸡舍空气新鲜和环境条件适宜。

4.保温隔热性好

在放养地建设育雏舍育雏，育雏舍一定要保温隔热。可以利用一些廉价的隔热材料，如塑料布、彩条布等设置天棚、隔离一些小的空间等来提高鸡舍的保温性能（图3-16）。

图3-16 放养鸡舍的位置和保温建设

5.安全性能好

鸡舍和饲料间的门窗要安装铁丝网，以防鸟类和野生动物进入鸡舍和饲料间，伤害鸡只和糟蹋饲料。

（二）鸡舍建设

1.简易鸡舍的建设

在果园、林地等放养区，可在一块地势较高、背风向阳的平地，用油毡、无纺布及竹木、茅草等，借势搭建成坐北朝南的简易鸡舍（图3-17）。可直接搭成金字塔形，棚门朝南，另外三边可着地，也可四周砌墙，其方法不拘一格。要求随鸡龄增长及所需面积的增加，可以灵活扩展。棚舍能保温、能挡风，做到雨天不漏水、雨停棚外不积水、刮风棚内不串风即可。或用竹、木搭成"人"字形框架，棚顶高

2米，南北檐高1.5米。扣棚用的塑料薄膜接触地面部分用土压实，棚的顶面用绳子扣紧。棚的外侧东、北、西三面要挖好排水沟，四周用竹片围起，做到冬暖夏凉，棚内安装电灯，配齐食槽、饮水器等用具。一般500只鸡为一个养鸡单位，按每平方米容纳15～20只鸡的标准搭棚。值班室和仓库建在鸡舍旁，方便看管和饲养。

图3-17　简易鸡舍

2.普通鸡舍的修建

普通鸡舍修建成单坡或双坡式屋顶，两侧纵墙可留较大的窗户，或北墙留大窗户，南侧可用尼龙网或铁丝网围隔。这种鸡舍可建在果园内（图3-18）。

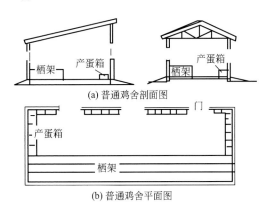

(a) 普通鸡舍剖面图

(b) 普通鸡舍平面图

图3-18　普通鸡舍的剖面和平面结构

3.塑膜大棚鸡舍的修建

修建塑膜大棚的材料可因地制宜，就地取材。墙可用砖或石头等砌成，圈外设贮粪池。后坡棚顶可用木板、竹子、板皮、柳条等铺平，上面铺以废旧塑膜、编织袋、油毡等，再用黄泥掺麦草或锯末抹平，上面盖瓦或石棉瓦等。棚支架可用木材、竹子、钢筋、硬塑等。棚杆间距以0.5～0.8米为宜；塑膜鸡舍的排气口应设在棚顶部的背风面，高出棚顶50厘米，排气孔顶部要设防风帽。鸡舍进气口应设在南墙或东墙的底部，距地面5～10厘米。单坡式塑料大棚鸡舍见图3-19。

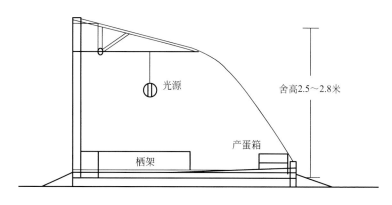

图3-19 单坡式塑料大棚鸡舍

第三节　常用的设备用具

一、供温设备

（一）煤炉供温

煤炉供温指在育雏室内设置煤炉和排烟通道，燃料用炭块、煤球、煤块均可，保温良好的房舍，每20～30平方米设置一个煤炉即可。为了防止舍内空气污染，可以紧挨墙砌煤炉，把煤炉的进风口和掏灰口设置在墙外。这种方法的优点是省燃料，温度易上升；缺点是费人力，温度不稳定。煤炉供温适用于专业户、小规模鸡场的各种育雏舍。简易煤炉见图3-20。

图3-20　简易煤炉

（二）保姆伞供温

保姆伞形状像伞样，撑开吊起，伞内侧安装有加温和控温装置（如电热丝、电热管、温度控制器等），伞下一定区域温度升高，达到育雏温度（图3-21）。雏鸡在伞下活动、采食和饮水。伞的直径大小不同，养育的雏鸡数量不等。现在伞的材料多是耐高温的尼龙，可以折叠，使用方便。其优点是育雏数量多，雏鸡可以在伞下选择适宜的温度带，换气良好；不足是育雏舍内还需要保持一定的温度（需要保持24℃）。保姆伞供温适用于地面平养舍、网上平养舍。

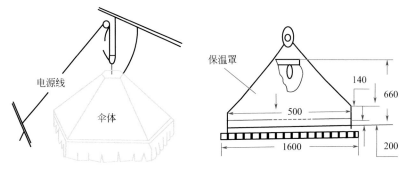

图3-21　保姆伞示意图（单位：毫米）

（三）热水热气供温

大型鸡场育雏数量较多，可在育雏舍内安装散热片和管道，利用锅炉产生的热气或热水使育雏舍内温度升高。此法可保持育雏舍清洁卫生，育雏温度稳定，但投入较大。温控锅炉见图3-22。

图3-22　温控锅炉

（四）热风炉供温

该方法将热风炉产生的热风引入育雏舍内，使舍内温度升高。热风炉（暖风炉）见图3-23。

二、通风设备

鸡舍的通风方式有自然通风和机械通风。

（一）自然通风

自然通风主要利用舍内外温度差和自然风力，通过利用门窗开启的大小鸡舍屋顶上的通风口进行舍内外空气交换，适用于开放舍和有窗舍。其通风效果决定于舍内外的温差、通风

图3-23 热风炉（暖风炉）

口大小和风力的大小，炎热夏季舍内外温差小，冬季鸡舍封闭严密都会影响通风效果。无动力通风设备见图3-24。

图3-24 无动力通风设备

（二）机械通风

机械通风是利用风机（图3-25）进行强制的送风（正压通风）和排风（负压通风）。常用的风机是轴流式风机。风机由外壳、叶片和电机组成，有的叶片直接安装在电机的转轴上，有的是叶片轴与电机轴分离，由传送带连接。

图 3-25　轴流式风机

三、照明设备

鸡舍必须要安装人工光照照明系统。人工照明采用普通灯泡或节能灯泡，安装灯罩，以防尘和最大限度地利用灯光。根据饲养阶段采用不同功率的灯泡。如育雏舍用40～60瓦的灯泡，育成舍用15～25瓦的灯泡，产蛋舍用25～45瓦的灯泡。灯距为2～3米。笼养鸡舍每个走道上安装一列光源。平养鸡舍的光源布置要均匀，见图3-26。

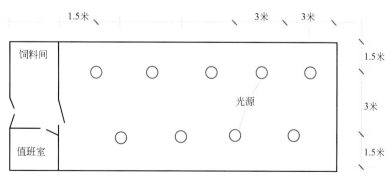

图 3-26　平养鸡舍光源布置

四、笼具

（一）育雏笼

常见的育雏笼是四层重叠育雏笼。该笼四层重叠，层高333毫米，每组笼面积为700毫米×1400毫米，层与层之间设置两个粪盘，全笼总高为1720毫米。一般采用6组配置，其外形尺寸为4404毫米×1450毫米×1720毫米，总占地面积为6.38平方米。可育至7周龄雏鸡800只，加热组在每层顶部内侧装有350瓦远红外加热板1块，由乙醚胀缩饼或双金属片调节器自动控温，另设有加湿槽及吸引灯，除与保温组连接一侧外，三面采用封闭式，以便保温。保温组两侧封闭，与雏鸡活动笼相连的一侧挂帆布帘，以便保温和雏鸡进出。雏鸡活动笼两侧挂有饲喂网格片，笼外挂饲槽或饮水槽。目前多采用6～7组的雏鸡活动笼。

（二）育雏育成笼

育雏育成笼每个单笼长1900毫米，中间有一个网将单笼隔成两个笼格，笼深500毫米，适用于0～20周龄雏鸡，以三层阶梯或半阶梯布置，每小笼养育成12～15只鸡，每整组150～180只。饲槽喂料，乳头饮水器或长流水槽供水。育雏育成笼见图3-27。

图3-27　重叠式育雏育成笼（左）和阶梯式育雏育成笼（右）

（三）种鸡笼

种鸡笼有小群笼具和单体笼具。小群笼每笼放置10～12只母鸡和1只公鸡，或20只母鸡和2只公鸡，自然交配；单体笼每笼分4格，每格4只鸡，人工授精。

五、清粪设备

清粪方式有人工清粪和机械清粪。人工清粪需要的设备是铁锹、刮板和粪车；机械清粪的设备有牵引式清粪机（刮板式清粪机）、输送带式清粪机。牵引式清粪机内部实景和一端的横向粪沟见图3-28。

图3-28　牵引式清粪机内部实景和一端的横向粪沟

六、清洗消毒设施

（一）人员的清洗消毒设施

对本场人员和外来人员进行清洗消毒。一般在鸡场入口处设有人员脚踏消毒池，外来人员和本场人员在进入场区前都应经过消毒池对鞋进行消毒。在生产区入口处设有消毒室，消毒室内设有更衣间、消毒池、淋浴间和紫外线消毒灯等，本场工作人员及外来人员在进入生产区时，都应经过淋浴、更换专门的工作服和鞋、通过消毒池、接受紫外线灯照射等过程，方可进入生产区。紫外线灯照射的时间要达到15～20分钟。

（二）车辆的清洗消毒设施

鸡场的入口处设置车辆消毒设施，主要包括车轮清洗消毒池和车身冲洗喷淋机。

（三）场内清洗消毒设施

鸡场常用的场内清洗消毒设施有高压清洗机、喷雾器和火焰消毒器，见图3-29、图3-30。

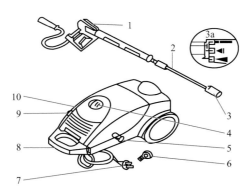

图3-29　高压清洗机结构

1—机器主开关（开/关）；2—进水过滤器；3—联结器；4—带安全棘齿（防止倒转）的喷枪杆；5—高压管；6—（带压力控制的）喷枪杆；7—电源连接插头；8—手柄；9—（带计量阀的）洗涤剂吸管；10—高压出口

图3-30　常见的背负式手动喷雾器

七、喂料和饮水设备

喂料方式有人工喂料和机械喂料。人工喂料时，育雏期的饲喂用具有开食盘（图3-31，每100只鸡1个）、长形料槽（每只鸡5厘米）或料桶（图3-32，每15只鸡1个）；育成期使用大号料桶（每10只鸡1个）或长形料槽（每只鸡10厘米）；成年鸡使用长形料槽；自动喂料时，有自动喂料系统，主要有链环式喂料系统、螺旋式喂料系统、塞盘式喂料系统、轨道车喂饲机等几种形式。

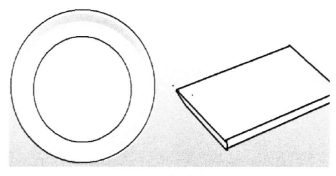

图3-31　雏鸡开食盘

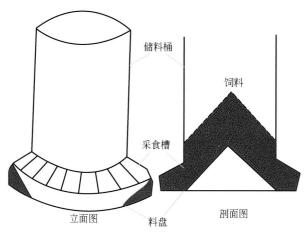

图3-32　料桶立面和剖面图

饮水设备主要有水槽式饮水器、真空饮水器、吊塔式饮水器（图3-33）、杯式饮水器和乳头式自动饮水器（图3-34）等几种。

图3-33　吊塔式饮水器（普拉松）

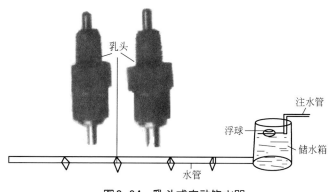

图3-34　乳头式自动饮水器

八、其他用具

其他用具包括滴管、连续注射器、气雾机等防疫用具以及自动断喙器和称重用具。

第四章
土鸡的营养需要与日粮配制

第一节 土鸡的营养需要和饲养标准

一、土鸡的营养需要

　　土鸡的生长速度较慢，消费者要求商品土鸡羽毛覆盖完全，有光泽，鸡冠鲜红，体形紧凑，肉质鲜美，皮脆骨细，因此其营养需要同其他肉用型鸡有一定差异。饲料是土鸡羽毛生长与脱换、皮屑脱落、产蛋、生长、活动等生理代谢活动的营养来源，是维持鸡体生命活动必不可少的能量源泉。土鸡的营养需要很复杂，但关于其营养需要方面的研究较少。土鸡维持正常生命活动、生长和繁殖需要40多种营养物质，其中包括水、能量、蛋白质、维生素、矿物质等。影响土鸡风味的饲料因素还不完全清楚，但同一品种的土鸡野外放牧饲养和舍饲饲养相比，野外放牧饲养的土鸡肉质、肉味要好得多。

　　土鸡的营养需要按照在其体内用途不同分为维持需要、生长需要和繁殖需要（产蛋需要）。按照机体对饲料中营养成分的需要又分为能量需要、蛋白质需要、矿物质需要、维生素需要和水的需要。

1. 能量

土鸡的生长、繁殖、运动、呼吸、血液循环、消化、吸收、排泄、神经传导、体液分泌和体温调节等都需要能量。饲料中碳水化合物和脂肪是土鸡获得能量的主要来源，某些情况下蛋白质也可分解产生能量。脂肪所含能量较高，是碳水化合物、蛋白质的2.25倍，生产中为了获得较高的能量饲料，需要在饲料中加入油脂。蛋白质饲料价格昂贵，要避免用蛋白质作为能量来源。虽然脂肪的能量高，但饲料中能量的主要来源还是碳水化合物，因为碳水化合物在各种饲料原料中含量最高，通常占到饲料干物质的1/3。

饲料中的碳水化合物包括无氮浸出物和粗纤维两类。土鸡对粗纤维的利用率很低，土鸡饲料中粗纤维含量要控制在3%～5%。无氮浸出物容易被鸡体消化吸收，它又分为淀粉和糖类（单糖和多糖）。脂肪不但能够提供能量，而且是构成细胞膜的重要物质，还参与体内脂溶性维生素的吸收与转运。在体内，脂肪酸可以由淀粉转化而来，合成脂肪。但是亚油酸不能在鸡体内合成，玉米和豆粕中亚油酸含量丰富，一般也不会缺乏。土鸡的消化系统和排泄系统结构特殊，粪和尿混合在一起排出体外，粪能和尿能难以分开，因此能量上常用"代谢能"表示。能量的单位统一用"焦耳"表示（以前常用"卡"表示，1卡=4.184焦耳）。

影响土鸡能量需要的因素较多，主要的因素有：

（1）体重大小 体重大，则增重速度快，需要的能量多；反之，体重小，则增重速度慢，需要的能量少。如果按单位体重来计算能量需要，体重小的鸡所需的能量大于体重大的鸡所需的能量。

（2）产蛋率和蛋重 产蛋率高和蛋重大，则需要的能量多。

（3）饲养方式 放牧饲养比舍饲需要的能量多；平养比笼养需要的能量多。

（4）环境温度 环境温度与采食量有关。28日龄以后土鸡的最佳生长温度是20～25℃，超过25℃时，饲料中能量供应应相应提高，以防止因气温高影响采食量而导致的能量摄入不足。环境温度低于20℃，饲料中的能量浓度可适当降低。对于种鸡来说，适宜的产蛋温度是 12 ～ 30℃；适宜的生长期温度是 18℃以上，42 日龄以后可控制在 12℃以上。

2. 蛋白质

蛋白质是构成生物有机体的主要物质。土鸡的肌肉、血液、羽毛、皮肤、神经、内脏器官、激素、酶、抗体等主要由蛋白质构成。另外，鸡肉和鸡蛋的主要成分也是蛋白质。蛋白质的基本构成单位为氨基酸，各种蛋白质都是由 20 种氨基酸组合而成的，氨基酸分为必需氨基酸和非必需氨基酸两类。对于土鸡来说，赖氨酸、蛋氨酸、异亮氨酸、亮氨酸、色氨酸、组氨酸、苯丙氨酸、缬氨酸、苏氨酸、精氨酸和谷氨酸为必需氨基酸，它们在土鸡体内不能合成，必须由饲料供给。目前用到的氨基酸添加剂主要为蛋氨酸和赖氨酸。非必需氨基酸在鸡体内可相互转化或由必需氨基酸转化而来，只要满足总蛋白质需求，就不会缺乏。

土鸡采食以植物性饲料为主的配合日粮时，最易缺乏的氨基酸为蛋氨酸、赖氨酸和色氨酸，饲料配合时要注意合理搭配饲料原料，饲料多样化可以使氨基酸互补。适当添加动物性饲料（鱼粉、肉骨粉等），必要时添加氨基酸添加剂，可以提高饲料的利用率。雏鸡缺乏氨基酸时，表现为体重小、生长缓慢、羽毛生长不良；成年鸡缺乏氨基酸时，表现为性成熟推迟、蛋重小、无产蛋高峰以及易发生啄癖。

3. 矿物质

矿物质是构成鸡体骨骼、蛋壳、羽毛、血液等组织不可缺少的成分，对土鸡的生长发育、生理功能及繁殖系统具有重要作用。土鸡需要的矿物质元素有钙、磷、钠、钾、氯、镁、硫、铁、铜、钴、碘、锰、锌、硒等，其中前 7 种是常量元素（占体重 0.01%以上），后 7 种是微量元素。饲料中矿物质元素含量过多或缺乏都可能产生不良的后果。主要矿物元素的种类及作用见表 4-1。

4. 维生素

维生素是一组化学结构不同，营养作用、生理功能各异的低分子有机化合物，存在于各种青绿饲料中。鸡对维生素需要量虽然很少，但其生物作用很大，主要以辅酶和催化剂的形式广泛参与体内代谢的多种化学作用，从而保证机体组织器官的细胞结构功能正常，调控物质代谢，以维持鸡体健康和各种生产活动。维生素缺乏时，可影响正常的代谢，出现代谢紊乱，危害鸡体健康和正常生产。维生素的种类较多，但归纳起来可分为两大类：一类是脂溶性维生素，包括维生素A、维生素D、维生素E及维生素K等；另一类是水溶性维生素，主要包括B族维生素和维生素C。维生素的种类及主要功能见表4-2。

表4-1　主要矿物元素的种类及作用

种类	主要功能	缺乏症状	备注
钙	形成骨骼和蛋壳，促进血液凝固，维持神经、肌肉正常机能和细胞渗透压	雏鸡易患佝偻病；成鸡骨质松软易折断；产蛋鸡缺钙时出现软壳蛋和无壳蛋，蛋壳薄、易破碎（土鸡产蛋期料中钙含量达到3%～3.5%才能维持正常的蛋壳品质）	钙在一般谷物、糠麸中含量很少，在贝壳粉、石粉、骨粉等矿物质饲料中含量丰富；钙和磷比例应适当，生长鸡日粮的钙磷比例为（1～1.5）:1；产蛋土鸡为（4～5）:1
磷	磷是骨骼和卵黄卵磷脂的组成部分，参与许多辅酶的合成，是血液缓冲物质	鸡食欲减退，消瘦，雏鸡易患佝偻病，成年鸡骨质疏松、瘫痪	磷来源于矿物质饲料、糠麸、饼粕类和鱼粉。鸡对植酸磷利用能力较低，约为30%～50%；对无机磷利用能力高达100%
钠、钾、氯	三者对维持鸡体内酸碱平衡、细胞渗透压和调节体温起重要作用。它们还能改善饲料的适口性。食盐是钠、氯的主要来源	缺乏钠、氯，可导致鸡消化不良、食欲减退、啄肛啄羽等；缺钾时，肌肉弹性和收缩力降低，肠道膨胀。热应激时，易发生低血钾症。土鸡料粮中食盐的添加量为0.2%～0.4%	食盐摄入量过多，轻者饮水量大，便稀，重者会导致鸡中毒甚至死亡，如长期喂高盐饲料（超过2%）会引起中毒。动物饲料中钠含量丰富；植物饲料中钾含量较高。饮水中加入1%～2%的食盐，连用1～2天，可以防治鸡的啄癖症

种类	主要功能	缺乏症状	备注
镁	镁是构成骨质必需的元素，它与钙、磷和碳水化合物的代谢有密切关系	镁缺乏时，鸡神经过敏，易惊厥，出现神经性震颤，呼吸困难。雏鸡生长发育不良；产蛋鸡产蛋率下降	青饲料、糠麸和油饼粕类中镁含量丰富；过多会扰乱钙磷平衡，导致下痢
硫	硫是蛋白质中不可缺少的无机元素，存在于蛋氨酸、胱氨酸、半胱氨酸中，同时参与某些维生素（维生素B_{12}、生物素）和碳水化合物的代谢	缺乏时，鸡表现为食欲降低，体弱脱羽，多泪，生长缓慢，产蛋减少（羽毛中含硫2%）	日粮中蛋白质含量充足时，鸡一般不会缺硫。日粮中硫以硫酸钠、硫酸锌、硫酸镁的形式添加。添加量的多少以饲料含量来定，此外可按说明书进行使用
锰	锰作为磷酸酶、焦磷酸酶、ATP酶的主要成分，在机体脂肪、蛋白质等多种代谢中发挥作用。锰还与钙、磷代谢有关，并保持神经、肌肉及器官的正常机能	土鸡缺锰时，雏鸡骨骼发育不正常，易患滑腱症，表现为跛行，生长受阻、体重下降；种鸡体重减轻、蛋壳变薄、孵化率降低	摄入量过多，会影响钙、磷的利用率，引起贫血；氧化锰、硫酸锰、青饲料、糠麸中丰富；饲料中要求锰的含量为400～600毫克/千克饲料
铁	铁是构成血红蛋白、肌红蛋白、细胞色素和多种氧化酶的重要无机元素，与机体内输送氧有关	日粮中铜不足时影响铁吸收，影响钙和磷的正常代谢，鸡表现为贫血、四肢软弱无力、跛腿、瘫痪、生长缓慢、产蛋率下降、孵化过程中胚胎死亡数增加。日粮中的铜超过350毫克/千克，则会引起中毒；饲料中缺钴时，则会影响铁的代谢，并引起贫血和维生素B_{12}缺乏症，土鸡表现为食欲不振、精神萎靡、生长停滞、消瘦	三者参与血红蛋白形成和体内代谢，并在体内起协同作用，缺一不可，否则就会产生营养性贫血。铁在机体内的一些功能都需有铜的存在方可完成。铜在体内的作用与铁、钙、磷均有一定的关系。铁、铜、钴来源于硫酸亚铁、硫酸铜和钴胺素、氯化钴
铜	铜参与血红蛋白的合成、造血过程、色素形成、骨骼的生长及某些氧化酶的合成和激活		
钴	钴是维生素B_1的组成部分，是合成维生素B_{12}不可缺少的元素，参与碳水化合物和蛋白质的代谢		

种类	主要功能	缺乏症状	备注
碘	碘是构成甲状腺素必需的元素,对营养物质代谢起调节作用	缺乏时,会导致鸡甲状腺肿大,代谢机能降低	植物饲料中的碘含量较少,鱼粉、骨粉中含量较高。主要来源是碘化钾、碘化钠及碘酸钙
锌	锌是鸡生长发育必需的元素之一,有促进生长、预防皮肤病的作用	缺乏时,土鸡食欲不振,生长迟缓,腿软无力	常用饲料中含有较多的锌;可用氧化锌、碳酸锌补充
硒	硒是谷胱甘肽过氧化物酶的组成部分,而且影响维生素E的利用。硒与维生素E相互协调,可减少维生素E的用量;能保护细胞膜完整,保护心肌作用	土鸡缺硒时,产生胰纤维化并使脂肪酶、胰蛋白酶原减少,肌肉萎缩,出现渗出性素质病,心肌损伤,心包积水,雏鸡胸部皮下积水	一般饲料中硒含量及其利用率较低,需额外补充,多用亚硒酸钠。硒过量时,雏鸡生长受阻、羽毛蓬松、神经过敏;种鸡性成熟推迟、产蛋减少、孵化率降低、胎位异常

表 4-2　维生素的种类及主要功能

名称	主要功能	缺乏症状	备注
维生素A	可以维持呼吸道、消化道、生殖道上皮细胞或黏膜的结构完整与健全,促进雏鸡的生长发育和蛋鸡产蛋,增强鸡对环境的适应力和抵抗力	易引起上皮组织干燥和角质化,眼角膜上皮变性,发生干眼病,严重时造成失明;雏鸡消化不良,羽毛蓬乱无光泽,生长速度缓慢;母鸡产蛋量和种蛋受精率下降,胚胎死亡率高,孵化率低等	青绿多汁饲料、黄玉米、鱼肝油、蛋黄、鱼粉中含量丰富;维生素A和胡萝卜素均不稳定,在饲料的加工、调制和贮存过程中易被破坏,而且环境温度愈高,破坏程度愈大
维生素D	参与钙、磷的代谢,促进肠道钙、磷的吸收,调整钙、磷的吸收比例,促进骨的钙化,是形成正常骨骼、喙、爪和蛋壳所必需的	雏鸡生长速度缓慢,羽毛松散,趾爪变软、弯曲,胸骨弯曲,胸部内陷,腿骨变形;成年鸡缺乏时,蛋壳变薄,产蛋率、孵化率下降,甚至发生产蛋疲劳症	包括维生素D$_2$(麦角钙化醇)和维生素D$_3$(胆钙化醇),由植物内麦角固醇和动物皮肤内7-脱氢胆固醇经紫外线照射转变而来,维生素D$_3$活性要比维生素D$_2$高约30倍。鱼肝油含有丰富的维生素D$_3$,日晒的干草维生素D$_2$含量较多,市场有维生素D$_3$制剂

名称	主要功能	缺乏症状	备注
维生素E	抗氧化剂和代谢调节剂，与硒和胱氨酸有协同作用，对消化道和体组织中的维生素A有保护作用，能促进鸡的生长发育和繁殖率的提高	雏鸡发生渗出性素质病，形成皮下水肿与血肿、腹水，引起小脑出血、水肿和脑软化；成鸡繁殖机能紊乱，产蛋率和受精率降低，胚胎死亡率高	在麦芽、麦胚油、棉籽油、花生油、大豆油中含量丰富，在青饲料、青干草中含量也较多；市场有维生素E制剂。鸡处于逆境时需要量增加
维生素K	催化合成凝血酶原（具有活性的是维生素K_1、维生素K_2和维生素K_3）	皮下出血形成紫斑，而且受伤后血液不易凝固，流血不止以致死亡。雏鸡断喙时常在饲料中补充人工合成的维生素K	维生素K在青饲料和鱼粉中含量较多，一般不易缺乏。市场有维生素K制剂
维生素B_1（硫胺素）	参与碳水化合物的代谢，维持神经组织和心肌正常，有助于提高胃肠的消化机能	易发生多发性神经炎，表现头向后仰、羽毛蓬乱、运动器官和肌胃肌肉衰弱或变性、两腿无力等，呈观星状；食欲减退，消化不良，生长缓慢。雏鸡对维生素B_1缺乏敏感性	维生素B_1在糠麸、青饲料、胚芽、草粉、豆类、发酵饲料和酵母粉中含量丰富，在酸性饲料中相当稳定，但遇热、遇碱易被破坏。市场有硫胺素制剂
维生素B_2（核黄素）	构成细胞黄酶辅基，参与碳水化合物和蛋白质的代谢，是鸡体较易缺乏的一种维生素	雏鸡生长慢、下痢，足趾弯曲，用跗关节行走；种鸡产蛋率和种蛋孵化率降低；胚胎发育畸形、萎缩，绒毛短，死胚多	维生素B_2在青饲料、干草粉、酵母、鱼粉、糠麸和小麦中含量丰富。市场有核黄素制剂
维生素B_3（泛酸）	是辅酶A的组成成分，与碳水化合物、脂肪和蛋白质的代谢有关	生长受阻，羽毛粗糙，食欲下降，骨粗短，眼睑黏着，喙和肛门周围有坚硬痂皮。脚爪有炎症，育雏率低；蛋鸡产蛋量减少，孵化率下降	维生素B_3在酵母、糠麸、小麦中含量丰富。不稳定，易吸湿，易被酸、碱和热破坏

名称	主要功能	缺乏症状	备注
维生素 B5（烟酸或尼克酸）	某些酶类的重要成分，与碳水化合物、脂肪和蛋白质的代谢有关	雏鸡缺乏时食欲减退，生长慢，羽毛发育不良，跗关节肿大，腿骨弯曲；蛋鸡缺乏时，羽毛脱落，口腔黏膜、舌、食道上皮发生炎症。产蛋量减少，种蛋孵化率降低	维生素 B5 在酵母、豆类、糠麸、青饲料、鱼粉中含量丰富。雏鸡需要量高。市场有烟酸制剂
维生素 B6（吡哆醇）	是蛋白质代谢的一种辅酶，参与碳水化合物和脂肪代谢，在色氨酸转变为烟酸和脂肪酸过程中起重要作用	缺乏时鸡发生神经障碍，从兴奋而至痉挛，雏鸡生长发育缓慢，食欲减退	维生素 B6 在一般饲料中含量丰富，又可在体内合成，很少有缺乏现象
维生素 H（生物素）	以辅酶形式广泛参与各种有机物的代谢	缺乏时鸡的典型症状是股骨粗短。鸡喙、趾发生皮炎，生长速度减慢，种蛋孵化率降低，胚胎畸形	维生素 H 在鱼肝油、酵母、青饲料、鱼粉及糠麸中含量较多
胆碱	胆碱是构成卵磷脂的成分，参与脂肪和蛋白质代谢；蛋氨酸等合成时所需的甲基来源	鸡易患脂肪肝，发生骨短粗症，共济运动失调，产蛋率下降（过多时鸡蛋产生鱼腥味）。鸡日粮中添加适量胆碱，可提高蛋白质利用率	胆碱在小麦胚芽、鱼粉、豆饼、甘蓝等饲料中含量丰富。市场有氯化胆碱
维生素 B11（叶酸）	以辅酶形式参与嘌呤、嘧啶、胆碱的合成和某些氨基酸的代谢	鸡生长发育不良，羽毛不正常，贫血，种鸡的产蛋率和孵化率降低，胚胎在最后几天死亡	维生素 B11 在青饲料、酵母、大豆饼、麸皮和小麦胚芽中含量较多

名称	主要功能	缺乏症状	备注
维生素B$_{12}$（钴胺素）	以钴酰胺辅酶形式参与各种代谢活动，如嘌呤、嘧啶的合成，甲基的转移及蛋白质、碳水化合物和脂肪的代谢；有助于提高造血机能和日粮蛋白质利用率	缺乏时，雏鸡生长停滞，羽毛蓬乱；种鸡产蛋率、孵化率降低	维生素B$_{12}$在动物肝脏、鱼粉、肉粉中含量丰富，鸡舍内的垫草中也含有维生素B$_{12}$
维生素C（抗坏血酸）	具有可逆的氧化性和还原性，广泛参与机体的多种生化反应；能刺激肾上腺皮质合成；促进肠道内铁的吸收，使叶酸还原成四氢叶酸	鸡易患坏血病，生长停滞，体重减轻，关节变软，身体各部出血、贫血，适应性和抗病力降低	维生素C在青饲料中含量丰富，生产中多使用维生素C添加剂；提高抗热应激和逆境能力的用量为50～300毫克/千克饲料

5.水

水是鸡体的主要组成部分（鸡体内含水量在50%～60%，主要分布于体液、淋巴液、肌肉等组织中），对鸡体内正常的物质代谢有着特殊作用，是鸡体生命活动过程不可缺少的。水是各种营养物质的溶剂，在鸡体内各种营养物质的消化、吸收，代谢废物的排出，血液循环，体温调节等都离不开水。土鸡和其他动物一样，失去所有的脂肪和一半蛋白质仍能活着，但失去体内水分1/10则多数会死亡（雏鸡含水85%、成鸡含水55%）。土鸡所需要的水分6%来自饲料，19%来自代谢水，其余的75%则靠饮水获得，所以水是土鸡体必需的营养物质。如果饮水不足，饲料消化率和土鸡的生长速度就会下降，严重时会影响健康，甚至引起死亡。高温环境下缺水，后果更为严重。因此，必须供给土鸡充足、清洁的饮水。

二、土鸡的饲养标准

根据土鸡维持生命活动和从事各种生产（如产蛋、产肉等）对能量和各种营养物质需要量的测定，并结合各国饲料条件及当地环境因素，制定出的鸡对能量、蛋白质、必需氨基酸、维生素和微量元素等的供给量或需要量标准，称为鸡的饲养标准，并以表格形式以每日每只具体需要量或占日粮含量的百分数来表示。

鸡的饲养标准有许多种，但目前还没有统一的土鸡饲养标准，仅有一个适用于少数地方土著鸡品种的饲养标准。而其他不同培育品种土鸡的饲养标准，都是由当地农科院畜牧研究所、育种公司或大型养殖公司根据品种特点，结合自身的养殖经验制定出来的。生产中应用的营养标准见表4-3～表4-9。

饲养标准中的营养定额，是在一定条件下的试验结果值，其适用性是有条件限制的。由于不同国家、地区以及不同季节的动物生产性能、饲料品质及质量、环境条件和经营管理方式等的差异，并且这些差异经常变化，因此，在应用饲养标准时，应按实际生产水平、饲料和饲养条件等，对饲养标准中的营养定额酌情进行适当调整。

> **注意**
>
> ①微量元素和维生素可参照种母鸡的用量使用。②由于缺乏种公鸡的饲养标准，许多鸡场只好以产蛋母鸡日粮饲喂种公鸡，带来较大危害，表现：一是高钙、高蛋白质日粮必然给消化系统和泌尿系统，尤其是肝、肾等实质器官带来沉重的代谢负担，造成肝、肾损伤，使种公鸡体况下降，精液品质变差；二是高钙、高蛋白质日粮，大大超过了种公鸡对钙和蛋白质的需要量，多余的蛋白质在体内经脱氨基作用而转变为脂肪贮存于体内，使种公鸡日益变肥，体重迅速增加，性机能减退，精液品质下降；三是多余的蛋白质在体内的降解，尿酸生成增多并与钙等形成尿酸盐，极易造成痛风症引起死亡，而且也增加了生产成本。笔者运用动物营养学的基础理论，通过大量实践设计出了土著种公鸡的饲养标准，经过数个大型土著种鸡养殖场数年的使用，均反映种公鸡性欲旺盛，射精量和精子密度都很好，种蛋受精率一般都稳定在91%～95%，特进行介绍。

表 4-3　土鸡的饲养标准

营养成分	后备鸡（周龄）			产蛋鸡及种鸡（产蛋率%）			商品肉鸡（周龄）	
	0～6	7～14	15～20	>80	65～80	<65	0～4	≥5
代谢能/（兆焦/千克）	11.92	11.72	11.30	11.50	11.50	11.50	12.13	12.55
粗蛋白质 %	18.00	16.00	12.00	16.50	15.00	15.00	21.00	19.00
钙 %	0.80	0.70	0.60	3.50	3.40	3.40	1.00	0.90
总磷 %	0.70	0.60	0.50	0.60	0.60	0.60	0.65	0.65
有效磷 %	0.40	0.35	0.30	0.33	0.32	0.30	0.45	0.40
赖氨酸 %	0.85	0.64	0.45	0.73	0.66	0.62	1.09	0.94
蛋氨酸 %	0.30	0.27	0.20	0.36	0.33	0.31	0.46	0.36
色氨酸 %	0.17	0.15	0.11	0.16	0.14	0.14	0.21	0.17
精氨酸 %	1.00	0.89	0.67	0.77	0.70	0.66	1.31	1.13
维生素 A/国际单位	1500.00	1500.00	1500.00	4000.00	4000.00	4000.00	2700.00	2700.00
维生素 D/国际单位	200.00	200.00	200.00	500.00	500.00	500.00	400.00	400.00
维生素 E/国际单位	10.00	5.00	5.00	5.00	5.00	10.00	10.00	10.00
维生素 K/国际单位	0.50	0.50	0.50	0.50	0.50	0.50	0.50	0.50
硫胺素/毫克	1.80	1.30	1.30	0.80	0.80	0.80	1.80	1.80
核黄素/毫克	3.60	1.80	1.80	2.20	2.20	3.80	7.20	3.60
泛酸/毫克	10.00	10.00	10.00	2.20	2.20	10.00	10.00	10.00
烟酸/毫克	27.00	11.00	11.00	10.00	10.00	10.00	27.00	27.00
吡哆醇/毫克	3.00	3.00	3.00	3.00	3.00	4.50	3.00	27.00
生物素/毫克	0.15	0.10	0.10	0.10	0.10	0.15	0.15	3.00

续表

营养成分	后备鸡（周龄）			产蛋鸡及种鸡（产蛋率/%）			商品肉鸡（周龄）	
	0～6	7～14	15～20	>80	65～80	<65	0～4	≥5
胆碱/毫克	1300.00	900.00		500.00		500.00	1300.00	850.00
叶酸/毫克	0.55	0.25		0.25		0.35	0.55	0.55
维生素 B_{12}/微克	9.00	3.00		4.00		4.00	9.00	9.00
铜/毫克	8.00	6.00		6.00		8.00	8.00	8.00
铁/毫克	80.00	60.00		50.00		30.00	80.00	80.00
锰/毫克	60.00	30.00		30.00		60.00	60.00	60.00
锌/毫克	40.00	35.00		50.00		65.00	40.00	40.00
碘/毫克	0.35	0.35		0.30		0.30	0.35	0.35
硒/毫克	0.15	0.10		0.10		0.10	0.15	0.15

表 4-4　土鸡父母代公鸡饲养标准

成分	0～4周龄	5～8周龄	9～19周龄	20～68周龄
粗蛋白质/%	20	18	16	14
代谢能/（兆焦/千克）	12.122	12.122	11.495	11.286
粗纤维/%	3.5	3.5	5～6	6
钙/%	1.0	1.0	1.0	1.0
有效磷/%	0.46	0.46	0.46	0.45
盐/%	0.36	0.36	0.37	0.37
赖氨酸/%	0.9	0.9	0.7	0.7
蛋氨酸/%	0.4	0.4	0.3	0.3

表 4-5　我国地方品种黄鸡的饲养标准

项目	0～5周龄	6～11周龄	12周龄以上
代谢能/（兆焦/千克）	11.72	12.13	12.55
粗蛋白质/%	20.0	18.0	16.0
蛋白能量比/（克/兆焦）	17.06	14.84	12.75

注意

①其他营养指标参照生长期蛋用鸡和肉用仔鸡饲养标准折算；②该标准适用于广东三黄胡须鸡、清远鸡、杏花鸡等，不适用于石岐杂鸡以及各种肉用黄鸡型杂交种。

表 4-6　黄羽肉种鸡饲养标准（优质地方品种）

项目	后备鸡阶段			产蛋期
	0～5周龄	6～14周龄	15～19周龄	20周龄以上
代谢能/（兆焦/千克）	11.72	11.3	10.88	11.30
粗蛋白质/%	20.00	15.00	14.00	15.50
蛋能比/（克/兆焦）	17.00	13.00	13.00	14.00
钙/%	0.90	0.60	0.60	3.25
总磷/%	0.65	0.50	0.50	0.60
有效磷/%	0.50	0.40	0.40	0.40
食盐/%	0.35	0.35	0.35	0.35

表 4-7　黄羽肉仔鸡饲养标准（优质地方品种）

项目	0～5周龄	6～10周龄	11周龄	11周龄以后
代谢能/（兆焦/千克）	11.72	11.72	12.55	13.39～13.81
粗蛋白质/%	20.00	18.00～17.00	16.00	16.00
蛋能比/（克/兆焦）	17.00	16.00	13.00	13.00
钙/%	0.90	0.80	0.80	0.70
总磷/%	0.65	0.60	0.60	0.55
有效磷/%	0.50	0.40	0.40	0.40
食盐/%	0.35	0.35	0.35	0.35

注意

①我国还没有统一的土仔鸡饲养标准，表4-7标准适用于广东三黄胡须鸡、清远鸡、杏花鸡等少数地方黄羽鸡品种。我国的土鸡品种繁多，它们分布于不同的特定区域，其生长速度、上市体重各异，也不可能制定出一个适用于所有土鸡的饲养标准。土鸡养殖场（户）引进雏鸡时，可向供苗场或公司索取引进鸡的饲养标准，供设计饲料配方参考。②由于公、母鸡生长速度存在差异，对各种营养成分要求也不同，公、母鸡分群饲养时应设计和使用不同的饲料配方。

表 4-8　乌骨鸡种鸡的饲养标准

营养成分	雏鸡 （0～60日龄）	育成鸡 （61～150日龄）	产蛋率 >30%	产蛋率 <30%
代谢能/（兆焦/千克）	11.91	10.66～10.87	12.28	10.87
粗蛋白质/%	19.00	14.00～15.00	16.00	15.00
钙/%	0.80	0.60	3.20	3.00
有效磷/%	0.50	0.40	0.50	0.50
盐/%	0.35	0.35	0.35	0.35
赖氨酸/%	0.32	0.25	0.30	0.25
蛋氨酸/%	0.80	0.50	0.60	0.50

表 4-9　新浦东鸡饲养标准

营养成分	育雏期 （0～10周龄）	育成期 （11～24周龄）	成年期 （25～72周龄）
代谢能/（兆焦/千克）	11.72～12.13	12.13～12.55	12.13～12.55
粗蛋白质/%	19～21	16～17	17～18
钙/%	0.8～1.0	0.8～1.0	3.0
有效磷/%	0.4～0.5	0.4～0.5	0.4～0.5

第二节　土鸡的常用饲料及饲料开发

一、土鸡的常用饲料

凡是含有土鸡所需要的营养成分而不含有害成分的物质都称为饲料。土鸡的常用饲料有几十种，各有其特性，营养含量差异也较大。

1.能量饲料

能量饲料是指那些富含碳水化合物和脂肪的饲料，在干物质中粗纤维含量在18%以下，粗蛋白质含量在20%以下。这类饲料主要包括禾本科的谷实饲料和它们加工后的副产品、动植物油脂和糖蜜等，是鸡饲料的主要成分，用量占日粮的60%左右。

（1）玉米　玉米含能量高，纤维少，适口性好，价格适中，是土鸡主要的能量饲料，一般在饲料中占50%～70%。但玉米蛋白质含量较低，一般占饲料的8.6%，蛋白质中的几种必需氨基酸含量少，特别是赖氨酸和色氨酸。玉米中含有较多的胡萝卜素，有益于蛋黄和鸡的皮肤着色。现在培育的高蛋白质玉米、高赖氨酸玉米等饲料用玉米，营养价值更高，饲喂效果更好。

（2）高粱　高粱含能量和玉米相近，蛋白质含量高于玉米，但单宁（鞣酸）含量较多，使其味道发涩，适口性差。一般在配合饲料中用量不超过5%～15%。

（3）小麦　小麦含能量与玉米相近，粗蛋白质含量高，且氨基酸比其他谷实类完全，B族维生素丰富。小麦多是人食用，一般不用于饲料。小麦作为饲料时，不适宜大量饲喂，用量过大，会引起消化障碍，影响鸡的产蛋性能，因为小麦内含有较多的非淀粉多糖。一般在配合饲料中小麦用量可占10%～20%。近年来，以含有β-葡聚糖酶和木聚糖酶为主的适应小麦日粮的酶制剂和添加剂的研制应用，为小麦在养鸡日粮中的应用奠定了基础，在添加酶制剂的情况下，小麦用量可占30%～40%。

（4）大麦、燕麦　二者含能量比小麦低，但B族维生素含量丰富。因其皮壳粗硬，需破碎或发芽后少量搭配饲喂。

（5）小米　小米是谷子加工去皮后的产品，含能量与玉米相近，粗蛋白质含量高于玉米，为10%左右，核黄素（维生素B_2）含量高（1.8毫克/千克），而且适口性好。一般在配合饲料中用量占15%～20%为宜。

（6）麦麸　包括小麦麸和大麦麸。麦麸含能量低，但蛋白质含量较高，各种成分比较均匀，且适口性好，是鸡的常用饲料。由于麦麸粗纤维含量高，容积大，且有轻泻作用，故用量不宜过多。一般在配合饲料中的用量，育雏和产蛋阶段可占5%～15%，育成阶段可占10%～30%。

（7）米糠类　米糠是稻谷加工后的副产品，其成分随加工大米精白的程度而有显著差异。米糠含有丰富的B族维生素和磷、镁、锰等，钙含量低，粗纤维含量高，但能量较低，体积较大，鸡不宜多吃。通常雏土鸡和育肥期土鸡日粮中，用量不宜超过8%，育成鸡日粮中不超过20%，产蛋鸡不超过15%。必须指出，各类糠的营养差别很大，故配合日粮时要特别注意。饲喂糠饼时，搭配40%～50%的玉米较好。由于米糠含油脂较多，故久贮易变质。一般在配合饲料中用量可占8%～12%。

（8）高粱糠　高粱糠的粗蛋白质含量略高于玉米，B族维生素含量丰富，但含粗纤维多，能量低，且含有较多的单宁，适口性差。一般在配合饲料中不宜超过5%。

（9）油脂类　这类饲料油脂含量高，其发热量为碳水化合物或蛋白质的2.25倍。油脂类饲料包括各种动植物油脂，如豆油、玉米油、菜籽油、棕榈油、鱼油、猪油、牛油等和脂肪含量高的原料（如膨化大豆、大豆磷脂等），植物性油脂的品质比动物性油脂好，亚油酸含量很高（占总脂肪酸的50%以上），但因价格高，限制了其在饲料中的应用。

在饲料中加入少量的油脂类饲料，除了作为脂溶性维生素的载体外，还能提高日粮中的能量浓度。日粮中添加3%～5%的油脂，可以提高雏鸡的日增重，保证蛋鸡夏季能量的摄入量和减少体增热，降低饲料消耗。但添加油脂的同时要相应提高其他营养素的水平。饲料中添加油脂能减少料末飞扬和饲料浪费，有利于空气洁净。另外，添加大豆磷脂除能提供能量物质外，还能保护肝脏，提高肝脏的解毒功能，提高鸡体免疫系统活力和呼吸道黏膜的完整性，增强鸡体抵抗力，保证蛋鸡产蛋性能的发挥。

（10）块根、块茎和瓜类　马铃薯、甜菜、南瓜、甘薯、胡萝卜等含碳水化合物多，适口性好，产量高，易贮藏，也是土鸡的优良饲料，喂饲时注意矿物质的平衡。这类饲料含水多，营养物质的浓度较低，体积大，影响营养物质的摄入。南瓜富含胡萝卜素，各种养分比较完全，消化利用率高，味甜，适口性好，可代替优质青贮料，生喂熟喂均可；马铃薯、甘薯煮熟后饲喂消化率高，发芽的马铃薯含有毒物质，宜去芽后再喂，清洗和煮沸马铃薯的水要倒掉，以免中毒；甘薯、芋头的淀粉含量高，应该蒸煮后拌于其他饲料中喂给，也可以制成干粉或打浆后与糠麸混拌。甘薯须除皮、浸水去毒后饲喂。这类饲料喂量不宜超过日粮的40%，干粉可代替20%的谷物饲料。若用这类饲料配合日粮时，要十分注意矿物质和蛋白质的平衡。

（11）糟渣类　酒糟、糖浆、甜菜渣也可作为土鸡的饲料。酒糟和甜菜因纤维含量高，不可多用。糖浆含糖量丰富，并含大约7%的可消化蛋白质，成鸡每天可喂15克左右，喂时用水稀释，但应注意品质新鲜，仔鸡可少喂。

2.蛋白质饲料

蛋白质饲料指在干物质中粗纤维含量低于18%，而粗蛋白质含量高于20%的一类饲料，一般在日粮中占10%～30%，包括植物性蛋白质饲料和动物性蛋白质饲料。

（1）大豆粕（饼）　大豆因榨油方法不同，其副产物可分为豆饼和豆粕两种类型，含粗蛋白质40%～45%，赖氨酸含量高，适口性好，经加热处理的豆粕（饼）是土鸡最好的植物性蛋白质饲料，一般在配合饲料中用量可占15%～25%。由于豆粕（饼）的蛋氨酸含量低，故与其他饼粕类或鱼粉等配合使用效果更好。大豆粕（饼）的蛋白质和氨基酸的利用率受到加工温度和加工工艺的影响，加热不足或加热过度都会影响其利用率。生的大豆中含有抗胰蛋白酶、皂角素、脲酶等有害物质，榨油过程中，加热不良的饼粕中会含有这些物质而影响蛋白质利用率；过度加热生产的大豆粕，蛋白质的活性会受到破坏，氨基酸利用率下降。

（2）花生粕（饼）　花生粕（饼）的粗蛋白质含量略高于豆粕（饼），为42%～48%，精氨酸和组氨酸含量高，赖氨酸含量低，适口性好于豆粕（饼），与豆粕（饼）配合使用效果较好。一般在配合饲料中用量可占15%～20%。花生粕（饼）脂肪含量高，不耐贮藏，易染上黄曲霉而产生黄曲霉毒素，这种毒素对土鸡危害严重。因此，生长黄曲霉的花生粕（饼）不能喂鸡。

（3）棉籽粕（饼）　棉籽带壳榨油后的副产物称棉籽饼，脱壳榨油后的副产物称棉仁饼，前者含粗蛋白质17%～28%，后者含粗蛋白质39%～40%。在棉籽内含有棉酚和环丙烯脂肪酸，这些物质对畜禽健康有害。喂前应采取脱毒措施，未经脱毒的棉籽粕（饼）喂量不能超过配合饲料的3%～5%。

（4）菜籽粕（饼）　菜籽粕（饼）含粗蛋白质35%～40%，含赖氨酸比豆粕（饼）低50%，含硫氨基酸高于豆粕（饼）14%，粗纤维含量为12%，有机质消化率为70%，可代替部分豆粕（饼）喂鸡。由于菜籽粕（饼）中含有毒物质（芥子酶），喂前宜采取脱毒措施。未经脱毒处理的菜籽粕（饼）要严格控制喂量，蛋鸡用量不超过5%，如用到10%，蛋鸡的死亡率增加，产蛋率、蛋重及哈夫单位值下降，甲状腺明显肿大。菜籽粕（饼）饲喂褐壳蛋鸡会使蛋带鱼腥味。

（5）芝麻饼　芝麻饼是芝麻榨油后的副产物，含粗蛋白质40%左右，蛋氨酸含量高，适当与豆饼搭配喂鸡，能提高蛋白质的利用率。一般在配合饲料中用量可占5%～10%。由于芝麻饼含脂肪多而不宜久贮，最好粉碎现喂。

（6）葵花饼　葵花饼有带壳的和脱壳的两种。优质的脱壳葵花饼含粗蛋白质40%以上、粗脂肪5%以下、粗纤维10%以下，B族维生素含量比豆饼高，可代替部分豆饼喂鸡。一般在配合饲料中用量可占10%～20%。带壳葵花饼不宜饲喂蛋鸡。

（7）鱼粉　鱼粉是最理想的动物性蛋白质饲料，其蛋白质含量高达45%～60%，而且在氨基酸组成方面，赖氨酸、蛋氨酸、胱氨酸和色氨酸含量高。鱼粉中含丰富的维生素A和B族维生素，特别是维生素B_{12}。另外，鱼粉中还含有钙、磷、铁等。用它来补充植物性饲料中的限制性氨基酸，效果很好。一般在配合饲料中用量可占5%～15%。由于鱼粉的价格较高，掺假现象较多，使用时应仔细辨别和化验。为了降低饲料成本，无鱼粉配方的应用也取得了较好效果。

（8）血粉及肉骨粉　肉联厂的下脚料及病畜的废弃肉经高温处理制成的血粉和肉骨粉，是一种良好的蛋白质饲料。血粉含粗蛋白质80%以上，赖氨酸含量为6%～7%，但蛋氨酸和异亮氨酸含量较少。血粉的适口性差，日粮中用量过多，易引起腹泻，一般占日粮的1%～3%。肉骨粉粗蛋白质含量达40%以上，蛋白质消化率高达80%，赖氨酸含量丰富，蛋氨酸和色氨酸较少，钙、磷含量高，比例适宜。肉骨粉易变质，不易保存，一般在配合饲料中用量占5%左右。

（9）蚕蛹粉　蚕蛹粉含粗蛋白质68%左右，且蛋白质品质好，限制性氨基酸含量高，是土鸡的良好蛋白质饲料。但其脂肪含量高，不耐贮藏，在配合饲料中用量可占5%～10%。

（10）羽毛粉　水解羽毛粉含粗蛋白质近80%，但蛋氨酸、赖氨酸、色氨酸和组氨酸含量低，使用时要注意氨基酸平衡问题，应该与其他动物性饲料配合使用。一般在配合饲料中用量为2%～3%，过多会影响土鸡的生长和生产。在蛋鸡饲料中添加羽毛粉可以预防和减少啄癖。

3.矿物质饲料

矿物质饲料是为了补充植物性和动物性饲料中某种矿物质元素的不足而利用的一类饲料。大部分饲料中都含有一定量矿物质，在散养和低产的情况下，看不出明显的矿物质缺乏症，但在舍饲、笼养、高产的情况下矿物质需要量增多，必须在饲料中补加。

（1）骨粉或磷酸氢钙　含有大量的钙和磷，而且比例合适。添加骨粉或磷酸氢钙，主要用于饲料中含磷量不足的情况，在配合饲料中用量可占1.5%～2.5%。

（2）贝壳粉、石粉、蛋壳粉　三者均属于钙质饲料。一般在鸡配合饲料中的用量，育雏及育成阶段1%～2%，产蛋阶段6%～7%。贝壳粉是最好的钙质矿物质饲料，含钙量高，又容易吸收；石粉价便宜，含钙量高，但鸡吸收能力差；蛋壳粉可以自制，将各种蛋壳经水洗、煮沸和晒干后粉碎即成。蛋壳粉的吸收率也较好，但要严防传播疾病。

（3）食盐　食盐主要用于补充鸡体内的钠和氯，保证鸡体正常的新陈代谢，还可以增进鸡的食欲，用量可占日粮的3%～3.5%。

（4）砂砾　砂砾有助于肌胃中饲料的研磨，起到"牙齿"的作用，舍饲鸡或笼养鸡要注意补给，不喂砂砾时，鸡对饲料的消化能力大大降低。据研究，鸡吃不到砂砾，饲料消化率要降低20%～30%，因此必须经常补饲砂砾。砂砾要不溶于盐酸。

（5）沸石　沸石是一种含水的硅酸盐矿物，在自然界中多达40多种。沸石中含有磷、铁、铜、钠、钾、镁、钙、银、钡等20多种矿物质元素，是一种质优价廉的矿物质饲料。同时，沸石可以降低鸡舍内有害气体的含量，保持舍内干燥。在配合饲料中用量可占1%～3%。

4.维生素饲料

在土鸡的日粮中主要用来提供各种维生素的饲料叫维生素饲料，包括青菜类、块茎类、青绿多汁饲料和草粉等。常用的有白菜、胡萝卜、野菜类和干草粉（苜蓿草粉、槐叶粉和松针粉）等。青绿饲料中胡萝卜素较多，某些B族维生素含量丰富，并含有一些微量元素，对于土鸡的生长、产蛋、繁殖以及维持鸡体健康均有良好作用。喂青绿饲料应注意它的质量，以幼嫩时期或绿叶部分含维生素较多。饲用时应防止腐烂、变质、发霉等，并应在鸡群中定期驱虫。一般用量占精料的20%～30%（舍内规模化饲养，使用这些维生素饲料不方便，可利用人工合成的维生素添加剂来代替）。

（1）青菜　白菜、通心菜、牛皮菜、甘蓝、菠菜及其他各种无毒的野菜等均为良好的维生素饲料。

（2）胡萝卜　胡萝卜素含量高，容易贮藏，适于秋冬季节饲喂的维生素饲料。胡萝卜应洗净后切碎，用量占精料的20%～30%。

（3）水草　生长在池沼和浅水中的藻类等也是较好的维生素饲料，水草中含有丰富的胡萝卜素，有时还带有螺蛳、小鱼等动物。

（4）草粉、树叶粉　含有大量的维生素和矿物质，对土鸡的产蛋率、蛋的孵化品质均有良好的作用。苜蓿干草含有大量的维生素A、B族维生素、维生素E等，并含粗蛋白质14%左右。树叶粉（青绿的嫩叶）也是良好的维生素饲料，如槐叶粉，来源广阔，刺槐在我国被大面积种植，是丰富的资源，利用时应和林业生产相辅，选择适合的季节采集，合理利用。饲料中添加2%～5%的槐叶粉可明显地提高种蛋和商品蛋的蛋黄品质。其他豆科干草粉（如红豆草、三叶草等）与苜蓿干草的营养价值大致相同，干粉用量可占日粮的2%～7%。

（5）青绿饲料　青绿饲料在土鸡的饲养中占有很重要的地位，土鸡饲喂一定量的青绿饲料会使抗病力增强、肉味鲜美、鸡蛋风味独特。因此，利用青绿饲料饲喂土鸡，或在牧草地上放牧土鸡均可收到良好的效果。常用的青绿饲料有豆科牧草（苜蓿、三叶草、沙打旺、红豆草等）、鲜嫩的禾本科牧草和饲料作物鲁梅克斯、聚合草等。

5.饲料添加剂

为了满足土鸡的营养需要，完善日粮的全价性，需要在饲料中添加原来含量不足或不含有的营养物质和非营养物质，以提高饲料利用率，促进土鸡的生长发育，防治某些疾病，减少饲料贮藏期间营养物质的损失或改进产品品质等，这类物质称为饲料添加剂。

（1）维生素、微量元素添加剂　这类添加剂可分为雏鸡饲料添加剂、育成鸡饲料添加剂、产蛋鸡饲料添加剂和种鸡饲料添加剂等多种，添加时按药品说明决定用量，饲料中原有的含量只作为安全裕量，不予考虑。土鸡处于逆境时，如运输、转群、注射疫苗、断喙时，这类添加剂需要量加大。

（2）氨基酸添加剂　目前人工合成而作为饲料添加剂进行大批量生产的是赖氨酸和蛋氨酸。以大豆饼为主要蛋白质来源的日粮，添加蛋氨酸可以节省动物性饲料用量；大豆饼不足的日粮添加蛋氨酸和赖氨酸，可以大大强化饲料的蛋白质营养价值；在杂粮含量较高的日粮中添加氨基酸可以提高日粮消化利用率。

（3）抗生素添加剂　预防土鸡的某些细菌性疾病，或土鸡处于逆境，或环境卫生条件差时，加入一定量的抗生素添加剂有良好效果。常用的抗生素添加剂有青霉素、链霉素、金霉素、土霉素等。据试验，用金霉素、土霉素作饲料添加剂还可提高母鸡产蛋量。

（4）中药饲料添加剂　抗生素的使用在蛋鸡产业生产中起到了一定作用，但抗生素的残留问题越来越受到人们的关注，许多抗生素被禁用或限用。中药作为饲料添加剂，毒副作用小，不易在产品中残留，且具有多种营养成分和生物活性物质，兼具有营养和防病的双重作用。其天然、多能、营养的特点，可起到增强免疫作用、激素样作用、维生素样作用、抗应激作用、抗微生物作用等，具有广阔的使用前景。

（5）酶制剂　酶是动物、植物机体合成、具有特殊功能的蛋白质，是促进蛋白质、脂肪、碳水化合物消化的催化剂，并参与体内各种代谢过程的生化反应。在土鸡饲料中添加酶制剂，可以提高营养物质的消化率。目前，在生产中应用的有单一酶制剂和复合酶制剂。单一酶制剂，如淀粉酶、脂肪酶、蛋白酶、纤维素酶和植酶等。复合酶制剂是由一种或几种单一酶制剂为主体，加上其他单一酶制剂混合而成，或者由一种或几种微生物发酵获得。

（6）微生态制剂　微生态制剂也称有益菌制剂或益生素，是将动物体内的有益微生物经过人工筛选培育，再经过现代生物工程工厂化生产，专门用于动物营养保健的活菌制剂。微生态制剂进入消化道后，首先建立并恢复其内的优势菌群和微生态平衡，并产生一些消化菌、类抗生素物质和生物活性物质，从而提高饲料的消化吸收率，降低饲料成本；抑制大肠杆菌等有害菌感染，增强机体的抗病力和免疫力，可少用或不用抗菌类药物；明显改善饲养环境，使鸡舍内的氨、硫化氢等臭味减少70%以上。

（7）酸制（化）剂　用以增加胃酸，激活消化酶，促进营养物质吸收，降低肠道pH，抑制有害菌感染。目前，国内外应用的酸制剂包括有机酸制剂（如柠檬酸、延胡索酸、乳酸、丙酸、苹果酸、戊酮酸、山梨酸、甲酸、乙酸）、无机酸制剂（如盐酸、硫酸、磷酸）和复合酸制剂（利用几种特定的有机酸和无机酸复合而成）三大类。

（8）低聚糖　又名寡聚糖，是由2～10个单糖通过糖苷键连接成直链或支链的小聚合物的总称。低聚糖种类很多，如异麦芽糖低聚糖、异麦芽酮糖、大豆低聚糖、低聚半乳糖、低聚果糖等。它们不但具有低热、稳定、安全、无毒等良好的理化特性，而且由于其分子结构的特殊性，饲喂后不能被人和单胃动物消化道的酶消化利用，也不会被病原菌利用，而直接进入肠道被乳酸菌、双歧杆菌等有益菌分解成单糖，再按糖酵解的途径被利用，促进有益菌增殖和消化道的微生态平衡，对大肠杆菌、沙门氏菌等病原菌产生抑制作用。

（9）糖萜素　糖萜素是从油茶饼（粕）和菜籽饼（粕）中提取的，由30%的糖类、30%的萜皂素和有机酸组成的天然生物活性物质。它可促进鸡体生长，提高日增重和饲料转化率，增强鸡体的抗病力和免疫力，并有抗氧化、抗应激作用，降低畜产品中锡、铅、汞、砷等有害元素的含量，改善并提高畜产品色泽和品质。

（10）大蒜素　大蒜是餐桌上的常备之物，有悠久的调味、刺激食欲和抗菌历史。用于饲料添加剂的有大蒜粉和大蒜素，这两种添加剂有诱食、杀菌、促生长、提高饲料利用率和畜产品品质的作用。

（11）驱虫保健剂　主要指一些抗球虫药物。目前用于防治球虫的添加剂很多，如痢特灵、球痢灵、氯苯胍、克球粉、鸡宝20、腐殖酸钠等，大部分药物均能产生不同程度的耐药性。因此，交替使用几种抗球虫药物能收到较好效果。

（12）防霉剂和抗氧化剂　配合饲料保存时间较长时，容易发生氧化和霉变，尤其是在高温、高湿季节。生产中常用的防霉剂有丙酸钙、丙酸钠、克饲霉、霉敌等；常用的抗氧化剂有乙氧基喹啉、丁基化羟基甲苯等。

（13）增色剂　增色剂对于土鸡来说很重要。金黄色的肉鸡屠体、橘黄色的蛋黄深受消费者欢迎。增色剂有天然和人工合成两种，土鸡应选用天然色素，保证肉、蛋品质。玉米蛋白粉、苜蓿草粉、万寿菊花瓣粉、辣椒粉等含有大量的叶黄素，使用效果较好。

二、土鸡的饲料开发

（一）苜蓿草粉开发利用

苜蓿草粉是在紫花苜蓿盛花期前将其刈割下来，经晒干或其他方法干燥、粉碎而制成，其营养成分随生长时期的不同而不同。苜蓿草粉除含有丰富的B族维生素、维生素E、维生素C、维生素K外，每千克还含有高达50～80毫克的胡萝卜素。用来饲喂蛋鸡可增加蛋黄的颜色；用来饲喂土著种鸡、土著蛋肉兼用型鸡，可增加蛋黄的颜色，维持其皮肤、脚、趾的黄色。在土鸡饲料中的添加比例以控制在3%左右为宜。

苜蓿干物质中成分含量变化见表4-10。

表 4-10　苜蓿干物质中成分含量变化　　　　　单位 /%

成分	现蕾前	现蕾期	盛花期
粗纤维	22.1	26.5	29.4
粗蛋白质	25.3	21.5	18.2
粗灰分	12.1	9.5	9.8
可消化蛋白质	21.3	17	14.5

（二）树叶开发利用

我国有丰富的林业资源，除少数树种的树叶外，大多数都可以作为饲料。树叶营养丰富，经加工调制后，饲喂土鸡效果很好。

1.影响树叶饲用价值的因素

（1）树种　树叶的营养成分因树种而异，有的树种，如豆科树种、榆树等叶子及松针中粗蛋白质含量较高，按干物质量计，均在20%以上，而且还含有组成蛋白质的18种氨基酸。而槐树、柳树、梨树、桃树、枣树等树叶的有机物质含量、消化率、能值较高，对土鸡的代谢能值达6.27兆焦/千克干物质。树叶中维生素含量很高，据分析，柳树、桦树、榛树、赤杨等青叶中，胡萝卜素含量为110～132毫克/千克，紫穗槐青干中胡萝卜素含量高达270毫克/千克，针叶中胡萝卜素含量高达197～344毫克/千克，此外还含有大量的维生素C、维生素E、维生素K、维生素D和维生素B_1等；松针粉含有鸡体所需的矿物质元素。有的树叶含有激素，刺激鸡体的生长，或含有抑制病原菌的杀菌素等。常见的树叶种类见图4-1。

（2）生长期　生长着的鲜嫩叶营养价值高；青落叶次之，可饲喂单胃家畜和家禽；枯黄叶营养价值最低。

（3）树叶中所含的特殊成分　有些树叶营养成分含量较高，但因含有一些特殊成分，饲用价值降低。有的树叶含单宁，有苦涩味，如核桃、山桃、橡树、李树、柿树、毛白杨等树叶，必须经加工调制后再饲喂。有的树叶到秋季单宁含量增加，如栗树、柏树等树叶秋季单宁含量达3%，有的高达5%～8%，应提前采摘饲喂，但应少量饲喂，少量饲喂能够收敛健胃。有的树叶有剧毒，如夹竹桃等。

榆树叶　　　　　　　　　　槐树叶

杨树叶　　　　　　　　荆树叶(豆科树种)

松针　　　　　　　　梨树叶(果树类)

图4-1　常见的树叶种类

2.树叶的采收方法

采收的方式及采收时间对树叶的营养成分影响较大。采集树叶应在不影响树木正常生长的前提下进行，如果为了采集树叶而折枝毁树，不但影响树木生长，而且破坏生态环境。树叶的采收方法：一是青刈法，适宜分枝多、生长快、再生力强的灌木，如紫穗槐等；二是分期采收法，对生长繁茂的树木，如洋槐、榆树、柳树、桑树等，可分期采收下部的嫩枝、树叶；三是落叶采集法，适宜落叶乔木，特别是高大不便采摘的或不宜提前采摘的树叶，如杨树叶等；四是剪枝法，对需适时剪枝的树种或耐剪枝的树种，特别是道路两旁的树和各种果树，可采用剪枝法。

3.树叶的采收时间

树叶的采收时间依树种而异，针叶在春、秋季节其含松脂率较低的时期采集；紫穗槐、洋槐叶，北方地区一般在7月底至8月初采集，最迟不要超过9月上旬；杨树叶在秋末刚刚落叶即开始收集，而不能等落叶变枯黄再收集，还可以收集修枝时的叶子；橘树叶在秋末冬初时，结合修剪整枝，采集枯叶和嫩枝。

4.树叶的加工方法

（1）针叶的加工利用　松针粉中含有多种氨基酸、微量元素，能有效地刺激蛋鸡的排卵功能，提高产蛋率。蛋鸡日粮中添加3%～5%的松针粉，产蛋量提高6.1%～13.8%，饲料利用率提高15.1%，蛋重提高2.9%，受精率提高1.0%，且蛋黄颜色较深。肉鸡日粮中添加3%～5%松针粉，日增重提高8.1%～12.0%，饲料报酬提高8.4%，且肉质鲜嫩可口。同时，松针粉中含有植物杀菌素和维生素，具有防病抗病功效，能有效地抵御鸡病发生，从而提高雏鸡成活率。在雏鸡日粮中添加2%的松针粉，成活率、增重率和饲料转化率分别提高7.1%、11.1%和28.4%，生长期缩短10天。每天喂给母鸡8.0克松针粉，可表现出良好的抗热应激作用，提高产蛋率。土鸡喂给松针粉，可明显改善喙、皮肤、腿和爪的颜色，使之更加鲜黄美观。

针叶采集后要保持其新鲜状态，含水量为40%～50%。原料贮存时要求通风良好，不能日晒雨淋，采收到的原料应及时运至加工场地，一般从采集到加工不能超过3天，以保证产品质量。对树枝上的针叶，应进行脱叶处理。脱叶分手工脱叶和机械脱叶。手工脱下的针叶含水量一般为65%左右，杂质含量（主要指枝条）不超过35%；机械脱下的针叶含水量为55%左右，杂质含量不超过45%。用切碎机将针叶切成3～4厘米，以破坏针叶表面的蜡质层，加快干燥速度。可采用自然阴干或烘干。烘干温度为90℃，时间为20分钟。干燥后应使针叶的含水量从40%～50%降到20%，以便粉碎加工和成品的贮存运输。用粉碎机将针叶加工成2毫米左右的针叶粉，针叶粉的含水量应低于12.5%。加工好的针叶粉的外观为浅绿色，有针叶香味。

针叶粉要用棕色的塑料袋或麻袋包装，防止阳光中紫外线对叶绿素和维生素的破坏。另外，贮存场所应保持清洁、干燥、通风，以防吸湿结块。在良好的贮存条件下，针叶粉可保存2～6个月。

加工后的针叶粉可以添加到饲料中直接饲喂，也可以生产针叶浸出液（针叶浸出液不但能促进家禽的生长，而且能降低畜禽支气管炎和肺炎的发病率，增加其食欲和抗病能力。因此，针叶浸出液又可作为保健剂），加工方法是将针叶粉碎，放入桶内，加入70～80℃的温水（针叶与水的比例为1∶10）。搅拌后盖严，在室温下放置3～4小时，便得到有苦涩味的浸出液。

针叶粉作为添加饲料适用于各类畜禽，可直接饲喂或添加到混合饲料中。针叶粉应周期性地饲用，连续饲喂15～20天，然后间断7～10天，以免影响畜禽产品质量。松针粉含有松脂气味和挥发性物质，在畜禽饲料中的添加量不宜过高。一般在土鸡饲料中的添加量为3%，蛋鸡和种鸡为5%。针叶浸出液可供家畜饮用，也可与精料、干草或秸秆混合后饲喂。家禽对针叶浸出液有一个适应过程，开始应少量，然后逐渐加大到所要求的量。

（2）阔叶的加工利用　阔叶的加工利用方法有：①进行糖化发酵。将树叶粉碎，掺入一定量的谷物粉，用40～50℃温水搅拌均匀后压实，堆积发酵3～7天。糖化发酵可提高阔叶的营养价值，减少树叶中单宁的含量。糖化发酵的阔叶饲料主要用于喂猪、鸡。②加工成叶粉（刺槐叶的营养成分含量见表4-11）。叶粉可作为配合饲料、混合饲料的原料，在鸡饲料中掺入的比例为5%～10%。③蒸煮。把阔叶放入金属筒内，用蒸汽加热（180℃左右）15分钟后，树叶的组织受到破坏，利用筒内设置的旋转刀片将原料切成棉花状物。

表 4-11　鲜嫩刺槐叶及叶粉的营养成分含量

类别	干物质/%	粗蛋白质/%	粗脂肪/%	粗纤维/%	粗灰分/%	钙/%	磷/%
鲜叶	23.7	5.3	0.6	4.1	1.8	0.23	0.04
叶粉	86.8	19.6	2.4	15.2	6.9	0.85	0.17

除上述方法外，还可将树叶进行膨化、压制，做成颗粒和青贮。

三、动物性蛋白质饲料的开发利用

可以利用人工方法生产一些昆虫类、蚯蚓等动物性蛋白质饲料直接喂土鸡，既能保证充足的动物性蛋白质供应，促进生长和生产，降低饲料成本，又能够提高产品质量。

1.诱捕昆虫

傍晚补饲期间，在鸡棚附近安装几个电诱捕昆虫灯（图4-2），这样昆虫就会从四面八方飞来，被等候在棚下的土鸡群吃掉。土鸡吃饱后，关灯让其休息。

图4-2　电诱捕昆虫灯

2.育虫养鸡

可以在放牧的地方育虫，直接让土鸡啄食。简单实用的育虫方法如下：

（1）稀粥育虫法　在牧地不同区域选择多个小地块作为育虫地，轮流在地上泼稀粥，然后用草等盖好，2天后草下即生小虫子，让土鸡轮流到各地块上去吃虫子即可。育虫地块注意防雨淋、防水浸。

（2）稻草米糠育虫法　在牧地挖1个宽0.6米、深0.3米、长度适当的长方形土坑，将稻草切成6～7厘米长，用水煮2小时，捞出倒入坑内，上面盖6～7厘米厚的污泥（水沟泥或塘泥）、垃圾等，再用污泥压实，每天浇1盆洗米水。经过8天坑内即可生虫子，翻开压盖物，让土鸡啄食即可。土鸡每次吃完后，需再盖好污泥等，再浇1盆洗米水，可继续生虫子供土鸡食用。

（3）粪便发酵育虫法　每500千克猪粪晒至七成干后加入20%肥泥和3%麦糠或米糠拌匀，堆成堆后用塑料薄膜封严发酵7天左右。挖一深50厘米的土坑，将以上发酵料平铺于坑内30～40厘米厚，上用青草、草帘、麻袋等盖好，保持潮湿，20天左右即生蛆、虫、蚯蚓等。在牛粪中加入10%米糠和5%麦糠拌匀，倒在阴凉处的土坑里，上盖杂草、秸秆等，最后用污泥密封，经过20天即可生虫子。在较潮湿的地块上挖1个长和宽各1～2米、深0.3米的土坑，坑底铺一层碎杂草，草上铺一层马粪，粪上再撒一层麦糠。如此一层一层铺至坑满为止，最后盖一层草。坑中每天浇水一次，经一周左右即可生虫子。在放牧场内利用经杀菌消毒处理发酵的猪粪、鸡粪加20%的肥土和3%的糠麸拌匀堆成堆后，覆膜发酵7天左右，将发酵料铺在砖砌地面或50厘米宽、70厘米长、30厘米深的坑中，用草盖好，保持潮湿，20天左右即可生蛆、虫、蚯蚓等，每天将发酵料翻撒一部分，供土鸡食用，可节约饲料30%。

（4）杂物育虫法　将鲜牛粪、鸡毛、杂草、杂粪等物混合加水，调成糊状，堆成3米长、1.5米宽、1米高的土堆，堆顶部及四周抹一层稀泥，堆顶部再用草等盖好，以防阳光晒干。过7～15天即可生虫子。

（5）腐草育虫法　在较肥沃的地块挖宽约1.5米、长1.8米、深0.5米的土坑，坑底铺一层稻草，其上盖一层豆腐渣，然后再盖一层牛粪，粪上盖一层污泥，如此铺至坑满为止，最后盖一层草。经1周左右即可生虫子。

（6）豆腐渣或豆饼育虫法　把1～2千克豆腐渣倒入缸内，再倒入一些洗米水，盖好缸口。过5～6天即可生虫子，再培育3～4天即可让土鸡采食。用6只缸轮流育虫，可供50只土鸡食用。或把少量豆饼敲碎后与豆腐渣一起发酵，再与秕谷、树叶等混合，放入20～30厘米深的土坑内，上面盖一层稀污泥，再用草等盖严实，经过6～7天即可生虫子。

（7）酒糟或米糠育虫法　酒糟10千克加豆腐渣50千克混匀，在距离房屋较远处堆成长方形，过2～3天即可生虫子，5～7天后可让土鸡采食。或在鸡舍附近堆放两堆麦（米）糠，分别用草泥（碎草与稀泥混合而成）糊起来，数天后即可生虫子，轮流让鸡采食虫子，食完后再将麦（米）糠等集中成堆糊上草泥，又可生虫。

3. 人工养殖蝇蛆

蝇蛆是营养成分全面的优质蛋白质资源。分析测试结果表明，蝇蛆含粗蛋白质59%～65%、脂肪2.6%～12%，无论原物质还是干粉，蝇蛆的粗蛋白质含量都与鲜鱼、鱼粉及肉骨粉相近或略高，蝇蛆的营养成分较全面，含有动物所需要的17种氨基酸，并且每种氨基酸的含量均高于鱼粉，必需氨基酸、蛋氨酸含量分别是鱼粉的2.3倍和2.7倍，赖氨酸含量是鱼粉的2.6倍。同时，蝇蛆还含有多种鸡体生命活动所需要的微量元素，如铁、锌、锰、磷、钴、铬、镍、硼、钾、钙、镁、铜、硒、锗等。蝇蛆是代替鱼粉的优良动物蛋白质饲料。使用蝇蛆生产的虫子鸡，肌肉纤维细，肉质细嫩，口感爽脆，香味浓郁，补气补血，养颜益寿。虫子鸡的蛋俗称"安全蛋"，富含人体所需的17种氨基酸，10多种微量元素和多种维生素，特别是被称为"抗癌之王"的硒和锌的含量是普通禽蛋的3～5倍，是当代最为理想的食疗珍品和理想的营养滋补佳品，被誉为"蛋中极品"。

（1）建造蛆棚　选择光线明亮、通风条件好的地方建造蛆棚，根据养殖规模，蛆棚的面积一般为30～100平方米。棚内挖置数个5～10平方米的蛆池，池四周砌20厘米高的砖，用水泥抹光。蛆池四角处各挖一个小坑放置收蛆桶，桶与坑的间隙用水泥抹平。棚内还要设置多条供苍蝇停息的绳子和多个供苍蝇饮水的海绵水盘。

（2）驯化种蝇　把新鲜鸡粪放入蛆池，堆放数个长400厘米、宽

40厘米的小堆。蛆棚的门在白天打开，让苍蝇飞入产卵，傍晚时关闭棚门让苍蝇在棚内歇息。野生蝇在产卵后要将其用药剂杀死，蝇蛆化蛹后，把蛹放在5%的EM菌液中浸泡10～20分钟，当蛹变成苍蝇时，再堆置新鲜鸡粪，诱使新蝇产卵，产卵后将苍蝇杀死。如此重复三五次，即可将野生蝇驯化成产卵量高、孵出蝇蛆杂菌少、个头大的人工种蝇。

（3）收取蝇蛆　进入正常生产后，每天要取走养蛆后的残堆，更换新鲜鸡粪。经人工驯化的苍蝇产卵后10小时即可孵化出蝇蛆，3～4天成熟的蝇蛆就会爬出粪堆，当它们沿着池壁爬行寻找化蛹的地方时，会全部掉入光滑的塑料收蛆桶内。每天可分两次取走蝇蛆，并注意留足五分之一的蝇蛆，让其在棚内自然化蛹，以保证充足的种蝇产卵。实践证明，用此方法养殖蝇蛆，每1000千克新鲜鸡粪可产活蛆400千克以上，成本极其低廉。

4.养殖蚯蚓

蚯蚓含有丰富的蛋白质，适口性好、诱食性强，是畜、禽、鱼类等的优质蛋白质饲料；蚯蚓粪中有22.5%的粗蛋白质、丰富的粗灰分、钙、磷、钾、维生素和17种氨基酸，据报道，把90%蚯蚓粪、10%蚯蚓粉和少量微生物配成生物饲料，按1%～5%的最佳添加量，可使肉鸡球虫病、呼吸道疾病、消化道疾病减少50%，蛋鸡产蛋高峰期延长25天左右，鸡蛋个大、味香、红心。

（1）蚯蚓的习性　蚯蚓由于长期生活在土壤的洞穴里，其身体的形态结构对穴居生活环境具有相当的适应性。在自然界，蚯蚓以生活在土壤上层15～20厘米深度以内者居多，越往下层越少。蚯蚓喜欢温暖、潮湿和安静的环境。一般蚯蚓的活动温度为5～30℃，生长繁殖最适温度为15～25℃，在0～5℃时则停止生长发育，进入休眠状态，0℃以下或40℃以上常导致其死亡。蚯蚓还喜居安静的环境，怕噪声或震动。蚯蚓对光线非常敏感，喜阴暗，怕强光，常逃避强烈的阳光、紫外线的照射，但不怕红光，趋向弱光。蚯蚓的活动表现为昼伏夜出，即黄昏时爬出地面觅食、交尾，清晨则返回土壤中。

（2）蚯蚓品种　目前已知地球上有蚯蚓2500余种，在我国分布的有160余种。适合人工养殖的有威廉环毛蚓、湖北环毛蚓、参环毛蚓、赤子爱胜蚓、白颈环毛蚓等。

（3）养殖方法　在放养土鸡的场地适合养殖蚯蚓的方法见表4-12。

表4-12　蚯蚓养殖方法

简易养殖法	这种方法包括箱养、坑养、池养、棚养、温床养殖等，其具体做法就是在容器、坑或池中分层加入饲料和肥土，料土相间，然后投放种蚯蚓。这种方法可利用鸡舍前后等空地以及旧容器、砖池、育苗温床等来生产动物性蛋白质饲料，加工有机肥料，处理生活垃圾。其优点是就地取材、投资少、设备简单、管理方法简便，并可利用业余或辅助劳力，充分利用有机废物
田间养殖法	选用地势比较平坦，能灌能排的桑园、菜园、果园或饲料田，沿植物行间开沟槽，施入腐熟的有机肥料，上面用土覆盖10厘米左右，放入蚯蚓进行养殖，经常注意灌溉或排水，保持土壤含水量在30%左右。冬天可在地面覆盖塑料薄膜保温，以便促进蚯蚓活动和繁殖能力。由于蚯蚓的大量活动，土壤疏松多孔，通透性能好，可以实行免耕，适宜于放养土鸡的牧地养殖

（4）饲料的处理　凡无毒的植物性有机物质，经发酵腐熟后均可作为蚯蚓的饲料。作物秸秆或粗大的有机废物应切碎，垃圾则应分选过筛，除去金属玻璃、塑料、砖石和炉渣，再经粉碎；家畜粪便和木屑，则可不进行加工，直接进行发酵处理。把经过处理的有机物质混合均匀，其中以粪料占60%左右、草料占40%左右的粪草混合物为最好。而后加水拌匀，含水量控制在40%～50%，即堆积后堆底边有水流出为止。堆成梯形或圆锥形，最后堆外面用塘泥封好或用塑料薄膜覆盖，以保温保湿。经4～5天，堆内的温度可达50～60℃，待温度由高峰开始下降时，要翻堆进行第二次发酵，将上层的料翻到下层，四周的料翻到中间，使之充分发酵腐熟，达到无臭味、无酸味，质地松软不粘手；颜色为棕褐色，然后摊开放置。使用前，先检查饲料的酸碱度是否合适，一般pH在6.5～8.0都可使用。过酸可添加适量石灰，过碱用水淋洗，这样有利于过多盐分和有害物质的排除。饲用前，先用少量蚯蚓试验饲养，如无不良反应，即可应用。

第三节 土鸡的饲料配制

一、土鸡配合饲料的种类

（一）预混料

预混料是由维生素、微量元素、氨基酸等添加剂和食盐与辅料（或载体）、矿物质配合而成的饲料，其决定了日粮的全价性，不能直接饲喂，必须配合一定比例的能量饲料和蛋白质饲料。这种饲料占全价配合饲料的比例一般为1%～6%。有饲料加工设备或饲料配合技术较强的大型鸡场和饲料加工厂可生产使用。盛产各种饲料原料的地区的养鸡场和饲料加工点，直接购买不同类型的预混料按照使用说明进行添加使用，可最大限度地降低饲料成本。

（二）浓缩饲料

预混料加上蛋白质饲料构成浓缩饲料，或全价配合饲料中除能量饲料以外剩余部分的饲料。这种饲料是目前饲料公司生产的主要饲料，适用于能量饲料充足的地方，也适用于受设备限制不能均匀配合饲料的场户。养鸡场和专业户买回后直接添加玉米、麸皮等能量饲料，混合均匀后即可饲喂土鸡。使用浓缩饲料可以减少运输费用和包装费用。

（三）全价饲料

依据土鸡的营养需要，将多种饲料按不同的比例配合成全价平衡的饲料。这种全价配合饲料被养鸡场和养鸡户买回后可直接饲喂。全价饲料有干粉料和颗粒料。用全价粉状配合饲料经制粒机压制即形成颗粒料。选用棉籽饼、菜籽饼等含有毒素的原料时，要测定毒素含量，控制用量，或者进行脱毒处理。颗粒料有利于土鸡的采食，使其不易挑食，营养平衡，节约饲料。这种饲料适合种土鸡育雏期和商品土鸡育肥期使用，但制粒的加工成本较高。

二、土鸡配合饲料的配制方法

（一）设计日粮配方的原则

1.饲料原料种类力求多样化

选用的饲料原料种类应尽可能多一些，这样可以利用氨基酸和其他营养物质的互补作用，从而保证日粮中的营养物质比较完善，提高饲料利用率，满足饲料标准的要求。各种饲料原料在配方中的比例见表4-13。

表 4-13　各种饲料原料在配方中的适宜量和最高允许量

饲料种类	成年鸡		育成鸡	
	适宜量	最高允许量	适宜量	最高允许量
玉米 /%	40 ～ 60	70	30 ～ 50	60
燕麦 /%	20 ～ 30	40	15 ～ 20	30
去皮燕麦 /%	40 ～ 50	60	30 ～ 40	50
小麦 /%	20 ～ 30	30	35 ～ 40	40
黍，粟 /%	20 ～ 25	40	15 ～ 20	30
稻米 /%	20 ～ 30	40	15 ～ 20	30
黑麦 /%	5 ～ 6	7	3 ～ 4	5
大麦 /%	30 ～ 40	50	15 ～ 20	40
豌豆 /%	10 ～ 15	25	7 ～ 10	15
大豆 /%	10 ～ 15	20	7 ～ 10	15
小麦麸 /%	7 ～ 10	15	5 ～ 7	10
米糠 /%	3 ～ 5	7	3 ～ 5	7
花生饼 /%	15 ～ 17	20	8 ～ 10	15
亚麻饼 /%	5 ～ 6	8	2 ～ 3	4

饲料种类	成年鸡		育成鸡	
	适宜量	最高允许量	适宜量	最高允许量
向日葵饼/%	15～17	20	8～10	15
大豆饼/%	18～20	30	15～20	30
饲用酵母/%	5～7	10	3～5	7
血粉/%	2～3	5	2～3	5
肉骨粉/%	5～7	10	3～5	7
羽毛粉/%	3～4	4	2～3	4
鱼粉/%	5～7	10	4～7	10
脱脂乳粉/%	1～1.5	3	2～3	4
苜蓿粉/%	5～7	10	3～5	7
鱼肝油/%	1～2	3	0.5～1	3
动物性脂肪/%	3～4	7	2～3	7
骨粉/%	2～3	3	1～2	2
贝壳粉/%	5～6	7	3～5	5
石灰石/%	5～6	7	3～5	5
食盐/%	0.3～0.4	0.4	0.2～0.3	0.3
马铃薯/[克/(只·天)]	40～50	80	20～30	40
甜菜/[克/(只·天)]	50～60	100	20～30	50
胡萝卜/[克/(只·天)]	20～30	50	15～20	30
嫩三叶草/[克/(只·天)]	15～20	30	10～15	20
嫩苜蓿/[克/(只·天)]	15～20	30	10～15	20

2.饲料的适口性要好

设计日粮配方时应选择适口性好、无异味、无霉变、不酸败的饲料。若采用营养价值高、价格便宜、适口性较差的饲料（如血粉、菜籽粕等），应限制其用量。

3.控制饲料配方中粗纤维的含量

土鸡对粗纤维的消化和利用能力很差，在日粮配方设计时粗纤维的含量应控制在4%以下，不使用粗纤维含量较高的饲料。

4.控制好饲料体积

饲料体积过大，养分浓度降低，不但会造成消化道负担过重，影响土鸡对饲料的消化和吸收，而且也难以满足土鸡的营养需要。反之，饲料体积过小，虽能满足土鸡的营养需要，但土鸡没有饱腹感而处于不安状态，影响其生长发育及生产性能。

5.要注意饲料卫生

设计日粮配方时，不能仅仅考虑营养因素，还要考虑饲料的卫生状况，对被有毒化学物质、农药和病原体污染的饲料，不得使用，以免造成不良后果。

6.保持饲料配方的相对稳定

日粮配方投入使用以后，应保持相对稳定。频繁变动饲料配方和原料会造成土鸡的消化不良，影响生长和产蛋。因此，饲料原料要有稳定可靠的来源，有时由于原料价格变化很大，需改动饲料配方，要逐步进行，避免对土鸡造成大的影响。

7.尽量选用叶黄素含量较高的饲料

叶黄素是维持蛋黄、皮肤黄色所必需的天然色素，鸡体内不能合成，必须由饲料中获得。故为土鸡设计日粮配方时，应注意选用富含叶黄素的饲料，如选用黄玉米而避免使用白玉米，添加紫花苜蓿草粉、万寿菊草粉等。尽量利用和发掘当地的饲料资源。

8.饲料的来源与价格

在设计日粮配方时，根据原料的适用性和价格，合理地选用各种饲料。在养殖实践中，从饲料的价格和饲养效果来看，对土鸡来说经常存在着某些饲料较其他饲料更为合适的情况。例如，在花生粕供应充足的地方或季节，用花生粕代替一部分豆粕，不但能保证高的产蛋率和种蛋的质量，而且还可大大降低饲料成本。

（二）设计日粮配方的依据

1.饲养标准

配合日粮时，必须以鸡的饲养标准为依据，合理应用饲养标准来配制日粮，才能保证土鸡群健康并很好地发挥生产性能，提高饲料利用率，降低饲养成本，获得较好的经济效益。但鸡的营养需要是个极其复杂的问题，饲料的品种、产地、保存好坏会影响饲料的营养含量，鸡的品种、类型、饲养管理条件等也能影响营养的实际需要量，温度、湿度、有害气体、应激因素、饲料加工调制方法等也会影响营养的需要和消化吸收。因此，在生产中原则上既要按饲养标准配合日粮，也要根据实际情况做适当的调整，以充分满足动物的营养需要，更好地发挥其生产性能。但其调整幅度不可过大，一般应控制在10%左右。

2.饲料成分及营养价值表

饲料成分及营养价值表是通过对各种饲料的主要成分、氨基酸、矿物质和维生素等成分进行分析化验，经过计算、统计并在动物饲养试验的基础上，对饲料进行营养价值评定后制定出来的。它客观地反映了各种饲料的营养成分和营养价值，是合理利用各种饲料的科学依据。但应该注意的是有些饲料，如鱼粉、各种饼粕、骨粉等，因产地、所用原料和加工工艺的不同，其所含营养成分的营养价值常有较大的变化。故对从不同产地和厂家购入的原料均应做各种营养成分的测定，并以实测值作为饲料成分的依据。

（三）全价日粮配方的设计

日粮配方的设计和计算技术是近代应用数学与动物营养学相结合的产物。它是实现饲料合理配合、降低饲养成本、提高经济效益的技术手段。其方法很多，如四角法、试差法、线性规划法及电子计算机优选法等。生产中常用的是试差法。

试差法是以饲养标准为基础，根据以往经验和动物营养学理论初步拟出日粮各组分的配比，以各组分的各种营养成分含量之和，分别与饲料标准的各个营养成分的需要量相比较，出现的余缺再用调整饲料配比的方法，来满足各种营养成分的需要量。

现以土鸡产蛋期饲料配方的设计、计算为例进行说明。

第一步，查出土鸡产蛋期饲养标准，见表4-14。

表4-14 土鸡产蛋期饲养标准

营养成分	代谢能/（兆焦/千克）	粗蛋白质/%	食盐/%	钙/%	磷/%
营养指标	11.5	16.5	0.35	3.2	0.46

第二步，结合本地饲料原料来源、营养价值、饲料的适口性、毒素含量等情况，初步确定选用饲料原料的种类和大致用量。

第三步，从鸡的常用饲料成分及营养价值表中查出所选用原料的营养成分含量，初步计算粗蛋白质的含量和代谢能，见表4-15。

第四步，将计算结果与饲养标准对比，发现粗蛋白质17.0%，比标准 16.5%高；代谢能11.39兆焦/千克，比标准11.50兆焦/千克略低。调整配方，增加高能量饲料玉米的比例，降低麸皮的比例，降低高蛋白质饲料豆粕、花生粕的比例，调整后的计算见表4-15。

表4-15 土鸡产蛋期日粮配合的计算

饲料种类	初步计算			调整后计算		
	比例/%	粗蛋白质/%	代谢能/（兆焦/千克）	比例/%	粗蛋白质/%	代谢能/（兆焦/千克）
玉米	62	5.332	8.717	64	5.504	8.998
麸皮	3	0.432	0.197	2	0.288	0.131
豆粕	16	7.552	1.646	15.2	7.174	1.564
棉籽粕	2	0.83	0.159	2	0.83	0.159

饲料种类	初步计算			调整后计算		
	比例/%	粗蛋白质/%	代谢能/（兆焦/千克）	比例/%	粗蛋白质/%	代谢能/（兆焦/千克）
菜籽粕	2	0.77	0.160	2	0.77	0.160
花生饼	3	1.317	0.368	2.8	1.229	0.343
鱼粉	1.4	0.771	0.144	1.4	0.771	0.144
石粉	8			8		
骨粉	2			2		
合计	99.4	17.0	11.39	99.4	16.57	11.50

第五步，列出配方。玉米64%、麸皮2%、豆粕15.2%、棉籽粕2%、菜籽粕2%、花生饼2.8%、鱼粉1.4%、石粉8%、骨粉2%、食盐0.25%、复合多维0.04%、复合微量元素0.11%、蛋氨酸0.1%、赖氨酸0.1%。

（四）预混料的配方设计

饲料添加剂是为补充营养成分、保护动物健康、促进生长发育和防止饲料变质等，加入饲料中的微量物质。将这些添加剂按照一定配方加入稀释剂或载体中，在一定的工艺条件下生产出的均质混合物，就是添加剂预混料，简称预混料。

预混料，按其所含成分的种类不同可分为同类添加剂预混料和复合添加剂预混料。同类添加剂预混料，有微量元素预混料（由多种微量元素配制而成）和多种维生素预混料（例如由多种维生素配制的"多维"）。复合添加剂预混料（由不同种类的多种饲料添加剂按某种动物的营养需要制作的均质混合物），如市场上出售的供鸡、猪等不同动物专用的、添加比例为1%～6%不等的各种复合预混料。

预混料是全价配合饲料的技术核心，是饲料品质优劣的关键所在。这就需要科学的设计配方和严格、合理的加工工艺。

1.微量元素预混料的配方设计

配方设计的步骤如下：

第一步，根据土种鸡的饲养标准，查出各种微量元素的需要量。

第二步，根据所用原料的理论值或实际测定值，计算出基础日粮中各种微量元素的含量。

第三步，计算出各种微量元素应添加的量，即需要量减去基础日粮中的微量元素含量。然而，饲料用粮总是变化的，不同地区的饲料用粮中各种微量元素含量更是千差万别，这给微量元素预混料的配方设计带来了诸多困难。目前动物营养学界多采用将基础日粮中元素含量作保险剂量，而将需要量作添加量的办法来考虑配方设计。

第四步，选择微量元素原料，并弄清其元素的实际含量，将应添加的各种元素量换算成微量元素商品原料量。

第五步，根据微量元素预混料在配合饲料中的配比，计算出载体的用量，然后列出配方，如产蛋土种鸡微量元素预混料配方（在饲料中按1%的量添加使用），见表4-16。

表4-16 产蛋土种鸡微量元素预混料配方

化合物名称	分子式	元素含量/%	需要量/(毫克/千克)	配方/(克/吨)
硫酸锰	$MnSO_4 \cdot 5H_2O$	22.7	30	182
硫酸锌	$ZnSO_4 \cdot 7H_2O$	22.7	50	220
硫酸亚铁	$FeSO_4 \cdot 7H_2O$	20.1	50	249
硫酸铜	$CuSO_4 \cdot 5H_2O$	25.4	8	32
碘化钾	KI	76.4	0.3	0.4
亚硒酸钠	$NaSeO_3$	45.6	0.1	0.22
麸皮				9316.38

①选择原料时，应注意其元素的生物效价，有害元素是否超过标准；②载体的含水量是否过高，粒度是否能够全部通过8目筛；③饲养标准的需要量是一个平均值，设计配方时，应根据实际情况确定用量。

2.复合预混料的配方设计

复合预混料，市售的品种极多，中、小养殖户可根据需要，在生产厂家的指导下购买和使用。其配方的设计一般是在微量元素预混料、维生素预混料的基础上，加入一定量的氨基酸、抗氧化剂、防霉剂、调味剂、着色剂、驱虫剂、抗菌剂、促生长剂等而成。其加入的种类和数量，取决于基础日粮及用途。一般情况下，均应遵循原生产厂家的推荐量。其具体种类及数量通常是保密的，但都遵循一个原则，那就是饲料法规。

为了增强针对性，保证饲养效果，降低生产成本，大型养殖场最好自己设计复合预混料配方、购买原料、自己加工使用。

（五）浓缩饲料的配方设计

浓缩饲料是饲料厂生产的半成品，不能直接用来饲喂动物。它由添加剂预混料、蛋白质饲料、常量矿物质饲料（钙、磷和食盐）三大部分组成，用户只需将它与一定配比的能量饲料（如玉米、小麦、高粱、糙米、麸皮等）相混合，就可得到全价配合饲料。

浓缩饲料的配方设计具体方法是先按照饲养标准，选择当地便宜、容易购买的能量饲料，设计出配合饲料配方；然后把配方中的能量饲料抽出，再将剩下的部分折算成百分比，即得到浓缩饲料配方。例如土鸡父母代种鸡产蛋期浓缩料，见表4-17。

用此浓缩饲料配制全价饲料时，应取玉米370千克、小麦270千克、麸皮60千克，加入浓缩料300千克。

表 4-17　土鸡父母代种鸡（♀）产蛋期浓缩料（**30%**）　单位：千克

饲料原料	种类	
	全价饲料	浓缩料
玉米	370.0	
小麦	270.0	
麸皮	60.0	
豆粕	91.0	91.0
花生粕	90.0	90.0
鱼粉	20.0	20.0
石粉	71.8	71.8
磷酸氢钙	20.0	20.0
食盐	3.6	3.6
蛋氨酸	0.73	0.73
赖氨酸	0.62	0.62
复合维生素	0.25	0.25
氯化胆碱	1.0	1.0
微量元素添加剂	1.0	1.0
合计	1000.0	300.0

三、参考的饲料配方

表4-18 ～表4-21为参考饲料配方。

表 4-18 土鸡父母代种鸡常用饲料配方

原料比例	雏鸡 0～8周龄	育成期 9～19周龄	产蛋前期 20～24周龄	高峰期 25～45周龄	产蛋后期 46周龄至淘汰	种公鸡 20周龄至淘汰
玉米/%	62.3	62.0	64.0	65.0	66.0	62.0
麸皮/%	6.4	13.5	5.1	2.5	3.8	15.3
豆粕/%	18.0	9.0	13.0	13.0	11.2	6.5
菜籽粕/%	3.0	5.5	5.0	5.0	6.0	5.5
鱼粉/%	6.8	2.0	4.0	4.0	3.0	2.5
骨粉/%	1.4	2.0	2.1	2.2	2.2	2.2
石粉/%	—	—	1.5	3.0	2.5	—
贝壳粉/%	0.8	0.7	4.0	4.0	4.0	0.7
食盐/%	0.3	0.3	0.3	0.3	0.3	0.3
预混料/%	1.0	5.0	1.0	1.0	1.0	5.0
营养水平						
代谢能/（兆焦/千克）	12.06	11.19	11.53	11.53	11.53	11.12
粗蛋白质/%	19.75	14.53	16.37	16.1	15.28	13.4
钙/%	1.06	1.02	2.75	3.3	3.1	1.058
磷/%	0.48	0.45	0.47	0.51	0.46	0.46

注：此套配方适用于河南省地区饲养的土著鸡父母代种鸡。

表 4-19　种用或蛋用土鸡的饲料配方

饲料成分	0～6周龄			7～14周龄			15～20周龄			土鸡产蛋期		
	配方1	配方2	配方3	配方1	配方2	配方3	配方1	配方2	配方3	配方1	配方2	配方3
玉米/%	65	63	64	65	65	65	70.4	66	65	64.6	64.6	62
麦麸/%	0	2	1	6	7.3	6	14	13.4	13.5	0	0	0
米糠/%	0	0	0	0	0	0	0	0	7	15	15	14
豆粕/%	22	21.9	23	16.3	14	13	6	5	0	0	2	0
菜籽粕/%	2	0	2	4	4	2	2	0	5	4	4	0
棉籽粕/%	2	2	2	3	0	2	2	6	2	0	1	8
花生粕/%	2	6	4.5	0	3	6	0	2	0	4	2	0
芝麻粕/%	2	0	0	0	0	0	0	0	2	0	0	2.7
鱼粉/%	1.22	2	2	0	1	0	0	2	0	3.1	1	2
石粉/%	1.3	1.2	1.2	1.2	1.2	1.2	1.1	1.1	1.1	8	8	8
磷酸氢钙/%	0.1	1.4	1.8	1.2	1.2	1.5	1.2	1.2	1.1	1	1.1	1
微量添加剂/%	0.04	0.1	0.1									
复合多维/%	0.26	0.04	0.04									
食盐/%	0.02	0.3	0.3	0.3	0.3	0.3	0.3	0.3	0.3	0.3	0.3	0.3
杆菌肽锌/%	0.06	0.02	0.02									
氯化胆碱/%	0	0.04	0.04									
复合预混料/%		0	0	3	3	3	3	3	3	2	2	2
代谢能/(兆焦/千克)	12.1	11.9	11.8	11.7	11.7	11.7	11.5	11.7	11.4	11.3	11.3	11.3
粗蛋白质/%	19.4	19.5	18.3	16.4	16.35	16.5	12.5	16.35	12.3	16.5	16.0	17.1
钙/%	1.10	1.00	1.00	0.92	0.90	0.92	0.78	0.90	0.79	3.5	3.4	3.5
有效磷/%	0.45	0.04	0.41	0.36	0.35	0.36	0.31	0.35	0.32	0.38	0.36	0.38

注：微量添加剂是微量元素添加剂。

表 4-20　商品土鸡 0 ～ 4 周龄的饲料配方

饲料成分	配方 1	配方 2	配方 3
玉米 /%	60.0	58.0	64.0
豆粕 /%	22.4	21.0	15.0
菜籽粕 /%	2.0	3.0	3.0
棉籽粕 /%	1.0	3.0	5.0
花生粕 /%	6.0	6.0	6.0
肉骨粉 /%	2.0	0	0
鱼粉 /%	2.0	3.0	1.0
油脂 /%	0	1.0	1.0
石粉 /%	1.2	1.2	1.2
磷酸氢钙 /%	1.1	1.5	1.5
食盐 /%	0.3	0.3	0.3
复合预混料 /%	2.0	2.0	2.0
代谢能/（兆焦/千克）	12.20	12.00	12.30
粗蛋白质 /%	20.80	21.20	21.50
钙 /%	1.10	1.10	1.10
有效磷 /%	0.46	0.46	0.46

表 4-21　商品土鸡 5 周龄以上的饲料配方

饲料成分	配方 1	配方 2	配方 3	配方 4	配方 5	配方 6
玉米 /%	63.2	64.6	70.0	69.5	64	64.5
麸皮 /%	3	4	0	0	5	7
豆粕 /%	17	20	12.0	13.5	20	18
菜籽粕 /%	0	0	0	0	0	0
棉籽粕 /%	0	0	0	10	0	0
花生粕 /%	5	0	0	0	0	0
蚕蛹 /%	0	0	0	2	0	0
鱼粉 /%	6	3	14	2	8	8
油脂 /%	3	3	0	0	0	0
石粉 /%	0.5	2	1.5	0.65	0.33	0.13
磷酸氢钙 /%	1	2	1.2	1.0	1.3	1
食盐 /%	0.3	0.4	0.3	0.35	0.37	0.37
复合预混料 /%	1	1	1	1	1	1

第五章

种用土鸡的饲养管理

第一节　育雏期的饲养管理

一、种用土鸡的饲养阶段的划分

种用土鸡按生长发育不同，一般可以分为育雏期、育成期和产蛋期三个生理阶段。各个阶段在生理特点、生长发育规律和生产能力上存在很大差异。根据不同的生理阶段，应进行不同的饲养管理。

（一）育雏期

0～6周龄的土鸡称作雏鸡，这一阶段称为育雏期。雏鸡体小质弱，对外界环境适应能力差，饲养要求条件高，稍有不慎就会引起发病死亡。雏鸡舍要求保温，并有加温设施，为雏鸡生长发育提供适宜的温度。雏鸡饲料的营养要求较高，需供给高能、高蛋白质日粮，以满足其快速生长的需要。育雏期还要对雏鸡频繁进行疫苗接种，增强其对疫病的抵抗力。

（二）育成期

从育雏期结束，一直到开始产蛋的土鸡称为育成鸡，也叫后备鸡，这一阶段称为育成期。土鸡的性成熟较晚，育成期较长。早熟品种，如浦东鸡、萧山鸡、固始鸡、正阳鸡、惠阳鸡等开产周龄为26～30周龄；晚熟品种，如北京油鸡、寿光鸡等开产周龄为32～34周龄。为便于饲养管理，又把育成期细分为育成前期（7～12周龄）和育成后期（13周龄到产蛋）两个阶段。

1.育成前期

这一阶段是土鸡体重、肌肉、骨骼、内脏增长的重要时期，土鸡对环境的适应性大大增强，食欲旺盛。此期饲料要有较高的代谢能水平和蛋白质水平，以满足土鸡的生长需要。另外要保证优质钙、磷饲料的供给，使土鸡的骨骼生长发育良好。

2.育成后期

这一阶段的土鸡生长发育渐缓，体重增加速度放慢。这时的土鸡脂肪沉积加快，尤其是腹部脂肪增加较多，对光照反应敏感。这一阶段的饲养管理重点是降低饲料营养水平，保证土鸡适宜的体重，防止鸡体过肥而影响产蛋；加强光照管理，采用渐减或恒定的光照方案，控制土鸡适时开产。同时注意育成期末，如早熟品种在24周龄时，晚熟品种在30周时逐渐延长光照时数，促使其性腺发育，促进全群开产。

（三）产蛋期

育成期结束到淘汰的土鸡叫产蛋鸡（或成鸡），这一阶段叫产蛋期。随着产蛋率的上升，蛋重逐渐增加，体重增加趋缓。为了节约饲料，提高种蛋合格率，产蛋期又分为产蛋前期（产蛋率5%～80%）、产蛋高峰期（产蛋率80%以上）和产蛋后期（产蛋率降到80%以下）三个阶段，这三个阶段土鸡对饲料营养的要求各不相同。

二、土雏鸡的生理特点

了解并掌握土雏鸡的生长发育特点，为土雏鸡提供适宜的条件，从而为养好土雏鸡奠定良好基础。

（一）生长发育快

土雏鸡正常出壳的体重为37克左右，2周龄末体重可达到140克左右，6周龄土雏鸡体重410克左右，可见土雏鸡代谢旺盛，生长发育迅速，需要较多的营养物质。因此，育雏期的日粮中营养物质的含量要全面、充足和平衡，并创造有利的采食条件，如光线充足、饲喂用具合理配置。由于土雏鸡代谢旺盛，单位体重的耗氧量和废气排出量也大大高于成年鸡，必须保证充足的新鲜空气。

（二）体温调节机能差

初生的幼雏体小娇嫩，大脑的体温调节机能还没有发育完善（如刚出壳雏鸡体温比成年鸡低1～3℃，只有到3周龄左右才达到成年鸡体温），热调节能力弱。土雏鸡体重愈小，表面积相对愈大，散热多。加之土雏鸡绒毛稀而短（刚出壳无羽毛，在4～5周龄、7～8周龄、12～13周龄、18～20周龄分别脱换1次羽毛，直到产蛋结束再进行换羽），机体保温能力差。所以土雏鸡对外界环境的适应能力很差，特别对低温的适应力极差，需要人工控制温度，为土雏鸡创造温暖、干燥、卫生、安全的环境条件。

（三）消化机能弱

土雏鸡代谢旺盛、生长发育快（出壳体重为37克左右，2周龄末达到140克左右，6周龄末体重410克左右，见图5-1），但是消化器官容积小（消化道长度只是成年鸡的2/3）、消化酶不充足，消化功能差。因此，土雏鸡的日粮不仅要求营养浓度高，而且要易于消化吸收。要选择容易消化的饲料配制日粮，对棉籽粕、菜籽粕等一些非动

刚出壳雏鸡　　　2周龄雏鸡　　　6周龄雏鸡

图5-1　不同周龄的土雏鸡

物性蛋白质饲料，土雏鸡难以消化，适口性差，利用率较低，要适当控制添加比例，增加玉米、豆粕、鱼粉等优质饲料的用量。饲喂时还要注意少喂勤添。

（四）抵抗力差

土雏鸡体小质弱，对疾病抵抗力很弱，易感染疾病，如鸡白痢、大肠杆菌病、法氏囊病、球虫病、慢性呼吸道病等。育雏阶段要严格控制环境卫生，切实做好防疫隔离。

（五）敏感胆小

土雏鸡比较敏感，胆小怕惊吓。土雏鸡生活环境一定要保持安静，避免有噪声或突然惊吓。非工作人员应避免进入育雏舍。在雏鸡舍和运动场上应增加防护设备，以防鼠、蛇、猫、狗、老鹰等的袭击和侵害。土雏鸡喜欢群居，便于大群饲养管理，有利于节省人力、物力和设备。

（六）群居性强

土雏鸡模仿能力强，喜欢大群生活，一起采食、活动和休息，因此可以大群高密度饲养（图5-2）。但土雏鸡对一些恶癖，如啄斗也具有模仿性，生产中应加以严格管理，避免密度过高，光线过强，发现有恶癖的土雏鸡及时挑出，防止蔓延。

图5-2　高密度饲养的土雏鸡

三、育雏的方式

在养鸡生产中，常见的育雏方式有立体笼育、网栅平育、地面平育和半网栅平育四种。四种育雏方式，各具有其优缺点，现介绍如下，养鸡场可根据自己的具体情况选用。

（一）立体笼育

立体笼育是将雏鸡放入多层笼内饲养的育雏方式。育雏笼由笼架、笼体、料槽、水槽和托粪盘组成（图5-3）。笼架一般长100厘米、宽60厘米、高150厘米。从离地30厘米算起，每40厘米为一层，每层为一笼，分为三层。笼底与托粪盘相距10厘米。每层底部都设托粪盘，托粪盘是活动的，可以拉出清粪、清洗和消毒。

立体笼育的优点是可充分利用育雏舍，节约育雏用房面积，有利于保温和饲养管理。其缺点是一次性固定投入较大，雏鸡易逃出笼外。

(a) 层叠式   (b) 阶梯式

图5-3　立体笼育

（二）网栅平育

网栅平育又称网栅平养，将舍内全部饲养区，距地高60厘米铺上竹、木栅条，栅条上再铺上塑料网（图5-4）。雏鸡放在网上进行饲养，鸡粪直接落于地面，减少与鸡接触，有利于保持舍内卫生，减少鸡患球虫病的机会，可增加饲养密度。网栅上养鸡，其温度比地面温度高，育雏期的种雏应视外界环境温度情况变化而定，气温低时，应适当供暖以提高舍内温度，防止鸡相互拥挤、打堆，造成损失；气温高时，可适当打开一些窗户加强通风，以降低舍内温度。网栅平育，饮水器和料桶的数量要充足，放置应均匀。

网栅平育的优点是雏鸡活动范围大，运动充分，体质较强健；缺点是不能充分利用鸡舍空间，热能消耗较大。

图5-4　网栅平育

（三）地面平育

地面平育是在舍内水泥地面、砖铺地面或土地面上铺上垫料（垫料可以定期更换或定期添加直到育雏结束后再清理），将雏鸡养在垫料上的一种育雏方式（图5-5）。这种方式简单易行，常为小型养鸡户所采用。此方式的缺点是占地面积较大，管理不够方便；雏鸡易感染球虫病，成活率常常偏低。

(a) 火炉育雏

(b) 保姆伞育雏

图5-5　地面平育

注 意

选择的垫料应具有导热性低、吸水性强、柔软、无毒、对皮肤无刺激性等特性，并要求来源广、成本低、适于作肥料和便于无害化处理。近年来，我国还采用橡胶、塑料等制成的厕垫以取代天然垫料。常用垫料见图5-6。

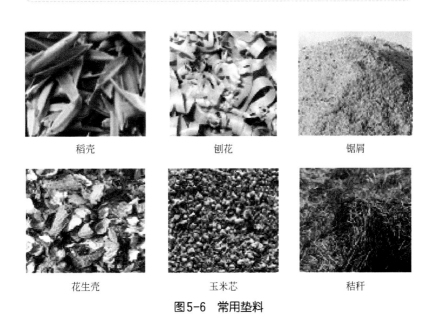

稻壳	刨花	锯屑
花生壳	玉米芯	秸秆

图5-6 常用垫料

（四）半网栅平育

半网栅平育为地面平育与网栅平育相结合的一种饲养方式。一般以鸡舍2/3左右的面积铺上离地面60厘米高的金属网或木、竹栅条，其余部分铺上垫料。这种饲养方式有利于舍内卫生和鸡的活动，增加了鸡的饲养只数。

半网栅平育时，食槽与水槽全部放置在垫料部分，也可布置在靠近走道的栅栏一侧，机械输送饲料装置，则可安装在网栅上。

四、育雏季节的选择

密闭式鸡舍全年均可育雏；开放式和半开放式鸡舍，不论饲养曾祖代、祖代还是父母代种鸡，育雏季节均以春季最好，秋季和冬季次之，夏季最差。3～5月份孵化的种雏，因春季气温适中、日照渐长、阳光充足，育雏成活率高，种雏体质健壮。中鸡阶段赶上夏秋季节，户外活动时间多，后备鸡体质强健。当年8～10月开产，种鸡产蛋期长，产蛋率高，当年即可产生后代。夏季育雏，正值高温季节，鸡体生长慢，易发病。祖代夏季雏鸡在11月至第二年元月开产，第二年春季开始供父母代种雏，父母代春季雏鸡当年秋季可提供商品代种蛋。秋季育雏是指9～11月孵出的种雏。此时气温适宜育雏，但受自然光照影响，性成熟早，到成年时种鸡体重较轻，所产种蛋较小，产蛋期持续时间短。祖代秋季雏鸡在第二年2～4月开产，春季可提供较多的父母代种雏。该批父母代10～12月份可供商品代肉鸡苗。冬季育雏，恰遇一年中气温最低的时期，需要人工加温时间较长，燃料费用高，消耗的饲料也多，经济上不合算。但冬季加温育雏要比夏季降温育雏容易得多，冬季干燥，疾病少，成活率高。祖代冬雏第二年5～7月开产，秋季即可提供父母代种雏，该父母代来年可供应大批商品代雏鸡。

选择育雏季节，应根据每个季节的育雏特点，市场对土著种鸡、种蛋及肉仔鸡的供需预测，进行综合考虑。例如，每年的2～4月份一般是优质土鸡的销售淡季，那么前一年的11月份、12月份和次年的1月份则是种蛋和雏鸡的销售淡季，市场对种蛋和雏鸡的质量要求高，而价格却很低。所以，每年的5～7月份不要购进土鸡父母代种雏鸡，以防产蛋高峰期落在淡季，造成经济效益不佳或亏本。

五、育雏前的准备工作

雏鸡进入育雏舍前，应做好育雏的各项准备工作。准备工作包括育雏舍的维修整理，育雏用具的清洗和消毒，提前加温，备好饲料和药品等。

（一）育雏舍的维修整理

雏鸡舍的条件要求比其他鸡舍高，必须保温性能良好（图5-7）、不透风、不漏雨、不潮湿。购进雏鸡以前，必须对雏鸡舍进行全面检查，查看房顶是否漏雨，墙壁有无裂缝，门窗是否严密，顶棚有无破损和鸟巢，墙角和地面有无老鼠洞，排气孔能否开闭自如，如达不到要求应进行维修。然后清除舍内杂物，彻底打扫干净。

图5-7　育雏舍保温隔热

（二）准备育雏用具

育雏所需用具，如饲料桶、饮水器、承接雏鸡粪便使用的塑料板、饲料车、加料勺、喷雾器、台秤（称鸡用）、工作服和胶鞋等均应配齐，并进行彻底清洗和消毒。常用的防疫断喙用具见图5-8。

(a) 连续注射器

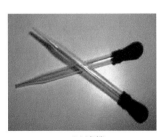

(b) 滴管

图5-8

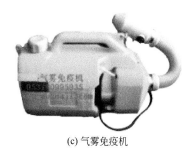
(c) 气雾免疫机

(d) 自动断喙器

图5-8 防疫断喙用具

（三）雏鸡舍的消毒

雏鸡舍进入雏鸡前，必须进行严格消毒。常用的消毒方法有以下两种：

1. 地面与墙壁的消毒

可用8%生石灰水加1%氢氧化钠喷洒消毒，或用汽油火焰喷灯进行火焰消毒，两者均可收到良好效果。

2. 室内熏蒸消毒

室内熏蒸消毒时间应安排在进雏鸡前3～4天进行，一般采用甲醛熏蒸（图5-9）。熏蒸前，应将育雏的所有用具，如鸡笼、饲料桶、

图5-9 鸡舍的熏蒸消毒

饮水器等放入舍内，密闭门窗。按每立方米空间用甲醛40毫升、高锰酸钾20克，将高锰酸钾倒入甲醛中，使甲醛蒸发进行熏蒸消毒，消毒24小时。打开窗子换气，之后便可进雏。育雏舍经过消毒后，严格禁止未经消毒的用具和非饲养管理人员进入，以免重新污染。

（四）备好饲料

雏鸡对饲料的要求是，养分浓度要高一些，营养要全面，并且容易消化。养鸡户可根据上述要求选购饲料或自己配制饲料。

土种鸡雏鸡的饲料消耗量因品种和阶段划分上的差异而不同，一般情况下，0～7周龄其耗料量为1.5千克/只左右。

（五）提前加温

无论采用何种取暖方式，在雏鸡进入育雏舍前24小时都要开始加温，使舍内温度逐渐达到33～34℃。提前加温，一方面可烘烤室内潮气，降低墙壁和地面的吸热系数，有利于室内温度的恒定；另一方面也可检查室温能否达到要求，火道是否漏气，以便及早采取有效措施，以防万一。

六、育雏条件

环境条件影响雏鸡的生长发育和健康，只有根据雏鸡生理和行为特点提供适宜的环境条件，才能保证雏鸡正常的生长发育。

（一）适宜的温度

温度是饲养雏鸡的首要条件，温度不仅影响雏鸡的体温调节、运动、采食、饮水及饲料营养消化吸收和休息等生理环节，还影响鸡体的代谢、抗体产生、体质状况等。只有适宜的温度才能保证雏鸡的生长发育和成活率的提高。

1.适宜育雏温度

适宜育雏温度见表5-1。

表 5-1　适宜育雏温度

周龄	1～2天	1周龄	2周龄	3周龄	4周龄	5周龄	6周龄	7～20周龄
温度/℃	35～33	33～30	30～28	28～26	26～24	24～21	21～18	18～16

2.温度测定

育雏温度的正确测定至关重要，如果温度计不准确或悬挂位置不当都会直接影响育雏效果。温度计使用前要校对，校对方法：将一支标准温度计（体温计）和校对的温度计放入35～38℃的温水中，观察其差值，如果与标准温度计一致，说明准确；如果低于标准温度计A℃，可在校对的温度计上贴上白色胶布，并标注$+A$℃；如果高于标准温度计A℃，可在校对的温度计上贴上白色胶布，并标注$-A$℃。

温度计的位置要正确（图5-10）。温度计位置过高测得的温度比要求的育雏温度低而影响育雏效果的情况生产中常有出现。保姆伞育雏，温度计挂在距伞的边缘15厘米、高度与鸡背相平（大约距地面5厘米）处；暖房式加温育雏，温度计挂在距地面、网面或笼底面5厘米高处。育雏期不仅要保证适宜的育雏温度，还要保证适宜的舍内温度。

图5-10　测定育雏温度的温度计位置

3.不同温度下雏鸡的行为表现

温度适宜时，雏鸡在育雏舍内分布均匀，食欲良好，饮水适度，采食量每日增加；精神活泼，行动自如，叫声轻快，羽毛光洁整齐，粪便正常；饱食后休息时均匀地分布在保姆伞周围或地面、网面上，头颈伸直，睡姿安详（图5-11）。温度过高时，幼雏远离热源，两翅和嘴张开，呼吸加深加快，发出"吱吱"的鸣叫声，采食量减少，饮水量增加，精神差；若幼雏长时间处于高温环境，采食量下降，饮水频繁，鸡群体质减弱，生长缓慢，易患呼吸道疾病和啄癖。该情况在炎热的夏季育雏育成时容易发生。温度低的情况下，雏鸡拥挤、叠堆，向热源靠近；行动迟缓，缩颈弓背，羽毛蓬松，不愿采食和饮水，发出尖而短的叫声；休息时不是头颈伸直、睡姿很安详，而是站立、雏体萎缩、眼睛半开半闭、休息不安静。不同温度下雏鸡的表现见图5-12。

图5-11 温度适宜时雏鸡的表现

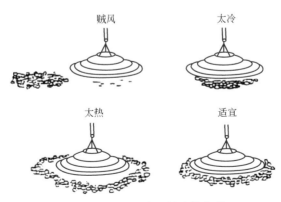

图5-12 不同温度下雏鸡的表现

（二）适宜的湿度

适宜的湿度可使雏鸡感到舒适，有利于雏鸡的健康和生长发育；育雏舍内过于干燥，雏鸡体内水分随着呼吸而大量散发，则腹腔内的剩余卵黄吸收困难，同时由于干燥而饮水过多，易引起拉稀，脚爪发干，羽毛生长缓慢，体质瘦弱；育雏舍内过于潮湿，由于育雏温度较高，且育雏舍内水源多，容易造成高温高湿环境，在此环境中，雏鸡闷热不适，呼吸困难，羽毛凌乱污秽，易患呼吸道疾病，死亡率增加。一般育雏前期为防止雏鸡脱水，相对湿度较高，为70%～75%，可以采用在舍内火炉上放置水壶、在舍内喷热水等方法提高湿度；10～20日龄，相对湿度降到65%左右；20日龄以后，由于雏鸡采食量、饮水量、排泄量增加，育雏舍易潮湿，所以要加强通风，更换潮湿的垫料和清理粪便，以保证舍内相对湿度在40%～55%。

相对湿度的测定方法：在干湿温度计的水盘中放上水，让包裹温度计的棉纱浸入水盘中，将温度计挂在舍内，待10分钟后，可以观察温度计的读数。如果是圆盘式温湿度计，转动中间有刻度（代表的是干温度计读数）的红色圆盘，使干温度计读数与圆盘周围黑色刻度（代表的是湿温度计读数）对齐，有一指针指向下方的刻度就是相对湿度。

（三）适量的通风

新鲜的空气有利于雏鸡的生长发育和健康。鸡的体温高，呼吸快，代谢旺盛，呼出二氧化碳多。雏鸡日粮营养含量丰富，消化吸收率低，粪便中含有大量的有机物，有机物发酵分解产生的氨气和硫化氢多。加之燃料不完全燃烧产生的一氧化碳，都会使舍内空气污浊，有害气体含量超标，危害鸡体健康，影响其生长发育。加强通风换气可以驱除舍内污浊气体，换进新鲜空气。同时，通风换气还可以减少舍内的水汽、尘埃和微生物，调节舍内温度。

通风换气的方法有自然通风和机械通风两种。自然通风的具体做法是：在育雏舍设通风窗，气温高时，尽量打开通风窗（或通气孔），气温低时把它关好；机械通风多用于规模较大的养鸡场，可根据育雏舍的面积和所饲养雏鸡数量，选购和安装风机。

育雏舍既要保温，又要通风换气，保温与通气存在矛盾，应妥善处理，在保持温度的前提下，进行适量通风换气。育雏前期注重保温，育雏后期加强通风。育雏舍内空气以人进入舍内不刺激鼻、眼，不觉胸闷为适宜。通风时要切忌间隙风，以免雏鸡着凉感冒。

（四）适宜的饲养密度

饲养密度过大，雏鸡发育不均匀，易发生疾病，死亡率高，所以保持适宜的饲养密度是必要的。育雏期饲养密度要求见表5-2。

表 5-2　育雏期不同饲养方式的饲养密度

周龄	饲养方式		
	地面平育/（只/米²）	网上平育/（只/米²）	立体笼育/（只/米²）[①]
1～2周龄	40～35	50～40	60
3～4周龄	35～25	40～30	40
5～6周龄	25～20	25	35
7～8周龄	20～15	20	30

①每平方米笼底面积。

（五）光照

育雏前3天，采用24小时的连续光照制度，光线强度为50勒克斯（相当于1平方米1个15～20瓦白炽灯），便于雏鸡熟悉环境，尽快学会采食，也有利于保温；4～7日龄，每天光照20小时；8～14日龄每天光照16小时；以后采用自然光照，光线强度逐渐减弱。

（六）卫生

雏鸡体小质弱，对环境的适应力和抗病力都很差，容易发病，特别是传染病。所以入舍前要加强对育雏舍和育成舍的消毒，加强环境和出入人员、用具设备的消毒，经常带鸡消毒，并封闭育雏育成舍，做好隔离，减少污染和感染。

七、雏鸡的选择和运输

（一）雏鸡的选择

由于土鸡的健康、营养和遗传等先天因素的影响，以及孵化、长途运输、出壳时间过长等后天因素的影响，初生雏中常出现有弱雏、畸形雏和残雏等，对此需要淘汰。因此选择健康雏鸡是育雏的首要工作，也是育雏成功的基础。选择健康雏鸡应注意如下几方面：

1.精神表现

健雏表现活泼好动，无畸形和伤残，反应灵敏，叫声响亮。用手轻拍运雏盒，眼睛圆睁、站立者为健雏；伏地不动、没有反应，腹部过大或过小、脐部有血痂或有血线者为弱雏。

2.外貌状态

健雏绒毛丰满、有光泽，干净无污染；绒毛有黏着的为弱雏。健雏体重适宜且匀称。土鸡出壳重应在30克以上，同一品种大小均匀一致。健雏卵黄吸收良好，腹部不大、柔软，脐部愈合良好、干燥、上有绒毛覆盖；弱雏卵黄囊外露，无绒毛覆盖。

3.触摸品质

手握健雏时，感觉绒毛松软饱满，挣扎有力；触摸腹部大小适中、柔软有弹性；触摸脐部光滑平整，无钉手感觉。弱雏表现脐孔大，有脐钉。

（二）雏鸡的运输

1.运输工具

雏鸡装在运输箱和运输盒（图5-13）内进行运输。雏鸡的运输工具多种多样，运输工具的选用由数量、路程远近和季节而定。汽车运输时间安排比较自由，又可直接送达养鸡场，中途不必倒车。火车、飞机也是常用的运输方式，适合长距离运输和夏、冬季运输，安全快速，但不能直接到达目的地。选用的工具要快速、便捷和平稳安全。雏鸡运输车辆和装运见图5-14。

2.携带证件

雏鸡运输的押运人员应携带检疫证、身份证、合格证和种畜禽生产经营许可证、路单以及有关的行车手续。

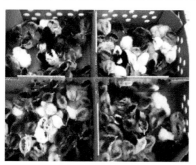

图5-13　雏鸡运输箱和运输盒（材质是纸质或塑料）

图5-14　雏鸡运输车辆和装运

运输中应注意：①应防寒、防热、防闷、防压、防雨淋和防震动。②运输雏鸡的人员在出发前应准备好食品和饮用水，中途不能停留；远距离运输应有两个司机轮换开车；押运雏鸡的技术人员在汽车启动后30分钟应检查车厢中心位置的雏鸡活动状态。③如果雏鸡的精神状态良好，每隔1～2小时检查1次，检查间隔时间的长短应视实际情况确定。

八、育雏期的饲养技术

雏鸡生长速度不是越快越好，而是要体质健壮、体重适中才好，90日龄末体重以控制在1.1千克/只为宜。因此，在饲养管理上就有一些特殊的要求：

（一）饮水

雏鸡出壳后，卵黄囊内尚有部分卵黄没有被吸收利用，这部分营养物质需要3～5天才能基本上被吸收完，尽早利用卵黄囊的营养物质，对幼雏的生长发育、提高其成活率均有明显的效果。及时连续不断地供给雏鸡饮水，可加速这种营养物质的吸收和利用。所以，雏鸡进入育雏室后，应立即供给饮水。

雏鸡在育雏室33～34℃的高温条件下，在呼吸过程中有大量的水分挥发，雏鸡需要随时饮水来维持体内水代谢的平衡。如果断水时间稍长，即可引起雏鸡脱水，甚至死亡。

为使雏鸡尽快恢复体力、消除运输应激，在饮水中最好按5%的比例加入蔗糖或葡萄糖，也可以按厂家说明加入电解多维或速补-12等。

0～3周龄的雏鸡不得供给冷水，应供给30℃左右的温水，并且做到供水不断，随时自由饮用。应高度注意：间断供水会造成鸡群干渴，发生抢水，容易使一些雏鸡被挤入水里淹死。即使采用塔形饮水器也难以避免这种现象发生，只不过程度较轻而已。抢水的另一后果是许多雏鸡的羽毛被弄湿，出现发冷、扎堆、压死现象，如不及时发现，会造成严重损失。雏鸡的正常饮水量见表5-3。

表5-3　雏鸡的正常饮水量

周龄	1～2周龄	3周龄	4周龄	5周龄	6周龄	7周龄	8周龄
饮水量/［毫升/(天·只)］	自由饮水	40～50	45～55	55～65	65～75	75～85	85～90

注意

①将饮水器均匀放在育雏舍光亮温暖、靠近料盘的地方（图5-15）；②保证饮水器中经常有水，发现饮水器中无水，立即加水，不要待所有饮水器都无水时再加水（雏鸡有定位饮水的习惯），避免鸡群缺水后暴饮；③饮药水要现用现配，以免失效，并掌握准确药量，防止过高或过低，过高易引起中毒，过低无疗效；④经常刷洗饮水器水盘，保持干净卫生；⑤饮水免疫的前后2天，饮用水和饮水器不能含有消毒剂，否则会降低疫苗效果，甚至使疫苗失效；⑥注意观察雏鸡是否都能饮到水，发现饮不到水的要查找原因，立即解决；⑦若饮水器少，要增加饮水器数量，若光线暗或不均匀，要增加光线强度，若温度不适宜，要调整温度。

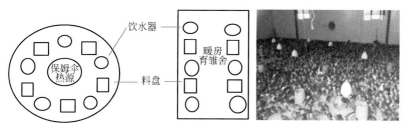

图5-15　饮水器和料盘的位置（右图是实景图，饮水器均匀摆放）

（二）饲喂

1.雏鸡的开食

雏鸡首次喂料叫开食。幼雏进入育雏舍，就可立即开食。最重要的是保证雏鸡出壳后尽快学会采食，学会采食的时间越早，采食的饲料越多，越有利于早期生长和体重达标。

开食最适宜的饲喂用具是大而扁平的容器或料盘。因其面积大，雏鸡容易接触到饲料和采食饲料。每个规格为40厘米×60厘米的开食盘可容纳100只雏鸡采食。有的鸡场在地面或网面上铺上厚实、粗糙并有高度吸湿性的黄纸，将全价配合饲料用温水拌湿（手握成块，一松即散）撒在开食盘或黄纸上面让鸡采食。湿拌料既可以提高适口性，又能保证雏鸡采食的营养物质全面（因许多微量物质都是粉状，雏鸡不愿采食或不易采食，拌湿后，粉状物质可以粘在粒料上，雏鸡一并采食）。开食盘和开食料见图5-16。

图5-16　开食盘和开食料

对不采食的雏鸡群要人工诱导其采食，即用食指轻敲纸面或食盘，发出小鸡啄食的声响，诱导雏鸡跟着手指啄食，有一部分小鸡啄食，很快会使全群采食。

开食料过去常用小米、玉米，南方也有用大米。如将小米煮七成熟后，沥沥水即可。但不能长时间饲喂，因为营养单一。

2.饲喂次数

开食后，第一天每1～2小时添料一次，少添勤添。添料的过程也是诱导雏鸡采食的一种措施。在前两周每天喂6次，其中早晨5点和晚上10点各有1次；3～4周每天喂5次；5周以后每天喂4次。育成期一般每天饲喂1～2次。

3.饲喂方法

进雏前3～5天，饲料撒在黄纸或料盘上，让雏鸡采食，以后改用料桶或料槽。前两周每次饲喂不宜过饱。幼雏贪吃，容易采食过量，引起消化不良，一般每次采食九成饱即可，采食时间约45分钟。三周以后可以让其自由采食。生产中要根据鸡的采食情况灵活掌握喂料量，下次添料时余料多或吃得不净，说明上次喂料量较多，可以适当减少一些；否则，应适当增加喂料量。生产中既要保证雏鸡吃好，获得充足营养，又要避免饲料的浪费。

4.料中加入药物

为了预防沙门氏菌病、球虫病的发生，可以在饲料中加入药物。

料中加药时，剂量要准确、拌料要均匀、用药时间要适当，还要考虑雏鸡的采食量和体重，以防药物中毒。

开食后要注意观察雏鸡的采食情况，保证每只雏鸡都吃到饲料，尽早学会采食。开食几小时后，雏鸡的嗉囊应是饱的，若不饱应检查其原因（如光线太弱或不均匀、食盘太少或撒料不匀、温度不适宜、体质弱或其他情况）并加以解决和纠正。开食好的鸡采食积极、速度快，采食量逐日增加。

（三）喂给雏鸡砂砾

不溶性砂砾（图5-17）进入肌胃后，可刺激肌胃使肌胃的收缩和舒张能力加强，还可以磨碎食物，有助于食物的消化和吸收，提高饲料的利用率。集约化养鸡，鸡被关在笼内或网上，无法从周围环境中采食到砂砾，故雏鸡2周龄后，就在鸡笼内网上放置砂砾盘（槽），盘内放入碎石子或砂砾，让其自由采食。将碎石子或粗砂混合于饲料中饲喂，效果也很好。但是，混有碎石子或砂砾的饲料，不宜用于自动喂料机，以免砂砾磨损机械设备。

图5-17　砂砾

（四）喂给青绿饲料

青绿饲料富含维生素，喂给雏鸡青绿饲料可节省昂贵的复合维生素添加剂。雏鸡从5～6日龄起，可以喂给青绿饲料。青绿饲料切碎后，可混合于粉状饲料中喂给，也可单独饲喂。青绿饲料的用量，一般以控制在精饲料用量的20%左右为宜。饲喂青绿饲料，费工费时，操作麻烦，仅适用于小型养殖户，大、中型养殖户难以应用。青绿饲料见图5-18。

牧草类

叶菜类

树叶类

块茎类

图5-18　青绿饲料

注意

饲喂青绿饲料的雏鸡要特别注意在日粮中添加抗球虫类药物，以预防球虫病的发生。

九、育雏期的管理技术

（一）剪冠

为识别不同品系、性别、杂交组合，防止冻伤，减少冠的机械性损伤，无论哪一代土鸡的种公雏都要在1日龄时剪冠。操作时以左手掌轻握刚出壳的公雏，右手持医用弯头剪刀由头前方沿头顶皮肤向后整齐剪去鸡冠，注意不要剪破头部其他部位，以防感染，一旦不慎出血，应迅速涂擦紫药水或碘酊。

（二）断喙

鸡的饲养管理过程中，由于种种原因，如饲养密度大、光照强、通气不良、饲料不全价及鸡体自身因素等都会引起鸡群之间的相互叨啄，形成啄癖，包括啄羽、啄肛、啄翅、啄趾等，轻则伤残，重则造成死亡，所以生产中要对雏鸡进行断喙。同时，断喙可节省饲料，减少饲料浪费，使鸡群发育整齐。

1.断喙的时间

蛋用雏鸡一般在8～10日龄断喙，可在以后转群或上笼时补断。断喙时间晚，则喙质硬，不好断；断喙过早，则雏鸡体质弱，适应能力差，都会引起较严重的应激反应。

2.断喙的用具

较好的用具是自动断喙器。在农村，可采用500瓦的电烙铁固定在椅子上代用，但是以烙代切，会对雏鸡造成较大的应激。

3.断喙的方法

用拇指捏住鸡头后部，食指捏住下喙咽喉部，将上、下喙合拢，放入断喙器的小孔内，借助于灼热的刀片，切除鸡上、下喙的一部分，灼烧组织可防止出血，断去上喙长度的1/2、下喙长度的1/3。雏鸡的断喙操作见图5-19。

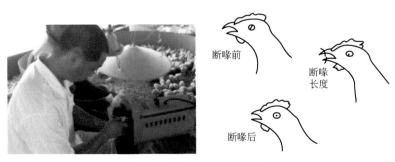

图5-19　雏鸡的断喙操作

断喙时要注意：一是断喙前后，饮水中可加维生素K和维生素C，以缓解应激，减少出血；二是断喙时要细心，发现有出血时，再轻烙一次或涂浓碘酊进行止血，以免失血过多造成死亡；三是注意勿将舌尖断掉；四是自然交配的鸡群，种公雏断喙只要去掉喙尖的锐利部分就可以了，否则，切去的部分过长，配种时公鸡无法咬住母鸡的颈羽，影响配种；五是断喙后食槽内应有1～2厘米厚度的饲料，以避免雏鸡采食时与槽底接触引起喙痛影响以后采食；六是如果以后喙过长应再补断。

断喙器应保持清洁，以防断喙时交叉感染（多场共用一个断喙器时，在断喙前要进行熏蒸消毒）。

（三）断趾与断距

为防止配种时公鸡的爪和距刺伤母鸡背部的皮肤，采取自然交配的种鸡群，种公雏在6～9日龄时应进行断趾、断距。其方法是用断趾器或电烙铁烧灼趾尖和距尖的角质组织，使其不再长大、长长。如又逐渐长出来，且较粗大、较长，在配种前应将其断去。

（四）日常管理

保持良好的环境温度、湿度、通风、光照、饲养密度等环境条件是育雏成功的基础，除了控制好环境条件外，还应注意如下管理：

1.加强对弱雏的管理

随着日龄的增加，雏鸡群内会出现体质瘦弱的个体。注意及时挑出小鸡、弱鸡和病鸡，隔离饲养，可在饲料中添加糖、奶粉等营养剂，或加入维生素C或速溶多维等抗应激剂，必要时可使用土霉素、链霉素、氟苯尼考等抗菌药物，并精心管理，以期跟上整个鸡群的发育。

2.注意观察鸡群

观察鸡群能及时发现问题，把疾患消灭于萌芽状态，每天观察要细致。

（1）采食情况　正常的鸡群采食积极，食欲旺盛，触摸嗉囊饱满；个别鸡不食或采食不积极应隔离观察；有较多的鸡不食或采食不积极，应该引起高度重视，找出原因。

➤小 知 识◄

鸡不食的原因：一是突然更换饲料，如两种饲料的品质或饲料原料差异很大，突然更换，鸡只没有适应引起不食或少食；二是饲料的腐败变质，如酸败、霉变等；三是环境条件不适宜，如育雏期温度过低或过高、温度不稳定，育成期温度过高等；四是疾病，如鸡群发生较为严重的疾病。

（2）精神状态　健康的鸡活泼好动；不健康的鸡会呆立一边或离群独卧、低头垂翅等。

（3）呼吸系统情况　观察有无咳嗽、流鼻、呼吸困难等症状，在晚上夜深人静时，蹲在鸡舍内静听雏鸡的呼吸音，正常应该是安静，听不到异常声音。如有异常声音，应引起高度重视，做进一步的检查。

（4）粪便检查　粪便可以反映鸡群的健康状态。粪便观察可以在早上开灯后，因为晚上鸡只卧在笼内或网上排粪，鸡群没有活动前粪便的状态容易观察。

➤小 常 识◄

正常的粪便多为不干不湿顶端有少量尿酸盐沉着的圆锥状黑色粪便，发生疾病时粪便会有不同的表现：鸡白痢患鸡排出的是白色带泡状的稀薄粪便；球虫病患鸡排出的是带血或肉状粪便；法氏囊病患鸡排出的是稀薄的白色水样粪便等。

（五）定期称重

为准确掌握种雏的发育情况，及时对饲养管理措施进行调整，对父母代种雏均应定期、定时进行抽样称重，并计算平均体重和均匀度。

抽样称重应从第二或第三饲养周开始，每周末称重一次，直至第25周末为止，开产后每4周称重一次。每次的称重时间应固定在每周末的同一天，抽样称重时间应安排在早上喂料前，这时鸡胃肠道的内容物较少，能较好地反映鸡的真实体重。

称重鸡数：生长期每栏（或每架笼）鸡数的5%～10%；产蛋期为2%～5%。每栏都要抽样称重，不能用某一栏代替全群。鸡群小时，公、母鸡至少各称重50只。

具体称重方法随饲养方式而定。如平养的常采用对角线法，随机在对角线两点用折叠的铁丝网将鸡包围起来，所围的鸡数应接近计划抽样称重的鸡只数。然后，用校对准确的台秤逐只称重，逐只记录在表内（表5-4），直至不加任何选择地把所围起来的鸡全部称完为止，然后计算平均体重和均匀度。

计算平均体重，首先将称重鸡只的体重相加，求得总重量，然后将总重量除以称重鸡数，即可得出平均体重。现以表5-4为例计算如下：

$$X = \frac{194250(\Sigma \times, 克)}{180(N, 只)} = 1079.16(克/只)$$

式中　X——抽样平均体重；
　　　$\Sigma \times$——总和；
　　　N——抽样个体数。

检查鸡群的均匀度，均匀度是指鸡群中每只鸡体重大小的均匀程度。它是鸡群生产性能和饲养管理技术水平的综合指标。

在土种鸡的饲养实践中，常会遇到鸡群的平均体重虽已达到标准，但鸡个体之间体重差异很大，均匀度很差。生产实践证明，均匀度差的鸡群，因为个体间的性成熟期不同，高峰期难以集中，鸡群不出现产蛋高峰期，蛋重的大小差异也较大。一般情况下，均匀度每增、减3%，每只鸡年平均产蛋数将相应增、减4枚。

鸡群均匀度的计算，以表5-4为例说明如下：从表5-4算出平均体重为1079.16克/只，体重位于平均体重±10%范围内（972～1187克）的鸡数为141只，则该鸡群的均匀度为141÷180×100%＝78.3%，其均匀度属于一般化水平，不算太好，在饲养管理方面必须加强。生产中，土种鸡各周龄的均匀度标准按表5-5执行，效果较佳。

表5-4　体重抽样记录

体重/克	鸡数/只							合计/只
700								
750	/							1
800	/							1
850	//							2
900	卌							5
950	卌	///	//					9
1000	卌	卌	卌	卌	卌	//		27
1050	卌	卌	卌	卌	卌	卌	卌	45
1100	卌	卌	卌	卌	卌	卌	///	38
1150	卌	卌	卌	卌	卌	/		31
1200	卌	卌	/					10
1250	卌	/						6
1300	//							2
1350	//							2
1400								
1450	/							1
1500								
1600								
总计								180

表 5-5　土种鸡各周龄均匀度标准

周龄	体重在平均体重±10%范围内的鸡只百分数/%
4～6周龄	85
7～11周龄	83
12～15周龄	80
15周龄以上	75

抽样称重后，如果均匀度偏低，应立即调整鸡群，逐只称重，按体重大小分成大、中、小三个等级，分别进行饲养。

重要提示

　　对超过标准体重的鸡群，下周按原给料量供料不再随周龄增大而增加给料量，直到其平均体重与标准体重相符合时，下周再按计划给料量供料；对平均体重与标准体重相符合的鸡群，仍按原计划进行饲养；对体重较轻达不到标准体重的鸡群，应酌情增加空间，降低密度，增加饮水器和给料量，直至平均体重与标准体重相符合时，下周转为正常饲养。

（六）公、母鸡分开饲养

　　公、母鸡分开饲养（即分饲）是指生长期（0～19周龄）内，公、母鸡同舍分栏饲养；产蛋期（21～68周龄）公、母鸡同栏饲养，分槽喂饲。

1.公、母鸡分开饲养的意义

　　生长期公、母鸡的分饲，可以更好地对公、母鸡实行分别限饲，从而获得生长发育均匀的鸡群，为鸡群的高生产性能打下基础；产蛋期公、母鸡的分饲可以提高公、母鸡的种用价值和种蛋的孵化率。

2.公、母鸡分饲的优越性

　　（1）便于抽样称重　公、母鸡无论是各周龄的体重标准和饲料消耗量，还是生长发育速度均不相同。到20周龄时，公鸡的体重约大于母鸡体重的30%。因此，施行分开饲养有利于抽样称重、分别控制体重。

（2）便于限制饲养程序的实施　目前，许多土著种鸡养殖场根据新的限饲技术，已将母鸡的限饲开始时间提前到了4～6周龄，公鸡的限饲开始时间则多为9～12周龄。因此，公、母鸡分饲有利于限制饲养程序的实施。

（3）便于观察和选种　分饲能随时识别鉴别错误的公、母雏，得以及时淘汰"假公鸡和假母鸡"，确保良好的优势体系。

（4）有利于提高公鸡的种用价值　分饲能有效地控制种公鸡的体重，不使之过肥，从而保持其良好的繁殖性能。

（5）降低饲料成本　公、母鸡分饲后，公鸡可饲喂专用日粮。种鸡进入产蛋期，母鸡的饲料蛋白质含量高达16.5%，钙含量高达3.2%，用这种饲料饲养公鸡不但容易发生严重的痛风症，使公鸡无法配种，而且也造成了蛋白质饲料的巨大浪费。

饲养实践证明，公鸡专用日粮粗蛋白质按13%、钙按1%供给，不但对公鸡的标准体重、采精量和精液品质均无不良影响，而且还大大降低了饲料成本。公鸡专用日粮的粗蛋白质含量比母鸡饲料降低了3.5%，每吨公鸡饲料可节约鱼粉55千克（或豆粕79千克）。

3.公、母种鸡分饲的方法

（1）育雏、育成阶段　公、母雏鸡从1日龄开始，即进行分栏或分舍饲养，但饲喂同样的雏鸡饲料和育成鸡饲料直至转舍。

（2）笼养种鸡产蛋阶段　饲养至18～20周龄，由育成鸡舍转入产蛋鸡舍时，分别将公、母鸡转入公鸡笼内或母鸡笼内。公鸡开始喂公鸡专用日粮，母鸡开始喂产蛋鸡饲料。

（3）平养种鸡产蛋阶段　饲养至18～20周龄，由育成鸡舍转入产蛋鸡舍时，先将公鸡提前4～5天转入产蛋鸡舍内，使其熟悉公鸡料桶并占有环境优势，然后再转入母鸡。

（4）公鸡专用饲料桶　公鸡饲喂用公鸡专用日粮。饲料桶吊至距地面41～46厘米的高度，以防止母鸡采食。以后每周要按公鸡背部的高度随时调节料桶的高度，只要公鸡能立起脚，弯着脖子吃到饲料即可。

（5）母鸡专用饲料桶　母鸡饲喂用产蛋鸡料。母鸡料桶的料盘上设有防止公鸡采食的栅格，栅格的宽度有不同的规格，可根据鸡的不同品种进行选择。但无论选用哪种规格，都必须能够有效地限制公鸡使其采食不到母鸡饲料。

十、种雏死亡原因分析

（一）先天性发育不良

造成先天性发育不良的原因有二：其一是种鸡饲料中维生素不足，雏鸡虽能勉强出壳，但体质很弱、生命力很差，常在3日龄前死亡；其二是在孵化过程中温度和湿度控制不当，胚胎不能充分发育，这种雏鸡常表现为钉脐或大肚，很难养活，在育雏早期即死亡。

（二）扎堆压死

育雏室温度过低，或遇大风、降温天气室温骤降，雏鸡扎堆，层层压挤，时间稍长则会将底层雏鸡压死。这种情况在早春育雏过程中常有发生，鸡群越大损失越重。另外，在接种疫苗抓鸡时，雏鸡受到惊吓，成堆挤在角落里，如果不注意，也会造成大批压死现象。

（三）抢水淹死

雏鸡出壳后如经过长途运输，常失水严重，雏鸡干渴，进入育雏室后，雏鸡会拥向水源抢水喝。靠近饮水器边缘的雏鸡，常会被挤进饮水盘爬不出来而被淹死。在间断供水的情况下，这种淹死雏鸡的现象也会时常发生。

（四）老鼠咬死

有老鼠出没的育雏舍，夜间或白天无人的时候，老鼠常趁小鸡休息时将小鸡咬死，拖入洞内，无人知晓。笼养雏鸡，老鼠常在网下的托粪盘上，趁雏鸡不备咬住雏鸡的爪往下拉，常把整条腿拉掉。

（五）互啄致死

雏鸡在3周龄以后，在密度大、光照强的情况下，常发生啄羽、啄肛等。这种啄癖如不及时解决，可蔓延至全群，互啄、围啄、追啄，被啄出血的雏鸡会很快被啄死。

（六）发病致死

雏鸡病比较多，发病后死亡率也比较高。3周龄以前主要是雏鸡白痢病；3～12周龄是传染性法氏囊炎、球虫病的易感阶段；鸡新城疫不分鸡的年龄和品种都可发病；另外还有呼吸道疾病等，一旦发生，鸡群都有不同程度的死亡。

（七）中毒而死

常见的雏鸡中毒死亡现象有两种：一是防治鸡白痢病时痢特灵用量过大，或虽然用药量不大，但研磨不细，混合不匀，使雏鸡食入过量药物而发生中毒死亡；二是以煤炉、火龙等供暖的育雏舍，因排烟管或火道衔接不良或密封不严而漏气，使育雏舍内一氧化碳蓄积而致雏鸡中毒死亡。

第二节　育成期的饲养管理

一、土鸡育成期的培育目标

育成鸡的培育目标是通过育雏育成期精心的饲养管理，培育出个体质量和群体质量都优良的育成新母鸡。

（一）个体质量

健康鸡群应活蹦乱跳，反应灵敏，食欲旺盛，采食有力，体形良好，羽毛紧凑光洁；鸡冠、脸、肉髯颜色鲜红，眼睛突出，鼻孔洁净，肛门羽毛清洁，粪便正常；鸡挣扎有力，胸骨平直，肌肉和脂肪比例良好等。

（二）群体质量

一要品种优质，雏鸡应来源于持有生产许可证场家的优质土鸡品种；二要体形发育好，体重发育符合标准，鸡群均匀整齐，大小一致；三要抗体水平符合要求，鸡群抗体水平的高低反映鸡群对疾病的抵抗力和健康状况，优质育成土鸡群的抗体结果应符合安全指标。

二、土鸡育成期的生理特点

（一）适应气候能力强

进入育成期后，土鸡第一身羽毛已丰满，体温调节能力健全，对外界适应能力强。

（二）消化能力增强，骨骼发育快

育成鸡消化能力强，采食多，鸡体容易过肥；钙、磷的吸收能力不断提高，骨骼发育处于旺盛时期，此时肌肉生长最快。适当降低日粮的蛋白质水平，保持微量元素和维生素的供给，育成后期增加钙的补充。

（三）性器官发育迅速

小母鸡从第11周龄起，卵巢滤泡逐渐积累营养物质，滤泡渐渐增大。小公鸡12周龄后睾丸及副性腺发育加快，精子细胞开始出现；18周龄以后性器官发育更为迅速。由于12周龄以后鸡的性器官发育很快，对光照时间长短的反应非常敏感，应注意控制光照。

三、土鸡育成期的饲养方式

土鸡育成期可采用平养、笼养，也可采用放牧饲养（图5-20）。

不同饲养方式各有所长、各有所短，可根据自身的条件进行选择。

(a) 网上平养育成　　　　　　　　(b) 散放饲养育成

(c) 地面平养育成　　　　　　　　(d) 笼内育成

图5-20　土鸡育成期的饲养方式

四、土鸡育成期的饲养技术

育成期土鸡的饲养重点是控制体重，防止过肥而影响产蛋。育成期的饲料营养浓度较育雏期和产蛋期都低，应适当加大麸皮、米糠的比例。平养鸡群可提供一定量的青绿饲料，占配合饲料用量的25%左右。育成鸡每天要减少喂料次数，平养时，上午一次性将全天的饲料量投放于料桶或料槽内；笼养时，上午、下午分两次投料；放牧饲养时，每天傍晚入舍前适当补饲精料。育成鸡每天喂料量的多少要根据鸡体重和发育情况而定，每周称重1次（抽样比例为10%），计算平均体重，与标准体重对比，确定下周的饲喂量。育成期土鸡要供给充足、洁净的饮水。岭南黄鸡父母代母鸡体重标准见表5-6。

表5-6　岭南黄鸡父母代母鸡体重标准

周龄	推荐用料量/[克/(100只·日)]	体重/(克/只)
6周龄	4700	600
7周龄	4900	700
8周龄	5500	800
9周龄	6000	900
10周龄	6800	1000
11周龄	7500	1100
12周龄	8300	1200
13周龄	8800	1300
14周龄	9200	1400
15周龄	9500	1500
16周龄	9800	1600
17周龄	10700	1700
18周龄	11500	1800
19周龄	12000	1850
20周龄	12500	1900
21周龄	13000	1950
22周龄	13200	2000

注：摘于《岭南黄鸡父母代饲养管理手册》。

五、土鸡育成期的管理技术

（一）日常管理

1. 脱温

育雏结束，进入育成阶段要脱温。

一要注意脱温的时间，要根据外界环境温度来确定脱温时间，如冬季育雏时脱温时间可能推迟到8～9周龄，甚至是10周龄；二要注意逐渐脱温；三要注意育成鸡的防寒，特别是在寒冷季节，脱温后一定要准备防寒设备，了解天气变化，做好防寒准备，避免突然的寒冷引起育成鸡的死亡。

2.转群

育成阶段需进行多次转群，如育雏舍转入育成舍，再转入种鸡舍，转群过程中尽量减少应激。

3.饲养管理程序稳定

严格执行饲养管理操作规程，保证人员稳定、饲养程序和管理程序稳定。

4.卫生管理

每天清理舍内的污物，保持舍内环境卫生；定时清粪；每周鸡舍消毒2～3次，周围环境每周消毒1次。

5.环境控制

育成舍内温度应保持在15～25℃，相对湿度为55%～60%，注意通风换气，排除舍内氨气、硫化氢、二氧化碳等有害气体，保证充足的新鲜空气。

6.细致观察鸡群

每天都要细致观察鸡群的精神状态、采食情况、粪便形态和其他异常情况，及时发现问题并采取措施解决。

（二）光照管理

光照通过对生殖激素的控制而影响土鸡的性腺发育。育成期土鸡的生长重点应放在体重的增加和骨骼、内脏的均衡发育，这时如果生殖系统过早发育，会影响到其他组织系统的发育，出现提前开产，产后种蛋较小，全年产蛋量减少。因此，育成期特别是育成中后期（7周龄至开产）的光照时间不可以延长，光照强度不可以增加。育成期光照一般以自然光照为主，适当人工补充光照。每年4月15日至8月25日期间出壳的雏鸡，育成中后期正处于自然光照逐渐缩短的时期，基本符合光照原则，可以完全利用自然光照；而每年8月26日至翌年4月14日出壳的雏鸡，育成中后期处于自然光照逐渐延长的时期，这时要结合人工补充光照（每天定时开、关灯）使每天光照保持恒定（13～14小时），或者使光照时间逐渐缩短。

（三）体形和均匀度的控制

体形好、发育均匀整齐的鸡群，产蛋量多，种用价值大。定期称测体重和胫骨长度，计算平均体重和平均胫长，根据平均体重调整饲料饲喂量。同时要计算均匀度，了解鸡群发育的均匀情况，并进行必要调整，使育成的新母鸡群体均匀整齐。均匀度指群体内体重在平均体重±10%范围内的个体所占的比例。为了获得较高的均匀度，生产中要做好以下几方面工作：

1.保持合理的饲养密度

育成期土鸡要及时调整饲养密度，高的饲养密度是造成个体间大小差异的主要原因。育成期的饲养密度要求见表5-7。

表 5-7　育成期的饲养密度

周龄	垫料地面平养 /（只/米²）	网上平养 /（只/米²）	笼养 /（厘米²/只）
7～12周龄	8～10	10～11	320～370
13～18周龄	7～8	8～9	430～480

2.保证均匀采食

饲料是土鸡生长发育的基础，只有保证土鸡均匀地采食到饲料，获得必需的营养，才能保证鸡群的均匀整齐。在育成阶段一般都是采用限制饲喂的方法，这就要求有足够的采食位置（每只土鸡占有8～10厘米的槽位），而且投料时速度要快。这样才能使全群同时吃到饲料，平养时更应如此。

3.减少应激

应激会影响机体的发育、抵抗力和均匀度。生产中应保证环境安静和工作程序稳定，防止断料断水，避免疾病发生等，从而减少应激因素，避免应激发生。

4.搞好分群管理

一要注意公、母鸡分群。公、母鸡的生长发育规律不同，采食量不同，生活力也不同。如果公、母鸡混养，会影响母鸡的生长发育，不利于均匀度的控制。公、母鸡分群应尽早进行，一般在育雏结束后利用转群将公、母鸡分开。如果在出壳时经翻肛鉴别，公、母鸡育雏期就分开饲养，效果更好。二要注意大小、强弱分群。根据大小、强弱等差异将鸡群分开饲养，避免大的过大、小的过小、强的过强、弱的过弱。一般是将大群鸡分成相同类型的小群，在饲喂中采取不同的方法，以使全部鸡都能均匀生长。

注意

　　结合称重定期进行分群，根据测定鸡群的体重和均匀度情况将其分成不同的群体，确定不同的饲养管理方案。如体重过大的鸡群要加强限制饲养、限制饮水、降低饲养密度；体重符合标准的鸡群（也是大群鸡）正常饲养、保证饮水；体重过小、过弱的鸡群要增加喂料量，必要时提高日粮浓度，保证充足饮水。保证饲槽长度和适宜的饲养密度，添加多种维生素减少应激，适当使用抗生素防治疾病，使鸡群体重尽快赶上标准，体质尽快变强。

（四）补充断喙

在7～12周龄期间对第一次断喙效果不佳的个体进行补充断喙。

操作时要注意断喙长度应合适，避免引起出血。

（五）疾病预防

要做好育成鸡舍的卫生和消毒工作，如及时清粪、清洗消毒料槽（盘）和饮水器、带鸡消毒等。另外还要注意环境安静，避免惊群。同时要做好疫苗接种和驱虫。育成期防疫的传染病主要有新城疫、鸡痘、传染性支气管炎等（具体时间和方法见鸡病防治部分）。驱虫是驱除鸡体内线虫、绦虫等，驱虫要定期进行，最后在转入产蛋鸡舍前还要驱虫1次。驱虫药有左旋咪唑、丙硫咪唑等。

（六）育成期土鸡的选择与淘汰

种用土鸡的选择与淘汰是一项非常重要的工作，只有进行合理的选择与淘汰，才能提高整个种鸡群的种用价值，提高合格种蛋的数量，提高商品土鸡的质量和档次，降低饲料成本，从而提高饲养效益。

在整个育成期各个阶段，结合日常饲养管理，把畸形、发育不良的个体从鸡群中挑出淘汰；同时还要定期选择。第一次在6～7周龄由雏鸡舍转到育成鸡舍时进行，重点是对畸形（包括喙部交叉、单眼、跛脚、体形不正等）、发育不良（羽毛生长不良，眼、冠、皮肤苍白，特别消瘦等）和患病鸡进行淘汰。第二次选择在12～13周龄时进行，主要是对公鸡的淘汰。由于公鸡留种数量少，要加大选择力度，选择发育良好、冠大鲜红、体重大的个体。这时公鸡体重与商品土鸡体重关系较大，体重是选择重点。第三次选择在18周龄转入产蛋鸡舍前进行，主要是对母鸡的选择，观察母鸡的全身发育状况，要逐只进行，淘汰发育不良的个体。

六、做好开产前的准备工作

土鸡生长到25周龄左右时将要陆续开始产蛋，这时应提前做好产蛋前的各项准备工作。

（一）整顿鸡群

对于均匀度较低的鸡群，在转群前20天左右应将羽毛松散无光、鸡冠小而苍白、喙角和腿部光泽浅淡、体重明显较小的种鸡全部挑出另外饲养。具体措施是降低饲养密度，供给充足的饮水，并适当增加喂料量，使其体重尽快达到标准体重，适时开产。

（二）转群

土鸡普遍采用三段制饲养方式，在饲养过程中要进行两次转群。第一次转群在6～7周龄时进行，由育雏舍转入育成舍；第二次转群在18～19周龄时进行，由育成鸡舍转入产蛋鸡舍。

1.转群前鸡舍准备

转群前应对鸡舍进行彻底的清扫消毒，准备转群所需的笼具、设备等，做好人员的安排，使转群在短时间内顺利完成。另外，还要准备转群所需的抓鸡、装鸡、运鸡用具，并经严格消毒处理。

种鸡平养时，转群前（即19～20周龄时）应先在种鸡舍内安装好产蛋箱（图5-21）。产蛋箱以木板或塑料板做成，一般长35厘米、宽25厘米、高35厘米，箱内铺上垫草，可供4只母鸡轮换产蛋用。根据鸡只的多少，产蛋箱可安装成单层，也可安装为双层。母鸡喜欢在光线较暗处下蛋，因此产蛋箱最好放置于靠墙边光照较弱的地方。采用地面平养时，产蛋箱应高出地面50厘米；网栅平养时，产蛋箱置于网栅上面。母鸡有认巢的习惯，第一个蛋下在什么地方，以后就一直在这个地方下蛋，要人为地去改变它的这种习惯往往不太容易。因此产蛋箱的设置一定要在开产前完成。鸡舍内要准备栖架（图5-21）。

图5-21　产蛋箱（左）和栖架（右）

2.转群时间安排

为了减少对鸡群的惊扰，转群应在光线较暗的时候进行。天亮前，天空具有微光，这时转群，鸡较安静，且便于操作。夜里转群，舍内应有小功率灯泡照明，抓鸡时能看清部位。

（三）上笼

采用笼养土种鸡的鸡场，育成期结束后要将育成鸡由育成鸡舍转入产蛋鸡舍的产蛋鸡笼内饲养。上笼后由于环境条件的突然改变，往往易引起鸡群的恐惧不安，造成应激反应。鸡只表现精神紧张，兴奋不安，鸣叫不止，食欲减退等，特别是上笼过晚时发生这种现象的程度也就更严重。因此，上笼应在开产前3～4周完成。上笼工作一般应安排在夜间较好，这样可有效地避免鸡群的骚动。笼养育成鸡转入产蛋鸡舍时，应注意来自同层的鸡最好转入相同的层次，避免应激。鸡只上笼后，应立即让每只鸡都能喝上水、吃上料，使其不安的情绪很快稳定下来。母鸡上笼后应统计鸡数，此时的鸡只数即为入舍（上笼）母鸡数，这是今后计算产蛋率、饲料报酬以及存活率的基础。

> **注意**
>
> 转群及上笼时必须注意：一是抓鸡时应抓鸡的双腿，不要只抓单腿或鸡脖。每次抓鸡不宜过多，每只手1～2只。从笼中抓出或放入笼中时，动作要轻，最好两人配合，防止刮伤鸡皮肤。装笼运输时，不能过分拥挤，以减少鸡只伤残。二是将发育迟缓的鸡放置在环境条件较好的位置（如上层笼），加强饲养管理，促进其发育。三是将部分发育不良、畸形个体淘汰，降低饲养成本。四是转群及上笼前在料槽中加入饲料，饮水器中注入水（图5-22），并在前后两天的饲料或饮水中加入镇静剂（如安定、氯丙嗪），可使鸡群安静。

图5-22 转群及上笼前保证舍内明亮和水料供应

七、记录和分析

　　记录的内容与育雏期相同，根据记录情况每天填写育雏育成鸡周报表，见表5-8。每周根据周报表对育成鸡的体重、胫长和采食情况进行分析，找出问题，制定下一步改进措施。育成期结束后计算育成期土鸡成活率和育成成本。

表 5-8　育雏育成鸡周报表

周龄__1__　批次_____　品种_____　数量_____　鸡舍栋号_____　填表人：_____

日期	日龄	鸡数	死淘数	喂料量	温度	湿度	通风	光照	其他
	1								
	2								
	3								
	4								
	5								
	6								
	7								

标准体重_____　　平均体重_____　　体重均匀度_____

标准胫长_____　　平均胫长_____　　胫长均匀度_____

第三节　产蛋期的饲养管理

一、土种鸡产蛋规律

在规模化生产条件下，配合饲料和人工光照的应用，土鸡一般在20～21周龄即可达到5%的产蛋率，到26周龄时，产蛋率可达到50%。这一时期产蛋规律性不强，各种畸形蛋比例较大，蛋重较小，受精率和孵化率偏低，一般不适合进行孵化。

> ➤ **小 常 识** ◀
>
> 刚开始产蛋时，由于产蛋模式没有形成，会出现一些不正常的情况：一是产蛋间隔时间长，如某只鸡产蛋后几天不见产蛋；二是一天产两个蛋，一个正常蛋，一个异状蛋；三是产双黄蛋比例高；四是软壳蛋多。

从26周龄开始，产蛋率稳步上升，在31～32周龄时可达到最高产蛋率85%左右，维持80%以上的产蛋率2～3个月后，产蛋率缓慢下降，在55周龄时，下降到60%左右。这一时期种蛋大小适中，受精率和孵化率较高，雏鸡容易成活。

55周龄以后，随着产蛋率的下降，蛋重逐渐增大，到68周龄时，产蛋率下降到45%～50%，一个产蛋年结束。这时种鸡可以淘汰或再利用1年。一般土鸡第2个产蛋年的产蛋率为第1年的80%左右。

二、土种鸡产蛋期的饲养方式

（一）地面平养

地面平养采用开放式鸡舍结构，一种是采用舍内垫料和舍外运动场两部分进行平养。其中，运动场面积是舍内面积的1～1.5倍。公、母鸡混群饲养，自然交配，公母配比为1∶（10～15），舍内饲养密度5只/米²。运动场设沙浴池，放置食槽、饮水器，四周设围网。舍内四周按每5只鸡设一产蛋箱，还要设置栖架，供鸡夜间休息，避免其在地面上过夜而受到老鼠的侵袭。另外舍内也设置食槽（料桶）和饮水器。另一种是垫料-栅网舍内平养（图5-23）。地面平养方式符合土鸡的生活习性，可适当补充青绿饲料，种蛋受精率可达90%以上，省去人工授精的麻烦。农村小规模饲养可采用这种方法。

图5-23 垫料-栅网舍内平养土种鸡

（二）立体笼养

立体笼养指公、母鸡均置于笼中饲养（图5-24），采用人工授精的方法进行繁殖。立体笼养笼具采用蛋鸡笼即可。母鸡采用三层阶梯式鸡笼，公鸡采用两层笼。立体笼养的优点是饲养密度大，便于观察鸡群的健康状况和产蛋情况，能及时淘汰病鸡和低产鸡，适合大规模鸡场和饲养户采用。另外，立体笼养时，种蛋收集方便，不易破损和受到粪便、垫料污染。立体笼养要注意饲料的全价性，特别是维生素和矿物质的供给。

图5-24　立体笼养土种鸡

三、土种鸡产蛋期的饲养技术

（一）饲料更换

不同阶段饲喂不同的饲料，既可以降低饲料成本，又能满足不同阶段鸡的营养需要。

1.开产前换料

转入产蛋鸡舍后，当产蛋率达到5%时，要及时更换产蛋初期饲料，提高饲料的营养浓度（粗蛋白质含量要求为16.5%），将饲料中钙含量提高到3.0% ~ 3.5%。这样既可以满足产蛋的营养需求，同时又可满足体重增加的营养需要。种公鸡采食专用的饲料，应与母鸡分饲。平养时公鸡料桶吊起，不能让母鸡采食到；母鸡料盘加防公鸡采食的栅格。

2.高峰期换料

当产蛋率上升到50%以后，要更换产蛋高峰期饲料，粗蛋白质含量达到18.5%。为了提高种蛋的受精率和孵化率，应选择优质的饲料原料，如鱼粉、豆粕，减少菜籽粕、棉籽粕等杂粮的用量，增加多种维生素的添加量。

3.产蛋后期换料

随着土鸡日龄的增加，鸡群中换羽停产的鸡逐渐增多，产蛋率出现明显的下降。一般到55周龄时土鸡的产蛋率下降到60%，进入产蛋后期。这时摄入的营养一部分会转变为体脂，为了避免饲料浪费，要更换产蛋后期饲料。粗蛋白质水平下降到16.5%，钙的含量升高到3.7%，以利于维持蛋壳品质。

（二）合理饲喂

土种鸡可饲喂粉状料，每天2～4次，饲槽数量充足，添加饲料要均匀，每天要净槽，笼养鸡在喂料1～2小时后还要匀料，保证鸡吃饱而不浪费饲料。为了既不浪费饲料，又能确保种鸡的适宜体重和高产，可以采用探索性增料和减料技术。

1.探索性增料

当开产种鸡产蛋率不能达到预期的上升幅度，或者几天内产蛋率一直停留在一个水平上，而饲料桶（或料槽内）又没有饲料，鸡群表现出饥饿状态时，可试用本办法。按每100只鸡的日喂料量额外增加500克来刺激鸡群以增加产蛋率，连续实行4～5天，如果产蛋率有渐升趋势，则再增加400克。这样刺激几次，可以促进鸡群产蛋率达到顶峰。如果刺激两次后，产蛋率没有上升趋势，则应按每100只鸡的日喂料量减200克，逐渐退回到原来的喂料量，以免鸡群营养过剩而导致体重过大。体重过大、过肥的鸡往往产蛋率不高，受精率较低。

2.探索性减料

当土种鸡已过产蛋高峰期2～3周，产蛋率下降5%～10%时，可试用该措施。按每100只鸡日喂料量减少300克，观察一周，若产蛋率下降在2%～3%范围内，则可再减料300克，观察一周，若没有出现特异情况，则可继续下去。这样既不影响产蛋，又可减少饲料消耗。有时，还可取得减料促产蛋的刺激作用，遇有这种好的先兆时，减料要暂时停止；与此同时，也可再次使用增料刺激法来反复刺激鸡群多产蛋。如果减少饲料后，出现了不正常的产蛋率下降，就应立即停止，并恢复到原来的给料量。

岭南黄种鸡产蛋率及日喂料量标准见表5-9。

表 5-9 岭南黄种鸡产蛋率及日喂料量标准

周龄	产蛋率/%	喂料量/（克/日）	体重/克	周龄	产蛋率/%	喂料量/（克/日）	体重/克
24周龄	5	135	2200	46周龄	60	130	2550
25周龄	13	135	2260	47周龄	59	130	2560
26周龄	40	135	2300	48周龄	59	130	2570
27周龄	60	135	2320	49周龄	58	130	2580
28周龄	73	135	2330	50周龄	58	130	2590
29周龄	74	140	2340	51周龄	58	135	2600
30周龄	81	140	2350	52周龄	57	135	2610
31周龄	79	140	2360	53周龄	57	135	2620
32周龄	79	140	2370	54周龄	55	135	2630
33周龄	79	140	2380	55周龄	55	135	2640
34周龄	76	140	2395	56周龄	54	135	2650
35周龄	74	140	2430	57周龄	54	135	2660
36周龄	72	140	2460	58周龄	54	135	2670
37周龄	70	140	2500	59周龄	53	140	2680
38周龄	68	140	2505	60周龄	53	140	2690
39周龄	67	140	2510	61周龄	53	140	2700
40周龄	66	135	2515	62周龄	52	140	2710
41周龄	64	135	2520	63周龄	50	140	2720
42周龄	63	135	2525	64周龄	49	140	2730
43周龄	62	135	2530	65周龄	48	140	2740
44周龄	61	135	2535	66周龄	47	140	2750
45周龄	60	135	2540				

注：摘录于《岭南黄鸡父母代饲养管理手册》。

（三）饮水

水既是各种营养物质和代谢废物的溶剂和运输的载体，又参与体温的调节。产蛋期必须24小时供给鸡群充足的清洁饮水。

但对于地面平养的鸡群，为了控制垫料湿度，降低氨气的含量，减少种鸡脚部、腿部疾病，改善饲养环境，获得更为清洁的种蛋，可采取限制饮水措施。限制饮水宜在下午和晚上进行，一般是下午至关灯前供水3次，每次30分钟，最后一次应安排在关灯前。应注意的是，在炎热天气（舍温32℃以上）时，不得限制饮水，而应全天供给清凉饮水。

重要提示

> 夏天不能断水，供水的水温越低越好，可以饮用刚取的深井水，甚至加冰的水。

四、土种鸡产蛋期的管理技术

（一）光照控制

对种用土鸡一般从19周龄开始增加光照刺激，通过增加人工光照时间的方法来刺激鸡群迅速开产，而且开产比较整齐一致，产蛋率上升较快。在19周龄体重达到标准时，每周增加光照时间30分钟，一直增加到每天光照16小时恒定，并维持至淘汰。转群时如果鸡群的体重偏轻、发育较差，要推迟增加光照刺激的时间，加强饲喂，让鸡自由采食。体重达到标准后，再增加光照刺激。产蛋后期，可以将光照增加到16.5小时，以最大限度地刺激产蛋。

每天可以早上5点开灯，到日出后关灯，天快暗下来的时候开灯，到晚上9点关灯，使每天的自然光照加人工光照时间合计为16小时。使用了人工光照以后，每天开灯和关灯的时间要固定下来，尽量使光照时间保持稳定，否则会使母鸡产蛋减少。

（二）监测体重

种鸡开产后体重的变化要符合要求，否则全期的产蛋会受到影响。在产蛋率达到5%以后，至少每2周称重1次，体重过重或过轻都要设法弥补。产蛋后期应注意防止鸡体过肥。

（三）保持适宜环境

种鸡最适宜的产蛋温度为13～18.3℃，低于9℃或高于29℃，会引起产蛋率的明显下降，而且种公鸡的精液品质也会受到影响，致使受精率和孵化率下降；鸡舍的相对湿度控制在65%左右，主要是防止舍内潮湿；产蛋期光照强度为10～15勒克斯，保持光照时间和强度稳定。

种鸡饲养密度不能过大，要低于商品蛋鸡的饲养密度，单笼饲养2～3只。种公鸡每笼饲养1只，有一定的活动空间。注意适量通风，经常清理粪便和污物，保持空气新鲜，防止有害气体含量超标。

（四）种蛋的采集

1.种蛋的采集时间

一般当产蛋率达到50%时（或在26周龄时），种蛋就可进行孵化利用。地面平养时，刚开产的母鸡要训练其在产蛋箱中产蛋，每4～5只母鸡要配备1个产蛋箱，减少窝外蛋的比例。产蛋箱中要定期添加柔软的垫料，减少种蛋的破损。每天下午最后一次收集完种蛋，要关闭产蛋箱，防止母鸡在产蛋箱中过夜。母鸡在产蛋箱中过夜，一方面会造成垫料的污染（排便），另一方面长久下去会引发母鸡就巢，影响产蛋率。笼养时，要提前训练公鸡，做好人工授精的准备工作，在25周龄时开始人工授精，人工授精两次后可收集种蛋进行孵化。

2.种蛋的采集次数

每天要捡蛋3～4次，收集的种蛋及时消毒（可在种鸡舍内设置一个消毒柜，每次收集后将种蛋放在消毒柜内。每立方米15毫升福尔马林、7.5克高锰酸钾，密闭熏蒸15分钟）。

（五）保证蛋壳质量

蛋壳质量的好坏，直接影响着鸡群提供合格种蛋的多少。因此，要经常注意蛋壳的质量，发现问题应及时查根究源给以解决。一般产蛋初期蛋壳质量较好，产蛋后期蛋壳变薄，质量变差。这主要是产蛋后期母鸡对钙的消化、吸收能力变差所致。此外，春季的蛋壳质量较好，炎热的夏季蛋壳质量较差。

特别提示

　　50周龄之后或在夏季，饲料中钙的含量应提高0.2%。

　　钙含量高的饲料，适口性较差，特别是在夏季更易影响鸡的采食量。在一天中，母鸡采食和利用钙质的时间不是均衡的，而是主要集中在下午。因此，除在饲料中配给适量的钙质外，平养鸡群可在鸡舍或运动场上设置补钙盆，将碎而细的石灰石粒或贝壳粒放入钙盆内，让母鸡自由采食；笼养种鸡则应每4～5小时喂给贝壳粒一次。每只母鸡按5.0克计算，于下午采食结束后，料槽内无料时加入，让母鸡自由采食，母鸡可自己调节钙的进食量。

　　维生素D_3具有促进肠道吸收钙的作用，缺乏维生素D_3可造成与缺钙同样的后果，使鸡产薄壳蛋。因此，对产蛋母鸡要注意补充维生素D_3，以保证母鸡对维生素D_3的正常需要。

提示

　　养殖实践中，通过个体产蛋记录发现，鸡群中大约有1%左右的母鸡，可能因遗传因素、输卵管炎等原因，常常连续产下薄壳蛋，而很少产下合格种蛋。饲养这样的种鸡是不会给鸡场带来经济效益的，因此对这样的母鸡应及时挑出来进行淘汰。

（六）适当淘汰

　　为了提高饲养土鸡的效益，进入产蛋期以后，根据生产情况适当淘汰低产鸡是一项很有意义的工作。50%产蛋率时，进行第一次淘汰；进入产蛋高峰期后一个月进行第二次淘汰；产蛋后期每周淘汰一次。淘汰土鸡的方法主要是根据外貌特征鉴别高产鸡与低产鸡。笼养鸡淘汰后，剩余的鸡不要并笼饲养，以免发生啄斗。

高产鸡表现：反应灵敏，两眼有神，鸡冠红润；羽毛丰满、紧凑，换羽晚；腹部柔软有弹性、容积大；肛门松弛、湿润、易翻开；耻骨间距3指以上，胸骨末端与耻骨间距4指以上。

低产鸡的表现：反应迟钝，两眼无神，鸡冠萎缩、苍白；羽毛松弛，换羽早；腹部弹性小、容积小；肛门收缩紧、干燥、不易翻开；耻骨间距2～3指以下，胸骨末端与耻骨间距3指以下。

另外对于有病的个体也要及时挑出。

（七）减少应激

进入产蛋高峰期的土鸡，一旦受到外界的不良刺激（如异常的响动、饲养人员的更换、饲料的突然改变、断水断料、停电、疫苗接种），就会出现惊群，发生应激反应。后果是采食量下降，产蛋率、受精率、孵化率同时下降。在日常管理中，工作程序要固定，各种操作动作要轻，产蛋高峰期要尽量减少进出鸡舍的次数。开产前要做好疫苗接种和驱虫工作，产蛋高峰期不能进行这些工作。

（八）加强观察

经常观察鸡群，掌握鸡群的健康及产蛋情况，发现问题及时采取措施。

1.观察鸡的精神状态

仔细观察鸡的精神状态，若发现精神不振、闭目困倦、两翅下垂、羽毛蓬乱、行为怪异、冠色苍白的鸡，多为病鸡，应及时挑出严格隔离（图5-25）。如有死鸡，应送给有关技术人员剖检，以及时发现和控制病情。

根据鸡冠的变化可在一定程度上判断鸡只的健康状况，见图5-26。

2.观察鸡群采食和粪便

机体健康、产蛋正常的成年鸡群，每天的采食量和粪便颜色比较恒定，如果发现剩料过多、鸡群采食量不够、粪便异常等情况，应及时报告技术人员，查出问题发生的原因，并采取相应措施解决。

图5-25 健康土鸡（左）和体况不佳土鸡（右）

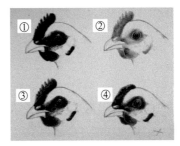

图5-26 冠的变化模式图

①红冠，冠颜色鲜红，温暖湿润，鸡体健康；

②冠色苍白，肠道机能失调或内脏出血；

③蓝冠，大肠杆菌感染或患病毒性疾病；

④冠萎缩，停产鸡或内脏有肿瘤、凝固的卵黄等

正常的小肠粪比较干燥，上面覆盖有白色尿酸盐；正常的盲肠粪比较有光泽，糊状，深绿色或深褐色，见图5-27。

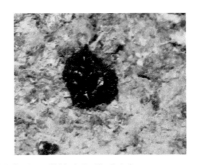

图5-27 正常的小肠粪（左）和正常的盲肠粪（右）

3.观察鸡的呼吸状态

夜间熄灯后,要细心倾听鸡群的呼吸,观察有无异常。如有打呼噜、咳嗽、喷嚏及尖叫声,多为呼吸道疾病或其他传染病,应及时挑出隔离观察,防止扩大传染。

4.观察鸡舍温度的变化

在早春及晚秋季节,气温变化较快,变化幅度大,昼夜温差大,对鸡群的产蛋影响也较大,因而应经常收听天气预报,并观察舍温变化,防止鸡群受到低温寒流或高温热浪的侵袭。

5.观察有无啄癖鸡

产蛋鸡的啄癖比较多,而且常见,主要有啄肛、啄羽、啄蛋、啄趾等(图5-28),要经常观察鸡群,发现啄癖鸡,尤其是啄肛鸡,应及时挑出,分析发生啄癖的原因,及时采取防治措施。

图5-28　啄肛、啄羽并诱导其他鸡出现啄癖

6.观察鸡的产蛋情况

加强对鸡群产蛋数量、蛋壳质量、蛋的形状及内部质量等方面的观察,可以掌握鸡群的健康状态和生产情况。鸡群的健康和饲养管理出现问题,都会在产蛋方面有所表现。如营养和饮水供给不足、环境条件骤然变化、发生疾病等都能引起产蛋率下降和蛋的质量降低。

（九）加强卫生管理

土种鸡进入产蛋期后，为保证鸡群的健康和稳产高产，应坚持搞好带鸡消毒工作，以降低舍内致病性病毒、细菌的浓度，给鸡群创造一个安全、适宜的生存和生产环境。在一般情况下，带鸡消毒可每周进行一次。但应注意，当本地区有疫情发生时，带鸡消毒应缩短为每3天进行一次，以保证本场的安全；同时注意隔离和卫生。

（十）抱窝鸡治疗

土鸡具有较强的就巢性，这种特性在春末、夏初的温暖季节表现得更为突出。有些品种，抱窝鸡多时可达3%左右，3000多只的鸡就有百余只母鸡抱窝而不产蛋。抱窝鸡的出现，常导致鸡群产蛋率下降，给鸡场造成不应有的经济损失。因此，在产蛋期管理上应经常挑出不产蛋的抱窝鸡单独饲养，进行醒抱处理，促使其重新产蛋。使抱窝鸡醒抱可采用以下几种方法：

1.药物醒抱

可喂服5-羟色胺受体阻断剂CHPCL醒抱。应用CHPCL每只抱窝鸡每天喂服25毫克，连服6～7天即可终止抱窝，9天左右即可重新产蛋。或给抱窝鸡喂服阿司匹林药片，每天2次，每次0.25克，连服2天，即可很快使母鸡醒抱，重新产蛋。

2.单独饲养醒抱

发现就巢母鸡，应将其挑出另行饲养，适当增加日喂料量，并补加复合维生素，以恢复种鸡产蛋体况，恢复后应立即把鸡放回原鸡群。此种方法省事、省钱，但效果较差，且费时较多。

（十一）做好记录工作

要管理好土鸡群，就必须做好鸡群的生产记录，因为生产记录反映了鸡群的实际生产动态和日常活动的各种情况，通过查看记录，可及时了解生产，正确地指导生产。为了便于记录和总结，可以使用周报表形式将生产情况直接填入表内（表5-10）。

表 5-10　土鸡群生产情况周报表

鸡种_____　　入舍数_____　　舍号_____　　周龄____21____　　饲养员_____

日期	日龄	存栏数/只	死淘数/只	产蛋数/个	合格种蛋数/个	产蛋率/%	耗料/克	其他
	141							
	142							
	143							
	144							
	145							
	146							
	147							

本周产蛋总数_____　　入舍产蛋率_____　　饲养日产蛋率_____

本周总蛋重_____　　平均蛋重_____　　只鸡产蛋重_____

本周总耗料_____　　只鸡耗料_____　　料蛋比_____

五、土种鸡的四季管理技术

生产中要根据各个季节的特点，合理安排饲喂，加强饲养管理。

（一）春季

随着气温的升高、光照时间的逐渐延长、外界食物来源的增加，土鸡的新陈代谢越来越旺盛。春季是土鸡产蛋的旺季，是理想的繁殖季节。在繁殖前，应做好疫苗接种和驱虫工作，保证优质饲料的供应，满足青绿饲料的需求，提高合格种蛋的数量；淘汰就巢性强的种鸡，一般要采取一些简单的醒抱措施，如把鸡置于笼中，或增加光照和营养；做好种蛋的收集和记录工作。

（二）夏季

夏季气候炎热，土鸡食欲下降。夏季的工作重点是防暑降温，维持土鸡的食欲和产蛋。在运动场设置凉棚，鸡舍四周植树，喷水降温；增加精料的喂量，满足产蛋需求，利用早晚气温较低的时段，增加饲喂量；每天早上天一亮就放鸡，傍晚延长采食时间，保证清洁饮水和优质青绿饲料供应；消灭蚊虫、苍蝇，减少传染病的发生。

（三）秋季

秋季是老鸡停产换羽、新鸡开产的季节，管理的好坏对以后土鸡的产蛋性能影响较大。对于老鸡来说，要使其快速度过换羽期，早日进入下一个产蛋期，应该迅速减少光照和营养，进行强制换羽，然后再逐渐延长光照，增加营养，促使其产蛋。对于当年的新母鸡，秋季开始产蛋，根据外貌和生产性能进行选留。秋季气候多变，一些地区多雨、潮湿、寒冷，鸡群易发生传染病，要注意舍内垫料的卫生和干燥。

（四）冬季

冬季气候寒冷，青绿饲料短缺，日照时间较短，散养土鸡的产蛋率会降低。因此，冬季饲养土鸡的重点是防寒保暖、保证光照和营养，尽量提高产蛋率。进入冬季要封闭迎风面的窗户，在背风面设置门窗。晚上土鸡入舍后关闭门窗，加上棉窗帘和门帘。气候寒冷的东北、西北和华北北部地区，舍内要有加温设施，一般用火墙、火道。炉灶应设在舍外，可有效防止一氧化碳中毒。早上打开鸡舍时，要先开窗户后开门，让鸡有一个适应寒冷的过程，然后在运动场喂食。冬季青绿饲料缺乏，可以贮存胡萝卜、大白菜等来满足土鸡的需求。冬季喂热食和饮温水有利于提高产蛋率。

六、种公鸡的饲养管理技术

种公鸡饲养的好坏，将直接关系到种蛋的受精率。种蛋受精率的高低又与种鸡的经济效益紧密相连。因此，土种鸡养殖场对种公鸡的饲养管理都给予极大重视。

（一）种公鸡的选择

种公鸡的体质是否健壮，决定着其配种能力和受精率。因此，对种公鸡要进行精心饲养和严格的选择。第一次选择，一般安排在育雏期结束时的8～9周龄。健康无病，活力充沛，腿、脚、趾挺直，背宽、胸阔，且符合品种体征要求的公鸡才能留作种用，余下的则淘汰。第二次选择常与转群同时进行，选择标准同第一次，但应注意淘汰鉴别错误的鸡只和外貌体征不合品种要求的公鸡。

采用自然交配的鸡群，对育雏期断喙不够精确的种公鸡应进行修嘴，以保证其配种时啄鸡的能力。混群时应将公鸡提前几天放入产蛋鸡舍，使种公鸡适应，并占有环境优势，有利于以后的配种。

（二）公、母鸡的比例

适宜的公、母鸡比例是保证种蛋高受精率的基础，并且因饲养方式的不同而不同。平养自然交配的鸡群，育雏阶段以1:6、育成阶段以1:8为宜，这样可为以后的选择和淘汰提供充分的余地。实践证明，混群时采用1:10的比例，不仅可减少公鸡间的争斗，也可满足配种需要。采用笼养方式，实行人工授精的鸡群，育雏、育成阶段以1:20为宜，上笼时则用1:（30～50）的比例为妥。这样不仅可以节约大量的饲料，同时也可满足采取精液的需要。

（三）种公鸡的饲养管理

土种公鸡的育雏、育成阶段与母鸡分栏饲养，喂同样的育雏、育成饲料。转群后，采取平面饲养方式的鸡群可采用同栏饲养，分槽饲喂；笼养鸡群则采用单笼饲养、单独饲喂。但不管何种饲养方式，均应该饲喂公鸡专用日粮。为了保证鸡群中适宜的公母比例，如有公鸡被淘汰，则应随时补入新的公鸡。补入公鸡宜在天黑前1小时放入。

第六章
商品土鸡的饲养管理

第一节
商品土鸡的生长发育规律和放养季节

一、商品土鸡的生长发育规律

土鸡的生长速度慢，通常1月龄以内的雏鸡增重速度较慢，2～3月龄生长速度相对较快，4月龄以后生长速度变慢，5月龄后则明显降低。在正常的饲养管理条件下，30日龄时土鸡的体重为0.19～0.28千克，60日龄的体重为0.4～0.55千克，90日龄的体重为0.8～1.05千克，120日龄的体重为1～1.35千克，150日龄的体重为1.2～1.55千克。

商品土鸡的上市日龄取决于土鸡的生长发育规律和市场土鸡的价格两个因素。通常3月龄以前的土鸡体重比较小，可食用的部分很少，而且肉的特有香味也不明显，因此不适宜销售；3个月以后的土鸡体重达到0.8千克以上，机体内积累了一定量的营养物质，可食用部分增加，而且香味比较浓，羽毛丰满，在市场销售价格合适的时候就可以出售；当土鸡生长到135日龄以后，其生长速度明显降低，单位体重的生产成本增加，而且肉变得粗硬，食用品质下降。因此，在90～135日龄期间选择市场价格高的时期进行销售是比较合理的。

二、放养季节和日龄

土鸡最佳的放养季节为春末、夏初。一般夏季30～45日龄、寒冬50～60日龄开始放养。

第二节　商品土鸡的饲养管理原则

一、公、母鸡分群饲养

公、母鸡分群饲养（图6-1）是指土鸡生产全过程中，公、母鸡分栏或分舍进行饲养，饲喂不同的雏鸡饲料和育肥鸡饲料直至上市。

众所周知，公鸡的食量大、生长速度快，母鸡的食量小、生长速度慢，无论是各周龄的体重标准和饲料消耗量，还是生长发育速度均不相同。到6周龄时，公鸡的体重约大于母鸡体重的20%。公鸡一般90日龄即可达到上市体重，母鸡则需要养至120日龄才能达到上市体重。因此，分群饲养有利于充分发挥公、母鸡的生产性能，降低饲料消耗，有效保证鸡群的均匀度。但目前我国许多土鸡场没有实行公、母鸡分群饲养，其原因：一是鉴别公母较为困难；二是市场没有特殊要求。

图6-1　公、母鸡分群饲养

二、自由采食

在土鸡种鸡的饲养过程中，为了有效地控制土鸡的生长速度，使土鸡的体重符合标准要求，适时达到性成熟，整齐开产，常采用限饲技术。饲养商品土鸡则是为了充分发挥其生长潜能，缩短饲养周期，按时达到上市体重。雏鸡一开始就采用全价粉碎料，不限量，自由采食的饲喂方式。0～2周龄每天喂6次，其中早晨5点和晚上10点必须各喂1次；3～4周龄每天喂4次；5周龄以后每天喂3次。同时应注意每天的喂料量，以当天能基本吃完、不存底为宜。

三、全进全出

全进全出是指同一栋鸡舍，在同一时间内只饲养同一日龄的鸡，又在同一天出场的饲养制度。这一饲养制度的优点很多，在饲养期内管理方便，容易调控舍内温度、湿度和光照，便于机械化作业。出场后便于彻底打扫、清洗、消毒，切断病原体的循环感染。熏蒸消毒后，空置1～2周，然后开始下一批鸡的饲养。这样可保持鸡舍的卫生与鸡群的健康。

全进全出饲养制度比在同一鸡舍里饲养不同日龄批次鸡的连续饲养制度，鸡只增重快、耗料少，发病少，死淘率低。土鸡肉仔鸡生产者可根据鸡舍、设备、雏鸡来源和市场情况，来制订全年养鸡生产计划、确定饲养规模、休整时间和消毒日程等。

第三节 商品土鸡的饲养方式

饲养方式对鸡肉的品质有比较大的影响，对于作为生产优质禽肉的土鸡应该考虑采用合适的饲养方式，以获得良好的鸡肉品质。

一、放养

将鸡放养在果园、林地、冬闲地、滩涂等地方。一般在果园、林地等旁边搭建若干个棚舍供鸡群在夜间和雨天休息。白天鸡群在果园或林地中自由采食青草、昆虫、草籽等野生饲料，傍晚适当补饲精料。或每年的4～6月气温比较高、降水量比较少的时期，在河滩的荒地用塑料编织布搭建一个简陋的棚子，在周围用尼龙网围一片荒草地，把3～4周龄的土鸡放养在其中，让其自由采食青草、昆虫、杂草种子等野生饲料（图6-2）。这种饲养方式不仅可以节约饲养成本，还能够保证良好的鸡肉品质。另外，鸡粪还可以增加果园土壤肥力，土鸡可以消灭果园害虫。

图6-2 土鸡放养

二、圈养

（一）庭院圈养

在农户的庭院内用尼龙网围一片空地，将土鸡养在其中（图6-3）。所喂饲料以配合饲料为主，补饲青绿饲料。这种形式的规模小（通常为200～500只），但是管理方便，鸡只生长速度较快。

图6-3 庭院圈养

（二）集中圈养

使用专门的鸡舍，在鸡舍的一侧墙外围建一个运动场（图6-4）。晚上和风雨天气，鸡群在鸡舍内生活；天气良好的白天，鸡群可以自由选择在鸡舍和运动场中活动、采食。这种饲养方式的饲养量比较大，通常为500～2000只，适合专业户进行专业土鸡生产，效益可观。

图6-4　集中圈养

（三）发酵床圈养

发酵床圈养（图6-5）就是用锯末、秸秆、稻壳、米糠、树叶等农林业生产下脚料配以专门的微生态制剂来垫圈养鸡，鸡在垫料上生活，垫料里的特殊有益微生物能够迅速降解鸡的粪尿排泄物。这样，不需要清理鸡舍，从而没有任何废弃物排放，垫料清出圈舍就是优质有机肥。

图6-5　发酵床圈养

三、舍内笼养

使用育雏、育成鸡笼,把土鸡饲养在笼内(图6-6),主要喂饲配合饲料。这种饲养方式土鸡生长得比较快,但是饲料成本比较高,鸡肉的品质也没有散放饲养时好。这种饲养方式常在蛋鸡生产中,利用空闲的育雏、育成鸡舍,以增加效益,但要注意做好房舍的消毒。

图6-6　舍内笼养

第四节　商品土鸡的饲养管理技术

一、圈养土鸡的饲养管理技术

(一)饲养要点

1.饲料

饲料是影响土鸡生长速度和肉品质的主要因素。在20日龄以前以配合饲料为主,以后逐渐增加青绿饲料的用量,60日龄以后可以青绿饲料为主,配合饲料作为补饲使用。配合饲料可以使用蛋鸡的雏鸡料,其营养水平比较适宜,30日龄后可以适当加大玉米的添加量以提高能量水平。以普通的浓缩饲料为例，第1个月的配合饲料用40%的浓缩饲料加60%的玉米；第2个月浓缩料的用量为35%，玉米为65%；第3个月浓缩饲料的用量为30%，玉米为70%；第4个月及以后浓缩饲料的用量为25%，玉米为75%。青绿饲料应该使用鲜嫩的杂草、牧草、树叶、蔬菜等，腐烂变质的绝对不能使用，还需要注意是否受到农药污染，以保证鸡群的安全。

圈养土鸡还可以通过人工育虫为鸡群提供动物性饲料，如把麦秸或其他草秸放在一个池子中经过一段时间即可孵育出虫子，也可以饲养蚯蚓喂鸡。

2.喂饲方法

雏鸡阶段使用料桶或小料槽，以后可以使用较大料槽或料盆，容器内的饲料添加量不宜超过其深度的一半，以减少饲料的浪费。

3.喂饲次数

生产中，青绿饲料是全天供应，当鸡群把草、采的茎叶基本吃完后，可以将剩余的残渣清理后再添加新的青绿饲料。配合饲料可以在上午10点、下午3点、黄昏6点和半夜各饲喂1次。1天内每只鸡饲喂的配合饲料量占其体重的6%～10%，体重小的时候比例大一些，随着体重的增加喂料量占体重的比例要逐渐减少。动物性饲料，尤其是鲜活的昆虫、蚯蚓等，每天的饲喂量不能太多。

提 示

青绿饲料要多样搭配，各种青绿饲料中的营养成分能够互补，长时间喂饲单一的某种青绿饲料对鸡的生长发育和健康会有不良影响。有的青绿饲料中含有某些抗营养因子或有毒有害物质（尽管含量很低），长期使用会影响其他营养成分的吸收或出现慢性中毒。

4.饮水要求

饮水应遵循"充足、清洁"的原则。"充足"是指在有光照的时间内要保证饮水器内有一定量的水。断水时间不宜超过2小时，断水时间长则影响鸡的采食，进而影响其生长发育和健康，夏季更不能断水。"清洁"是指保证饮水的卫生，不让鸡群饮用脏水。

（二）管理要点

圈养土鸡在管理上基本同其他鸡相似，但也有特殊的地方，在管理方面的要点主要有：

1.保持合适的温度

在雏鸡阶段要按照温度要求提供合适的温度，在育肥期间尽量使温度保持在15～28℃，而且要防止温度出现剧烈的波动。因为温度骤变对土鸡的不良影响大于持续的温度偏高或偏低对土鸡的不良影响。注意当地天气预报，如果未来气温将出现大的变化就需要及早采取有效措施，尽可能缓解温度骤变对鸡群的不良影响。

2.保持鸡舍内的干燥

圈养土鸡一般都是在鸡舍内铺设垫料（如干净、干燥、无霉变的刨花、锯末、花生壳、树叶、麦秸等），让鸡群在垫料上生活。但是，在鸡群生活过程中由于饮水、排粪等原因会造成垫料潮湿。垫料潮湿会使微生物和寄生虫在其中大量繁殖，感染鸡群，而且由于微生物的活动还会分解垫料中的有机物而产生大量的氨气和硫化氢气体，所有这些都不利于鸡群的健康。

> 防止垫料潮湿，一是在更换、挪动饮水器的时候，尽量减少饮水器中的水洒到垫料上；二是及时更换饮水器周围的湿垫料；三是在白天鸡群到舍外运动场活动的时候，打开门窗或风扇进行通风；四是保证鸡舍内地面比鸡舍外高出20厘米以上，并尽量防止雨后鸡舍周围积水；五是防止屋顶漏雨。

3.保持合适的饲养密度

饲养密度过高会影响鸡群的生长发育和健康，生长的均匀度差。

一般要求的饲养密度按鸡舍内的面积，在1～2周龄时35～45只/米²，3周龄时30～40只/米²，4周龄时25～35只/米²，5周龄时20～30只/米²，6～7周龄时15～20只/米²，8周龄以后10～15只/米²。

4.光照管理

白天采用自然光照，晚上在10～12点用灯泡照明2小时，并喂料和饮水。

5.增强运动

土鸡肉的风味好坏与其饲养过程中的运动量大小有密切关系。增加运动不仅可以提高肉的风味，还有助于提高鸡群的体质。要求15日龄以后在无风雨的天气让鸡群到运动场上去采食、饮水和活动。

6.保持鸡群生活环境的卫生

鸡舍要定期清理，将脏污的垫料清理出来后，在离鸡舍较远的地方堆积进行发酵处理。运动场要经常清扫，含有鸡粪、草茎、饲料的垃圾要堆放在固定的地方。鸡舍内外要定期进行消毒处理，把环境中的微生物数量控制在最低水平，以保证鸡群的安全。料槽和水盆每天清洗1次，每2天用消毒药水消毒1次。

7.设置栖架

土鸡在夜间休息的时候喜欢卧在树枝、木棍上，在鸡舍内放置栖架可以让土鸡在夜间栖息在其上面。其优点是可以减少相对饲养密度，减少鸡只与粪便的直接接触，避免老鼠在夜间侵袭。栖架用几根木棍钉成长方形的木框，中间再钉几根横撑，放置的时候将栖架斜靠在墙壁上，横撑与地面平行。

二、放养土鸡的饲养管理技术

（一）放养场地的选择

放养场地应选择林地、果园、坡地或大田（图6-7）。放养场地的牧草越丰富、质量越好，鸡只所能采食到的饲草和昆虫就越多，也就越有利于育肥。放养场地确定后，周围打1.5米高的水泥桩，用耐雨淋、不生锈的尼龙网或塑料网筑起1.5米高的围栏，以防野生肉食动物侵入，并防止鸡只跑失。围栏面积根据饲养量和放养密度而定，一般一只鸡以平均占地10～20平方米为宜，鸡群不宜过大，一般以每栏放养300～500只为好。

(a) 坡地　　　　　　　　　　　　(b) 林地

(c) 果园　　　　　　　　　　　　(d) 大田

图6-7　放养场地选择

（二）鸡舍的建造

在围栏内选择地势高燥、背风向阳、排水良好的地方修建鸡舍，为鸡提供避风雨、供憩息、过夜的场所。鸡舍应坐北朝南，建筑结构因地制宜，在南方只要能避雨、遮阳即可；在北方除能避雨、遮阳外，还必须考虑鸡舍的保暖和防寒问题。可以使用竹木框架、油毡、石棉瓦或塑料布做屋顶棚，棚高2.5米左右，尼龙网圈围，冬天改用塑料薄膜或彩条布保暖。鸡舍面积应按12～18只/米^{2}进行设计和建设。

要有喂料和供水设备，如料桶、料槽、饮水器、水盆等，喂料用具主要放置在鸡舍及附近，饮水用具不仅要放在鸡舍及附近，在放养地内也需要分散放置几个，以便于鸡只随时饮用。

（三）种植牧草

为了节省饲料，降低饲养成本，提高鸡的胴体质量，可在放养场地种植优质牧草——苜蓿。苜蓿（图6-8）为豆科牧草，新鲜苜蓿粗蛋白质含量高达22%，可完全满足土鸡的生长发育需要。苜蓿产量高，多年生，返青早，再生能力强，在我国具有悠久的栽培历史。每年在其他牧草还没有返青前，苜蓿已经发出2～3片嫩叶，可供雏鸡采食。到5月份苜蓿可达40～50厘米高。苜蓿每年可利用3～4茬，一批放养鸡出栏后，给苜蓿地浇灌一次，苜蓿借助鸡粪的肥力，经15天左右又可以长到数十厘米高，供第二批鸡采食。

图6-8　苜蓿

（四）放养鸡群的饲养

1.饲喂

10日龄前需要使用全价配合饲料，按照一般育雏期的饲养方法进行。此后可以在饲料中掺入一些切碎的、鲜嫩的青绿饲料。15日龄后可以逐步采用每天在鸡舍附近的地面上撒一些配合饲料和青绿饲料的方式，诱导雏鸡在地面觅食，以适应以后在果园、林地、坡地、大田内采食野生饲料。

2.定时补饲

放养鸡群仅靠青草和昆虫是吃不饱的，每天必须进行定时定量补饲。补饲一般安排在傍晚鸡回到鸡舍后进行。补饲定时定量，时间要固定，不可随意改动，这样可增强鸡的条件反射。夏秋季可以少补，春冬季可多补一些；30～60日龄每只鸡日补精饲料25克左右。60日龄后，鸡生长发育迅速，饲料要有所调整，提高能量浓度，喂量逐步增加，每只鸡日补精饲料30～35克，还需要增加油脂，但不可加牛油、羊油及鱼油等有异味的油脂。脂肪的添加量为3%。每天必须让鸡吃饱，否则会使鸡只生长发育受阻，鸡群整齐度下降。

3.供给充足的饮水

放养鸡群活动空间大，体内水分消耗多，必须在鸡群活动的范围内，平均每50只土鸡放置一个饮水器或安装5个饮水乳头。尤其是干热季节和夏季更应如此，否则就会影响土鸡的生长发育，甚至造成疫病的发生。饮水器的设置见图6-9。

图6-9　饮水器的设置

4.每周称重

鸡群整齐度是保证全出的基础，而鸡群整齐度则来源于鸡群的饲养强度。为保证鸡群的高整齐度，每周必须进行抽检称重。如果个体间体重悬殊较大，平均体重明显低于品种体重标准，说明每天的投料量不足，应增加每日的补饲量；如果个体间体重差距不大，平均体重接近或等于品种体重标准，说明投料量合适。

（五）放养土鸡的管理

1.保持合适的鸡舍温度

使用火炉或其他加热方式供温，1～3日龄时温度保持在33℃左右，4～7日龄时温度31℃左右，8～14日龄时温度29℃左右，15～21日龄时温度26℃左右，22～28日龄时温度23℃左右，29日龄以后鸡舍内温度保持在18℃以上。由于土鸡大都在4月份以后放养，因此可以根据天气情况考虑在15日龄以后，在无风的晴天中午前后，让雏鸡到鸡舍附近活动，以适应外界环境。保温的重点在15日龄以前，尤其是在晚上和风雨天气。

2.放养前的训练

放养鸡群与舍饲鸡群不同，放养鸡群的活动范围大，放养场地又有可食的青草与昆虫，常有一些鸡只夜晚不知归舍。夜晚不归舍的鸡只，不但得不到补饲，而且还容易遇到雨淋或野生肉食动物的捕食。因此，在开始放养的头几天对鸡群要进行放养训练，使鸡群天黑前全部回到鸡舍。训练时需要2人配合进行，一人站在鸡舍门口吹哨，并向鸡群抛撒玉米、碎米或小麦颗粒，另一人在放养场地的另一端用竹竿驱赶鸡只，直到全部进入鸡舍为止。如此反复训练数日，鸡群就能建立起"吹哨-采食"的条件反射，在傍晚或天气不好时，只要吹哨，鸡都能及时被召回舍内。

3.注意观察鸡群

每天早晨把鸡群放出鸡舍的时候，看鸡群是否争先恐后地向鸡舍外跑，如果有个别的土鸡行动迟缓或待在鸡舍不愿出去，说明这些土鸡的健康状况出现了问题，需要及时进行诊断和治疗。每天傍晚，当鸡群回到鸡舍的时候，观察鸡群，一方面看鸡只的数量有无明显减少以决定是否到果园内寻找，另一方面看鸡的嗉囊是否充满食物以决定补饲量的多少。

4.防止药害、兽害

在果园放养时，对果树喷洒农药必须使用低毒类或生物类农药，以防引起鸡只中毒；果园、林地、大田等一般都在野外，可能进入的野生动物很多，如黄鼠狼、老鼠、蛇、鹰、野狗等，这些野生动物对不同日龄的土鸡都有可能造成危害。因此，放养土鸡必须防止这些野生动物的为害，否则会造成很大的损失。防止野生动物为害可以在鸡舍外面悬挂几个灯泡，使鸡舍外面通夜比较明亮；在鸡舍外面搭个小棚，养几只鹅，当有动静的时候，鹅会鸣叫，管理人员可以及时起来查看（图6-10）；管理人员住在鸡舍旁边也有助于防止野生动物靠近。

图6-10　养鹅防害

5.夜间照明

照明可以促进机体新陈代谢、增进食欲，特别是冬春季节，自然光照短，必须实行人工补光。晚上10点关灯，关灯后，还应有部分光线不强的灯通宵照明，使鸡只看得见，利于其行走和饮水，以免引起惊群，减少应激，还可以防止野生动物在晚上靠近。在夏季昆虫较多时，夜间开灯可吸引昆虫，供土鸡采食。如果缺乏电力供应，可以用太阳能蓄电池照明。

6.防止意外伤亡和丢失

鸡舍附近地段要定期下夹子捕杀黄鼠狼，晚上下夹子，次日早晨要及时收回，防止伤着土鸡。要及时收听当地天气预报，暴风雨来临前要做好鸡舍的防风、防雨、防漏工作，及时寻找天气突然变化而未归的土鸡，以减少损失。雨天让鸡群在室内活动和采食饮水。

7.加强隔离卫生

避免不同日龄的鸡群混养。一个果园内在一个时期最好只养一批土鸡，相同日龄的土鸡在饲养管理和卫生防疫方面的要求一样，管理方便。如果不同日龄的鸡群混养，则相互之间因为争斗、疾病传播、生产措施不便于实施等原因，会影响到生产。如果想养两批土鸡，最好是用尼龙网或篱笆把果园分隔成两部分，并有一定距离隔离，减少相互之间的影响；及时清理粪便，定期进行消毒，按时接种疫苗，适时饲喂抗菌药物和抗寄生虫药物，病鸡及时检查和处理。

8.适时免疫接种

当前养鸡生产大多采用高密度、集约化的饲养方式，使鸡的生长发育和生产性能得到了大幅度的提高；同时也给鸡病的传播创造了有利条件。过去未曾引起重视的疾病也逐渐成为养鸡业的重大威胁，如传染性法氏囊炎、病毒性关节炎、鸡大肠杆菌病、鸡球虫病等。因此，在加强饲养管理的基础上，各养殖场户均应加强卫生管理，定期检疫，制定科学的免疫程序，适时进行免疫接种。

9.定期驱虫

放养鸡群大部分时间放牧于草地、林间，与地面接触密切，患寄生虫病的机会较多，必须定期进行驱虫。对胃肠道寄生虫，可用左旋咪唑或丙硫苯咪唑进行驱除；对于鸡球虫，可定期投喂不同的抗球虫药进行预防和治疗。

第五节 商品土鸡的季节性管理

一、炎热季节的饲养管理

炎热气候条件下，土著肉仔鸡的采食量将随着温度的上升而下降，生长发育和饲料转化率降低。为保证鸡群的健康和正常的生长发育，在饲养管理方法上应采取一些相应的技术措施。

1.满足蛋白质和氨基酸的需要

由于炎热高温，鸡的采食量下降，鸡只从饲料中获得的蛋白质和氨基酸难以满足其生长发育的需要。因此，在高温季节应调整饲料配方，适当提高蛋白质和氨基酸的含量，以满足鸡只生长发育的需要。

2.降低饲养密度

在舍饲情况下，饲养密度过大，不仅会使鸡只采食、饮水不均，还会因散热量大而使舍温升高。因此，在炎热季节饲养土著肉仔鸡，一定要严格控制饲养密度，不得使密度过大。

3.加强通风降温

通风可降低鸡舍温度，增加鸡体散热，同时改善鸡舍空气环境。所有鸡舍，特别是较大的鸡舍必须安装排风扇，在炎热季节加强通风管理。

4.添加水溶性维生素

炎热季节土鸡的排泄量大幅度增加，使水溶性维生素的消耗加大，很容易引起生长发育迟缓，抗热应激能力降低。因此，炎热季节应在饮水中添加水溶性维生素或在饲料中增加水溶性维生素的添加量。

5.饲料中添加碳酸氢钠

炎热高温可使鸡只呼吸加快，血液中碱储减少，引发酸中毒。在日粮中添加0.1%的碳酸氢钠，可有效地提高血液中的碱储，减少酸中毒的发生。

二、梅雨季节的饲养管理

梅雨季节影响土著肉仔鸡生长发育的主要因素是高温高湿。鸡舍内湿度过大，垫料潮湿易于霉烂发臭，氨气浓度升高，可能会导致球虫病、大肠杆菌病和呼吸道疾病的暴发。为此，应做好以下管理工作：

1.及时更换垫料

进入梅雨季节后，要增加对垫料的检查次数，发现垫料潮湿发霉应及时更换，以降低舍内氨气浓度，恶化球虫卵囊发育环境。

2.防止饲料霉变

进入梅雨季节后，为防止饲料受潮霉变，每次购入饲料的数量不得太多，一般以可饲喂3天为宜。鸡舍内的饲料应放在离开地面的平台上，以防吸潮、结块。

3.消灭蚊、蝇

蚊、蝇是某些寄生虫病、细菌病和病毒性疾病的传播媒介。因此，鸡舍内应定期喷洒药物杀灭蚊、蝇，但所使用药物应对鸡群无害，不会引起鸡群中毒。

4.加强鸡舍通风

加强鸡舍通风不但可以有效降低鸡舍温度，而且可以排除舍内潮气，降低舍内湿度，使鸡群感到舒适。

5.投喂抗球虫药

高温高湿有利于球虫卵囊的发育，从而导致球虫病的暴发。尤其是地面平养鸡群接触球虫卵囊的机会更多，因此在梅雨季节，饲料中应定期投放抗球虫药物，以防暴发球虫病。

三、寒冷季节的饲养管理

寒冷季节鸡群用于维持体温所消耗的能量会大幅度增加，使机体增重减慢。因此，进入冬季后要切实做好鸡舍的防寒保暖工作。

1.修缮门窗

进入冬季前应全面检查一下鸡舍的门窗，发现有漏风的地方应进行修缮，使其密闭无缝，防止漏风。

2.减少通风

通风可降低鸡舍温度，因此进入凉爽季节后要逐渐减少通风次数，以维持鸡舍的适宜温度。为了保持鸡舍内良好的空气环境，即使在寒冷季节的中午前后也应定时对鸡舍进行通风。

3.鸡舍升温

在北方的冬季，空闲鸡舍的温度往往在0℃以下。育雏结束后，鸡群在转入生长、育肥鸡舍前，一定要将鸡舍预先升温，必要时还需连续供温，保证温度在10℃以上，以保障鸡只的正常生长发育，否则将会造成重大经济损失。

第七章
肉蛋兼用型土鸡的饲养管理

　　肉蛋兼用型土鸡不但可以生产土鸡蛋，而且可以作为商品土鸡生产。一般在育雏、育成结束后，让土鸡产40～45周的蛋，然后淘汰上市。所以，肉蛋兼用型土鸡的饲养既要考虑产蛋数量，又要兼顾土鸡的质量。饲养管理过程中，必须根据市场要求选择适宜品种和饲养季节，加强育雏育成期饲养，培育出优质育成新母鸡，采取综合措施增加产蛋量以及在上市前进行育肥处理等，以提高市场效益和生产收益。

第一节　肉蛋兼用型土鸡的品种选择

一、当地的气候条件

　　我国幅员辽阔，各地气候条件相差甚大。品种选择时应考虑所拟选择品种对当地气候条件的适应性。选择时最好选择那些距当地较近，地区气候条件差异不大，易于适应当地环境、气候的品种。只有这样才能减轻鸡群对环境适应的压力，充分发挥其生产性能，取得较好的养殖效果，获得较高的经济效益。

二、当地的消费习惯

　　不同地区的消费者对鸡蛋的大小、蛋壳及蛋黄的色泽，鸡的羽色、体形、性别的喜好差异很大，在品种选择时要充分考虑。例如，一些地区的消费者喜欢褐色蛋壳的小鸡蛋，一些地区的消费者则喜欢褐色蛋壳的大鸡蛋，特别是习惯腌咸鸡蛋的消费者更是这样。又例如，南方各地的消费者喜欢黄羽鸡，而西南各地的消费者则喜欢麻羽鸡。广东、广西等地的消费者喜欢食用母鸡，而四川、辽宁、天津、河南、山东的消费者则喜欢食用公鸡。南方各地的消费者要求鸡的体形紧凑、腿短骨细，而北方各地的消费者则要求不那么严格。

三、当地的消费水平

一般来讲，广大农村的经济尚不够发达，土鸡鸡蛋和土鸡肉鸡的消费量较小，且多喜欢个头较小的土鸡鸡蛋和体重较轻的土鸡肉鸡。而在城市和近郊经济较发达的地区，不但土鸡鸡蛋和土鸡肉鸡的消费量较大，而且消费者对土鸡鸡蛋的大小和土鸡肉鸡的体重也没有明显的特殊要求。

四、雏鸡供应场家

供给雏鸡的场家应有一定规模，并且信誉度和技术服务要好，能够提供饲料管理技术和科学免疫程序。所购品种应符合本品种特征要求，雏鸡应健康状况良好，无经蛋传染性疾病，如白血病、沙门氏菌病等。

第二节　　育雏季节的选择

养殖土鸡能否取得较好的经济效益，与育雏季节的选择密切相关。例如，每年的农历 1～5 月一般是土鸡鸡蛋和土鸡肉鸡的销售淡季，那么前一年的 7～9 月培育的雏鸡其产蛋高峰期刚好落在土鸡鸡蛋销售淡季，市场对土鸡鸡蛋的需求量较少，销售价格一般较低；并且淘汰鸡的时间又落在 10、11 月，此时土鸡肉鸡的销售虽已进入旺季，但距元旦和春节尚有一些时日，销量也不太大。所以，每年的 7～9 月不要购进土鸡雏鸡，以防产蛋高峰期和淘汰育肥鸡落在销售淡季，造成经济效益不佳。然而，距离土鸡鸡蛋和土鸡肉鸡加工企业较近的地区，则无需考虑市场需求的淡、旺季节的问题。因此，养殖肉蛋兼用型土鸡应根据鸡舍的条件、每个季节的育雏特点、市场对土鸡鸡蛋和土鸡肉鸡的供需预测进行综合考虑。

　　3～5月孵出的雏鸡，因气温适中、日照渐长、阳光充足，育雏成活率高，雏鸡体质健壮。育成阶段赶上夏秋季节，户外活动时间多，鸡只体质强健。当年8～10月开产，产蛋期长，产蛋率高，产蛋高峰期正好落在元旦和春节期间，市场对土鸡蛋需求旺盛。6～8月孵出的雏鸡，正值高温高湿季节，雏鸡生长发育缓慢，易发病。秋季育雏是指饲养9～11月孵出的雏鸡。此时气温适宜育雏，但受自然光照影响，鸡只性成熟早，到成年时鸡的体重较轻，所产鸡蛋较小，产蛋期持续时间短。冬季育雏，恰遇一年中气温最低的时期，需要人工加温时间较长，燃料费用高，消耗的饲料也多，经济上不大合算。但冬季加温育雏要比夏季降温育雏容易得多，冬季干燥，疾病少，成活率高。

第三节　肉蛋兼用型土鸡的饲养管理

　　蛋用土鸡的饲养管理一般分为育雏期、育成期、产蛋期和育肥期四个阶段，0～7周龄为育雏期，8～22周龄为育成期，23～64周龄为产蛋期，65～70周龄为育肥期。而肉蛋兼用型土鸡饲养全程的划分，还因品种、生长发育规律而不尽相同。

一、饲养方式

　　饲养方式可以分为舍内饲养和舍外放养，舍内饲养又可以分为地面平养、网上平养和笼内饲养。

二、饲养管理技术

（一）肉蛋兼用型土鸡舍内饲养育雏期、育成期、产蛋期的饲养管理

　　饲养肉蛋兼用型土鸡是为了获得土鸡鸡蛋供应市场，而饲养土

种鸡则是为了获得大量优质种蛋，孵出雏鸡供养殖场（户）饲养。但是，除了饲养土种鸡的养殖场需要培育种公鸡供配种用以及种蛋采集管理外，其他方面的饲养管理同肉蛋兼用型土鸡。

（二）肉蛋兼用型土鸡放养的饲养管理

肉蛋兼用型土鸡，一般是先在室内育雏，育雏期的饲养管理与土种鸡饲养管理一致。育雏结束后将育成期、产蛋期和育肥期的鸡群放到果树林、小树林、竹林、茶园进行放养。放养可以使土鸡获得充足的阳光，采食到青绿饲料、昆虫、砂砾等。虽然放养会使土鸡的运动量增大，能量消耗增加，但是可促进土鸡的生长发育，增强体质，提高抗病能力和产蛋率。长期放养还可使鸡体更加紧凑，被羽光亮，肌肉结实，减少腹脂，更能适应市场对低脂肉蛋兼用型土鸡的需要，销售价格也会更高一些。

1.放养土鸡的活动规律

（1）放养土鸡的活动范围

① 一般活动半径　一般活动半径指80%以上土鸡的活动半径。研究观察发现，不同饲养密度条件下，土鸡的活动半径不同。随饲养密度的增加，土鸡的活动半径逐渐增加，但80%以上的土鸡活动半径在100米以内。

② 最大活动半径　最大活动半径指群体中少数生活力较强的土鸡超出一般活动范围，达到离鸡舍最远的活动距离。低密度条件下，最大活动半径在500米以内，随着饲养密度的增加，最大活动半径增加。高密度饲养时最大活动半径可达到1000米（图7-1）。

（2）放养土鸡的活动时间　早出晚归是放养条件下土鸡的一般生活习性。土鸡的外出和归牧与太阳活动有密切关系：一般在日出前0.5～1小时离开鸡舍，日落后0.5～1小时归舍。一般季节，其采食的主动性以日落前后的食欲最强，早晨次之。中午多有休息的习惯。但冬季的中午土鸡活动比较频繁。

（3）放养土鸡的产蛋规律　放养土鸡产蛋的时间分布，80%左右集中在中午以前，以9～11点为产蛋高峰期。但其产蛋时间持续到全天，不如笼养鸡集中。这可能与放养条件下其营养获取不足有关。

图7-1 土鸡的活动范围

2.放养前的准备

由舍内饲养突然转移到放牧地，环境发生了很大变化，饲养管理也发生变化，需要做好一些准备工作。

（1）放养场地的选择　放养场地应符合产地环境质量标准NY/T 391的要求；有土鸡可食的饲料资源，如昆虫、饲草、野菜等，可选用山地、林地、果园、农田、荒地、草场、草山及草坡等。放养场地应地势平坦或缓坡，背风向阳。一般每公顷（1公顷等于15亩）放养100～400只。

（2）放养模式的确定　放养模式是指散养鸡的周期性安排，如什么时间进雏，什么时间放养，饲养周期多长，以产肉还是产蛋为主，何时出栏等。放养模式的确定，不但影响环境资源和饲料资源的利用，而且影响产品的销售价格和养殖效益。

放养模式的确定要考虑气候特点、资源特点和市场特点。

① 气候特点　如外界的温度、湿度、光照、雨量等变化。

② 资源特点　放养土鸡以自由采食野外自然饲草饲料为主，如野草、野菜、虫体、腐殖质等，而这些自然食物具有很强的季节性。从我国华北大多数地区的自然条件看，从每年的4月上旬至10月下旬，均可获得数量不等的饲料，而最佳时期是6～10月。因此，应将土鸡生长和产蛋的高峰期安排在这一季节，以通过大量采食优质的自

然饲料，提高产品质量，降低投入，提高效益。

③ 市场特点　根据市场规律，将出栏时间或产蛋高峰期安排在需求量较大的节日或月份，以同样的产品产量获得较多的收益。

北方地区，山林果园放养土鸡的放养模式见表7-1。

表 7-1　山林果园放养土鸡的放养模式

模式	产品	操作	效果
年生产一批模式	产蛋产肉	1月上旬进雏（冬季育雏），3月放养（春季育成），6月上、中旬产蛋（牧草生产旺季产蛋），翌年1月淘汰。生产周期为1年	年饲养一批，使产蛋期有充足的自然饲料资源，生产优质鸡蛋，降低饲养成本；并使鸡蛋的出售赶上国庆节、中秋节和元旦等几个大的节日。在产蛋高峰过后，也就是元旦期间，停止饲养，将鸡全部作为肉鸡淘汰，获得较高的效益。但这一模式育雏期和育成期是在较寒冷的季节进行，需要的投入较多，也要求较高的技术支撑。在鸡全部淘汰的同时，又引进下一年度的雏鸡，形成1年1个生产周期
500天散放模式	产蛋为主	4月下旬至5月上旬进雏，6月中旬放养，10月上旬产蛋，次年10月上旬作为肉鸡淘汰	育雏期安排在气候较温暖的5月，由于外界温度较高，可以降低育雏成本；放养期在整个自然资源比较充足的季节，可以降低饲养成本；产品供应正值供求紧张的中秋节、国庆节、元旦和春节，市场产品价格较高；产蛋1周年后淘汰，也是在供求矛盾的中秋节和国庆节期间

（3）搭建棚舍　根据放养场地的面积、放养土鸡的数量确定棚舍的面积和数量。每个棚舍能容纳300～500只青年鸡或200～300只产蛋鸡。多列棚舍要布列均匀，坐北朝南，间隔150～200米。

棚舍跨度4～5米，高2.5米；棚舍内设置栖架，每只鸡所占栖架的位置不低于17～20厘米；产蛋棚舍要环境安静，防暑保温；每5～6只母鸡设1个产蛋窝，安静避光，窝内放入少许麦秸或稻草。

棚舍材料可以使用砖瓦、竹竿、木棍、角铁、钢管、油毡、石棉瓦以及篷布、塑编布等搭建；棚舍四周要留通风口；对简易棚舍的主要支架要用铁丝从东、南、西、北4个方向拉牢固定。

（4）围网筑栏　放养场地比较大，要用尼龙网或铁丝网将放养场地围栏封闭（图7-2）。围网筑栏对于成功放养土鸡具有重要意义。

图7-2　放养土鸡的围栏

① 防止丢失　刚刚放牧的时候，通过围网，可限制土鸡的活动范围，以防止丢失；以后逐渐放宽活动范围，直至自由活动。

② 放牧均匀　土鸡有一定的群集性，当一个群体数量很大的时候，由于土鸡的活动半径较小（一般100米以内），众多的土鸡生活在较小的范围内，容易使鸡经常活动的区域出现过牧现象，造成"近处光秃秃，远处绿油油"。通过围网筑栏，将较大的鸡群隔离成若干小的鸡群，可防止出现这种现象。

③ 限制活动区域　果园或农田中发生病虫害是难免的。为了防治病虫害，需要使用农药。尽管目前推广的均为高效低毒农药，但为了保证安全，需要在喷农药期间停止放牧1周以上。若在果园或农田围网筑栏，喷施农药应有计划地进行，将鸡放牧于没有喷施农药或喷施一周以上的地块。

在农区或山区，农田、果园、山场或林地由家庭承包。在多数情况下，农民承包的面积有限。在有限的地块养土鸡，如果不限制土鸡的活动，往往土鸡的活动范围会超出自家。为了安全，同时为了防止鸡群对周围作物的破坏，减少邻里摩擦，通常采取围网的方式。

④ 分区轮牧　放养土鸡，可让土鸡充分采食自然饲料，包括青草、昆虫和腐殖质等。但是，多数情况下，青草的生长速度往往低于

土鸡的采食速度，很容易出现过牧现象。为了防止过牧现象的发生，可将一个地块用围网分成若干小区（一般3个左右），使土鸡轮流在小区内采食，即分区轮牧，每个小区放牧1～2周，使土地生息结合，从而有利于资源开发和提高资源利用效率。

（5）设备用具准备　在放养场地安装好自动饮水装置，配备足够数量的饮水器，满足土鸡放养时的饮水需求。舍内安装栖架，产蛋舍安装产蛋箱。在鸡舍一侧可专门设置一个补料区，放置饲槽等用具。

（6）免疫接种　按照制定的免疫程序，进行确切的免疫接种，为放养土鸡提供良好的健康保证。

3.放养土鸡的调教

调教是指在特定环境下给予特殊信号或指令，使之逐渐形成条件反射或产生习惯性行为。调教是放养土鸡饲养管理工作中不可缺少的技术环节。早上放鸡、晚上收鸡以及饲喂、饮水等，必须有统一的集体行动，特别是遇到不良天气和野生动物侵入时，如刮风、下雨、冰雹和老鹰、黄鼠狼侵害等，应在统一的指挥下进行规避。同时，也可避免相邻鸡群之间的混杂。土鸡尽管具有顽固性，但也具有可塑性和学习的本能，通过调教，可以使其建立一定的条件反射。对土鸡的调教应该从小进行。调教包括喂食和饮水的调节、放牧的调教、归巢的调教、上栖架的调教和紧急避险的调教等。

（1）喂食和饮水的调教　放养土鸡每天的补料量是有限的，因此，为保证每只鸡都获得应获数量的饲料，应在补充饲料时使其在同一个时间段共同采食。在野外饮水条件有限时，为了保证饮水的卫生，尽量减少开放式饮水器暴露在外面的时间，需要定时饮水，也需要统一同时进行。

喂食和饮水的调教应在育雏时开始，在放养时进一步强化，并形成条件反射。一般以一种特殊的声音作为信号。这种声音应该柔和而响亮，不可使用爆破声和模仿野兽的叫声，声音持续时间可长可短。生产中多用吹口哨和敲击金属物品的方法。

以喂食为例，调教前应使土鸡有一定的饥饿时间，然后一边给予信号（如吹口哨），一边喂料，喂料的动作尽量使土鸡看得到，以便听觉和视觉双重感应，加速条件反射的形成。每天反复如此动作，一般3天以后即可建立条件反射。

（2）放牧的调教　很多土鸡的活动范围很窄，远处尽管有丰富的饲草资源，也宁可忍受饥饿，不远行一步。为使牧草得到有效利用，应当对鸡群进行调教。调教的方法：一人在前面引导，即一边慢步前行，一边按照一定的节奏给予一定的语言口令（如不停地叫"走……"），一边撒扬少量的食物（作为诱饵）；后面一人手拿驱赶工具，一边发出驱赶的语言口令，一边缓慢舞动驱赶工具前行，直至到达牧草丰富的草地。这样连续几日后，鸡群即可逐渐习惯往远处采食。

（3）归巢的调教　土鸡具有晨出暮归的特性。每天日出前便离巢采食，出走越早、越远的土鸡，采食越多，生长越快，抗病力越强。而日落前多数土鸡从远处向鸡舍集中。但是个别土鸡不能按时归巢，有的是由于外出过远，有的是由于迷失了方向，也有的个别土鸡在外面找到了适于自己夜宿的场所。当然，少数土鸡可能被别人捕捉。如果这样的土鸡不及时返回，以后不归的土鸡可能越来越多，遭遇不测而造成损失。因此，应于傍晚前，在放牧地的远处查看是否有仍在采食的土鸡，并用信号引导其往鸡舍方向返回。如果发现个别土鸡在舍外的远处夜宿，应将其抓回鸡舍圈起来，将其营造的窝破坏；第二天早晨晚些时间将其放出采食，傍晚再检查其是否在外宿窝。如此几次后，便可按时归巢。

（4）上栖架的调教　土鸡具有栖居的特性，善于在高处过夜。但在野外放养条件下，有时由于鸡舍面积小，比较拥挤，有些土鸡抢不到有利位置而不在栖架上过夜。野外鸡舍地面比较潮湿，加之粪便的堆积，长期卧地容易诱发疾病。因此，在开始转群时，每天晚上打开手电筒，查看是否有卧地的土鸡，有卧地的应及时将其抓到栖架上。经过几次调教之后，鸡群形成固定的位次关系，也就会按时按次序上栖架了。

4.放养土鸡的补料、补草、供水和诱虫

（1）补料　补料是指野外放养条件下人工补充精饲料。放养的土鸡，仅仅靠野外自由觅食天然饲料是不能满足其生长发育需要的。无论是生长期、后备期，还是产蛋期，都必须补充饲料。但应根据土鸡的日龄、生长发育、草地类型和天气情况，决定补料次数、时间、形态、营养浓度和补料数量。

① 补料次数　补料次数多少对养好土鸡非常重要。研究发现，补料次数越多，饲养效果越差。有的鸡场每天补料3次，甚至更多，这样使土鸡养成了"等、靠、要"的懒惰恶习，不到远处采食，每天在鸡舍周围等主人喂料。越是在鸡舍周围的土鸡，尽管它们获得的补充饲料数量较多，但生长发育最慢，疾病发生率也高；凡是不依赖喂食的土鸡，生长反而更快，抗病力更强。放养土鸡以每天补料1次最为适宜。当遇下雨、刮风、冰雹等不良天气或野生饲料严重不足，难以保证土鸡在外面的采食量时，可临时增加补料次数。但一旦天气好转或野生饲料充足，应立即恢复每天一次补料。

② 补料时间　补料的时间安排在傍晚效果最好。其原因：一是早晨是土鸡食欲最旺盛的时候，如果早晨补料，土鸡采食后就不愿意到远处采食，影响全天的野外采食量，而土鸡的食欲中午时最低，因而中午是土鸡的休息时间，应让其得到充分的休息；二是傍晚土鸡的食欲旺盛，可在较短的时间内将补充的饲料采食干净，防止撒落在地面的饲料被污染或浪费；三是土鸡在傍晚补料，可根据一天的采食情况（看嗉囊的鼓胀程度和土鸡的食欲）确定补料量，如果在其他时间补料，难以准确判断补料数量是否合理；四是土鸡在傍晚补料后便上栖架休息，经过一夜的静卧歇息，肠道对饲料的利用率较高；五是傍晚补料可配合信号的调教，诱导土鸡回巢，减少窝外鸡。

③ 补料形态　从土鸡采食的习性来看，粒状是理想的饲料形态。颗粒料容易饲喂，土鸡喜欢采食，消化慢，故耐饥饿，适于傍晚投喂。其最大的缺点是营养不完善，不宜单独饲喂。

④ 补料需注意的问题　一是补料工具。为了防止饲料的浪费和污染，有条件的地方可在特定地方补料，不要到处乱撒料，否则浪费非常严重。二是信号。每次补料应与信号相结合，尤其是在放养前期更应强化信号。一般是先给予明确的信号（吹口哨或敲击金属），使在较远地方采食的土鸡能听到声音，促使其返回吃料。三是补料量。每次补料量应根据土鸡采食情况而定。在每次撒料时，不要一次撒完，要分几次撒，看多数土鸡已经满足、采食不急时，记录补料量，作为下次补料量的参考数据。一般是次日较前日稍微增加补料量。也可以定期测定鸡的生长速度，即每周的周末随机抽测一定数量的土鸡的体重，看与标准体重的符合度。如果体重严重低于标准，应该逐渐

增加补料量；如果体重超标，可适当减少补料量。四是采食均匀度。补料时应观察整个鸡群的采食情况，有些胆子小的土鸡不敢靠近采食，可将部分饲料撒向补料场的外围，也可以延长补料时间，使每只土鸡都能采食足够的饲料，以便发育整齐。

（2）补草　一般情况下，在放养期间可让土鸡自由采食野草野菜。但是，当经常放牧的场地青草或青菜生长不良，不能满足采食需要时，为减少对牧地生态的破坏，同时也为降低饲养成本，提高养殖效益（通过投喂青草减少精饲料的喂量）和效果（经常采食野草野菜的土鸡，其产品无论是鸡蛋，还是鸡肉，质量都高于精料喂养的同类产品），往往在其他地方采集青草喂鸡。

人工采集青草喂鸡有三种方法。第一种是直接投喂法，即将采集到的野草野菜直接投放在放牧场地或集中采食场地，让土鸡自由采食。这种方法简便、省工省力，但有一定浪费。第二种是剁碎投喂法，即将青草或青菜用菜刀剁碎后饲喂。这种方法一般将青草或青菜投放在饲料槽里，虽然花费了一定劳动，但浪费较少。第三种是打浆饲喂法，即将青草或青菜用打浆机打成浆，然后与一定量的精饲料搅拌均匀饲喂。这种方式适合规模较大的鸡场，同时配备一定的人工牧草种植。虽然这种方式投入较大，但可有效利用青草，减少饲料浪费，增加土鸡的采食量，饲养效果最好。

（3）供水　尽管土鸡在野外放养可以采食大量的青绿饲料，但是水的供应也是必不可少的。没有充足的饮水，就不能保证土鸡快速的生长、较高的产蛋率和健康的体质以及饲料的有效利用，尤其是在植被状况不好、风吹日晒严重的牧地更应重视水的供应。

饮水以自动饮水器最佳，以减少饮水污染，保证水的随时供应。自动饮水应设置完整的供水系统，包括水源、水塔、输水管道、供水器（饮水器）等。输水管道最好在地下埋置，而终端饮水器应设在放牧地块，根据面积大小设置一定的饮水区域，最好与补料区域结合，以便土鸡采食后饮水。饮水器的数量应根据土鸡的多少足量设置。

很多鸡场不具备饮水系统，特别是水源（水井）的问题难解决，一般采取异地拉水的方法。对于这种情况，可制作土饮水器，即利用铁桶作为水罐，利用负压原理，将水输送到开放的饮水管或饮水槽。

（4）诱虫　诱虫的目的有两个：一是通过诱虫，为土鸡提供一定的动物蛋白，降低养殖成本，提高养殖效果，昆虫虫体不仅富含蛋白质和各种必需氨基酸，还含有抗菌肽及多种未知生长因子；二是消灭虫害，降低作物和果园的农药使用量，实现生态种植与养殖的有机结合。实践表明，若是土鸡采食一定量的昆虫饲料，则生长发育速度加快，发病率降低，成活率提高。这可能是由于昆虫体内存在特殊抗菌物质，经常采食昆虫的土鸡，对于一些特殊的疾病（如病毒性的马立克病）有一定的抵抗力，发病率较低。诱虫一般采用3种方法，即黑光灯诱虫、高压电弧灭虫灯诱虫和性激素诱虫。

5. 放养土鸡的兽害控制

老鼠、老鹰、黄鼠狼和蛇等动物会伤害放养鸡群，必须采取措施防治这些兽害。

（1）防鼠　老鼠对放牧初期的小土鸡有较大的危害性。因为此时的小土鸡防御能力差，躲避能力低，很容易受到老鼠的侵袭，即便大一些的土鸡，夜间受到老鼠的干扰也会造成惊群。预防老鼠的危害可采用鼠夹法、毒饵法、灌水法及养鹅驱鼠法。

① 鼠夹法　放牧前7天，在放牧地块里投放鼠夹等捕鼠工具。一般每亩投放2～3个捕鼠工具，每天傍晚投放，次日早晨观察。凡是捕捉到老鼠的鼠夹，应经过清洗后再重新投放。但在放牧期间不可投放鼠夹。

② 毒饵法　放牧前2周，在放牧地投放一定的毒饵。一般每亩地块投放2～3处，记住投放位置，设置明显的标志。每天在放牧地块检查被毒死的老鼠，及时捡出并深埋。连续投放1周后，将剩余的毒饵全部取走。然后继续观察1周，将死掉的老鼠全部清除。

③ 灌水法　在放牧前，将经过训练的猫或狗牵至放牧地，让其寻找鼠洞，然后往洞内灌水，迫使其从洞内逃出，然后捕捉。注意防备部分老鼠一洞多口而从其他洞口逃出。

④ 养鹅驱鼠法　在鸡群内饲养几只鹅，可以有效防范鼠害。

（2）防鹰类　鹰类是益鸟，具有敏锐的双眼、飞翔的翅膀和锋利强壮的双爪，可以灭鼠、捕兔，对于农作物和草场的鼠害和兔害能够起到很好的控制作用，对于维护生态平衡起到了非常重要的作用。但是，它们对于放养土鸡（特别是草场放养土鸡）具有一定的威胁。由于鹰类是益鸟，不能捕杀，因此，在放养土鸡的过程中，对它们只能采取鸣枪放炮法（发现老鹰袭来，立即向老鹰方向的空中鸣枪，或向空中放两响鞭炮，使老鹰受到惊吓而逃跑。连续几次之后，老鹰不敢再接近放牧地）、稻草人法（在放牧地里布置几个稻草人，尽量将稻草人扎得高一些，上部捆一些彩色布条）、人工驱赶法（配备牧羊犬）等驱避的措施。

（3）防黄鼠狼　黄鼠狼又名黄狼、黄鼬，身体细长，四肢短，尾毛蓬松，全身棕黄色，鼻尖周围、下唇有时连到颊部有白色，雄体体重平均在0.5千克以上，是我国分布较广的野生动物之一。黄鼠狼生性狡猾，一般昼伏夜出，黄昏前后活动最为频繁，其在野生食物采食不足时，对放养土鸡形成威胁，尤其是在野外放养的土鸡，经常会遭到黄鼠狼的侵袭，因此，应引起高度重视。养鹅护鸡对黄鼠狼有较好的驱避效果。

（4）防蛇　蛇为爬行纲、蛇目动物。按照其毒性有无分为有毒蛇（如眼镜蛇、金环蛇、银环蛇、眼镜王蛇、蝰蛇、尖吻蝮、竹叶青蛇、烙铁头蛇等）和无毒蛇（各种游蛇）。对于野外放养土鸡，蛇也是其天敌之一，尤其是在我国南部的省份。蛇主要对育雏期和放养初期的小土鸡危害大。对付蛇害，我国劳动人民积累了丰富的经验，一般采取捕捉法和驱避法。养鹅是预防蛇害非常有效的手段。无论是大蛇还是小蛇，毒蛇还是菜蛇，鹅均不惧怕，或将其吃掉，或将其驱出境。

6.种植牧草

为了节省饲料，降低饲养成本，提高土鸡的体质，可在放养场地种植优质牧草，如紫花苜蓿、金花菜（黄花苜蓿）、红三叶和草木樨等豆科牧草。这些豆科牧草的粗蛋白质含量都在15%以上，有的则可达鲜草重的26%以上，完全可以满足肉蛋兼用型土鸡的生长发育和产蛋需要。这些豆科牧草大多为多年生草本植物，种植和管理简单，产量高，返青早，再生能力强。尤其是紫花苜蓿在我国具有悠久的栽培历史，每年在其他牧草还没有返青前，紫花苜蓿已经发出2～3片嫩叶，可供肉蛋兼用型土鸡采食。土地宽裕地区，可种植苜蓿施行轮换放牧，一块苜蓿地放牧一段时间后，草势变弱，可将鸡群赶入另一块苜蓿地放牧。给放牧过的苜蓿地浇灌一次，苜蓿借助鸡粪的肥力，经

15天左右又可以长到数十厘米高，可供第二次轮牧。

7.育成期的饲养管理

肉蛋兼用型土鸡育成期的饲养和管理方法与商品土鸡放养期饲养管理相似，但需要注意两点：一是在育成期要加强体重管理，根据土鸡体重情况增加或减少补料量，使体重符合标准体重要求；二是在育成期要控制光照时数，保证光照时数渐减。

8.产蛋期的饲养管理

（1）设置产蛋箱　采用放养方式的肉蛋兼用型土鸡，在产蛋前（即19～20周龄时）应先安装产蛋箱。产蛋箱以木板或塑料板做成，一般长35厘米、宽25厘米、高35厘米，箱内铺上垫草，可供3～4只母鸡轮换产蛋用。根据鸡只的多少，产蛋箱可安装成单层，也可安装为多层。母鸡喜欢在光线较暗处下蛋，因此产蛋箱应放置于靠墙边光照较弱的地方或大树下。不管产蛋箱放在何处，均应高出地面50厘米。母鸡有认巢的习惯，第一个蛋下在什么地方，以后就一直在这个地方下蛋，要人为地去改变它的这种习惯往往不太容易。因此产蛋箱的设置一定要在开产前完成。

（2）供给充足的饮水　放养鸡群活动空间大，体内水分消耗多，必须在鸡群活动的范围内，平均每50只鸡放置一个饮水器（图7-3）或安装5个饮水乳头。尤其是干热季节和夏季更应如此，否则就会影响土鸡的生长发育，甚至造成疫病的发生。

图7-3　饮水器放置

（3）定时定量补饲　放养鸡群仅靠青草和昆虫是吃不饱的，每天必须进行定时定量补饲。补饲一般分早、晚两次进行，早上外出前投给全天日粮的2/5，傍晚回舍后投给全天日粮的3/5。也可以在傍晚土鸡回舍后一次补料。每天必须让鸡只吃饱，否则会使鸡只生长发育受阻，鸡群整齐度下降，开产推迟，产蛋率迟迟达不到品种标准。补料时应观察整个鸡群的采食情况，对于胆子小不敢靠近采食的土鸡，可将部分饲料撒向补料场的外围，也可以延长补料时间，使每只土鸡都能采食足够的饲料，避免影响其生产性能。

（4）环境控制

① 温湿度的控制　蛋鸡产蛋需要适宜的温湿度。舍外散养，注意气温低时晚放鸡、早收鸡；气温高时早放鸡、晚收鸡。夏季充分利用树木、植物遮阳；冬季由于外界气温低，可以封闭鸡舍，在舍内饲养，但要注意鸡舍通风和卫生。

② 光照的控制　光照是影响蛋鸡生产性能的重要因素。每日的光照时数和光照强度对蛋鸡生产性能有决定性的作用，对蛋鸡的性成熟、排卵和产蛋等均有影响。产蛋期光照时间应保持恒定或渐增，不能缩短。一般产蛋高峰期光照时间应控制在15～16小时，当自然光照时间不足时需要人工光照补足。产蛋期的光照强度要达到10～20勒克斯。

（5）捡蛋　捡蛋次数影响蛋的破损率和污染程度，捡蛋次数越多，蛋的破损率和污染程度越低。最好是刚产下时即捡走，但生产中捡蛋不可能如此频繁，这就要求捡蛋时间、次数要制度化。大多数土鸡在上午产蛋，第一次和第二次的捡蛋时间要调节好，尽量减少蛋在窝内的停留时间。一般要求每天捡蛋3、4次，捡蛋前用0.1%的新洁尔灭洗手消毒，持经消毒的清洁蛋盘捡蛋。捡蛋时要净、污蛋分开，薄、厚蛋分开，完好蛋和破损蛋分开，将那些表面有垫料、鸡粪、血污的蛋和地面蛋以及薄壳蛋、破蛋单独放置。在最后一次收集蛋后要将窝内鸡只抱出。

捡蛋后，将脏蛋、破壳蛋、沙壳蛋、钢皮蛋、皱纹蛋、畸形蛋，以及过大、过小、过扁、过圆、双黄和碎蛋挑出，单独放置。对有一定污染的鸡蛋（脏蛋），可先用细纱布将污物轻轻拭去，并对污染处用0.1%百毒杀进行消毒处理（不能用湿毛巾擦洗，这样做破坏了鸡蛋的表面保护膜，使鸡蛋更难以保存）。

（6）注意观察鸡群　平时要认真观察鸡群的状况，发现个别土鸡出现异常，及时分析和处理，防止传染性疾病的发生和流行；避免药害和兽害。

（7）疾病防控　开产前做好免疫接种和驱虫工作；加强鸡舍卫生管理和隔离，保证饮水和饲料卫生。

（三）肉蛋兼用型土鸡的育肥

目前，全国各地肉蛋兼用型土鸡养殖场（户），一般都是进入60周龄以后，售蛋收入接近饲料、人工和水电支出，养殖户已无利可图时，就将鸡群做淘汰处理。此时的鸡群由于产蛋期的限制饲养和产蛋消耗，鸡只的皮肤及羽毛光泽欠佳，体形亦欠丰满，如将鸡群淘汰投放市场，无论如何是卖不到好价钱的。如果此时根据市场对商品土鸡需求的预测，适时进行适度育肥后供应市场，则常可取得较好的经济效益。

此阶段的饲养管理目标在于促使机体内脂肪的沉积，增加鸡体的丰满度，改善肉质，增加皮肤及羽毛的光泽。

1.调整日粮营养

肉蛋兼用型土鸡进入育肥期后对能量的需要明显高于产蛋期，而对蛋白质和钙的需要则显著降低。因此，应将日粮调整为高能、低蛋白质和低钙日粮，增加黄玉米等能量饲料的比例，也可在饲料中添加2%～5%的优质植物油或动物油，以提高日粮的能量浓度。

为了增加鸡肉的鲜嫩度，保持良好风味，防止饲料原料对鸡肉风味品质的不良影响，在育肥期的饲料中，应禁止使用鱼粉等动物性蛋白质饲料，少用棉籽粕、菜籽粕等有异味的蛋白质饲料，而使用大豆粕和花生粕等蛋白质饲料。

目前，我国尚没有一个适用于肉蛋兼用型土鸡育肥期的饲养标准。综合各品种土鸡的养殖经验，建议：代谢能13.33兆焦/千克，粗蛋白质14%～15%，赖氨酸0.6%，蛋氨酸0.5%，钙1%，有效磷0.45%。以此为依据设计出了一些无鱼粉日粮配方（表7-2），在数个肉蛋兼用型土鸡养殖场使用，效果较好，供各养殖者参考。

表 7-2　肉蛋兼用型土鸡育肥期无鱼粉日粮配方　　　　单位：%

成分	配方1	配方2	配方3	配方4	配方5
黄玉米	68	68	65	60	62
大豆油	—	—	2	3	2.5
小麦麸	8	7	7	9	8.5
苜蓿草粉	—	2	2	3	3
大豆粕	10	10	8	6	7
花生粕	5.5	5	6	6	8
菜籽粕	3.5	3	2	4	2
棉籽粕	—	—	3	4	2
预混剂	5	5	5	5	5
合计	100	100	100	100	100

2.饲喂叶黄素

黄色皮肤的土鸡经过一个产蛋周期，体内黄色素几乎耗尽，皮肤颜色变白、无光，影响销售。皮肤的黄色几乎完全来自饲料中的叶黄素类物质，为了保持黄皮肤的特征，饲料中供给的叶黄素必须达到或超过鸡体丧失的量。含有叶黄素物质的饲料有苜蓿草粉、黄玉米、金盏花草粉、万寿菊草粉等，其中黄玉米是饲料中叶黄素的主要来源。因此，在饲养土鸡或肉蛋兼用型土鸡时，饲料中要使用黄玉米。黄玉米中的叶黄素使土鸡皮肤产生理想黄色的时间需要三周左右，鸡龄越大，叶黄素从饲料中转移到皮肤的比例也越高，但叶黄素在鸡体内的氧化也越多。土鸡进入育肥期后，饲料中必须含有足够量的叶黄素，以保证土鸡皮肤的理想黄色。

3.自由采食

肉蛋兼用型土鸡在产蛋期为防止鸡只过肥影响产蛋，养殖场（户）都采用限制饲养的方法。进入育肥期后，饲养目的发生了改变，由产蛋转向育肥，故应停止限制饲养，改为自由采食。通常是每天早、中、晚各喂料一次，或者是将一天的饲料一次投给，让土鸡自由采食。但要注意，不管采用何种投料方式，当天的料都必须当天吃完，不剩料，第二天再添加新料。

4.禁用药物

药物残留会给人体造成许多严重的危害，除变态反应外，多表现为极其难解决的慢性毒性反应，如病原菌的耐药性转移与传播，对人类造成二重感染、致畸作用、致突变作用、致癌作用和激素样作用等。这些作用一般较难发现，诊断和治疗困难。我国政府对食品安全问题十分重视，对违规者始终保持严打政策。肉蛋兼用型土鸡进入育肥期后，很短时间内就会上市。因此，各养殖场（户）应高度注意，饲料中不得再添加任何药物，以确保无公害化。因药物残留被查处，不但会给自己造成重大经济损失，而且会负严重的法律责任。

5.全进全出

在出栏时，应集中一天将同一鸡舍内的育肥鸡一次出空，切不可零星出售，以利鸡舍空置，为迎接下一批土鸡争取时间。

第八章

土鸡养殖场的经营管理

提示

　　鸡场的经营管理是指为实现一定的经营目标，按照鸡只的生物学规律和经济规律，运用经济、法律、行政及现代科学技术和管理手段，对鸡场的生产、销售、劳动报酬、经济核算等活动进行计划、组织和调控的科学，它属于管理科学的范畴，其核心是充分、有效地利用鸡场的人力、物力和财力，以达到高产和高效的目的。土鸡养殖规模虽然相对较小，但也不能忽视经营管理。

第一节　市场调查和经营预测

　　通过市场调查，掌握市场信息，才能进行正确预测，从而做出科学决策，使生产的产品适销对路，取得较好的经济效益。

一、市场调查方法

　　市场调查方法很多，养鸡企业要根据自己的实际情况，选择简便易行的方法。

（一）按调查方法分类

1.询问法

询问法是根据已经拟订的调查事项，通过面谈、书面或电话等，向被调查者提出询问、征求意见的办法来搜集市场资料（信息）。

2.观察法

观察法是指在被调查者不知道的情况下，由调查人员从旁边观察记录被调查者的行为和反应，以取得调查资料的方法。

3.表格调查法

表格调查法是指采用一定的调查表格或问卷形式来搜集资料的方法。

4.样品征询法

样品征询法是通过试销、展销、选样订货、看样订货，一方面推销商品，一方面征询意见的方法。

（二）按调查的范围分类

1.全面调查法

全面调查法即一次性普遍调查。搜集的资料全面、详细、精确，但费时、费力，成本较高。

2.重点调查法

重点调查法即通过对一些重点单位（或消费者）的调查，达到基本了解全局情况的目的。

3.典型市场调查

典型市场调查是指通过对具有代表性的市场的调查，达到全面了解某一方面问题的目的。由于调查对象少，可以集中人力、物力和时间进行深入细致的了解。

4.间接市场调查

间接市场调查是指利用其他有关部门提供的调查积累资料，来推测市场需求变化等。

5.抽样调查

抽样调查是从需要了解的整体中，抽出其中的一个组成部分进行调查，从而推断出整体情况。但抽取的样品要有代表性。

二、经营预测

经营预测是根据所掌握的信息资料，对未来影响土鸡场生产经营活动的各种因素和经营成果进行科学的估计和推测。经营预测是土鸡场决策和制订计划的依据，只有科学准确的预测，才能进行正确的决策。土鸡场的经营预测包括市场供求及价格预测、生产经营条件预测（如科学技术、国家政策、资源条件等预测）以及经营成果预测等。必须掌握翔实的资料，采用科学的方法，才能使预测科学准确。

第二节　经营决策

经营决策就是土鸡场为了确定远期和近期的经营目标和实现这些目标对有关的一些重大问题做出最优的选择的决断过程。土鸡场经营决策的内容很多，大到土鸡场的生产经营方向、经营目标、远景规划，小到规章制度的制定、生产活动的具体安排等，土鸡场饲养管理人员每时每刻都在做决策。决策的正确与否，直接影响到经营效果。正确的决策是建立在科学预测的基础上的，必须遵循一定的决策程序，采用科学的方法。

一、决策的程序

决策程序见图8-1。

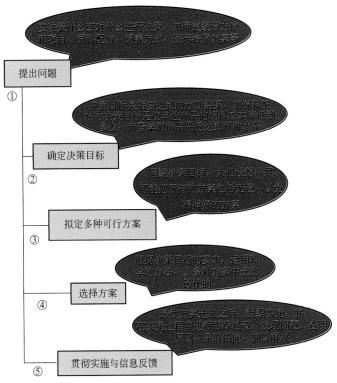

图8-1 决策程序

二、常用的决策方法

经营决策的方法较多，生产中常用的决策方法有下面几种：

1.比较分析法

比较分析法是将不同的方案所反映的经营目标实现程度的指标数值进行对比，从中选出最优方案的一种方法。如对不同品种的饲养结果分析，可以选出一个能获得较好经济效益的品种。

2.综合评分法

综合评分法就是通过选择对不同的决策方案影响都比较大的经济

技术指标，根据它们在整个方案中所处的地位和重要性，确定各个指标的权重，把各个方案的指标进行评分，并依据权重进行加权得出总分，以总分的高低选择决策方案的方法。例如在土鸡场决策中，选择建设鸡舍时，往往既要投资效果好，又要设计合理、便于饲养管理，还要有利于防疫等。这类决策，称为多目标决策。但这些目标（即指标）对不同方案的反映有的是一致的，有的是不一致的，采用对比法往往难以提出一个综合的数量概念。为求得一个综合的结果，需要采用综合评分法。

3.盈亏平衡分析法

这种方法又叫量、本、利分析法，是通过揭示产品的产量、成本和盈利之间的数量关系进行决策的一种方法。产品的成本划分为固定成本和变动成本。固定成本如土鸡场的管理费、固定职工的基本工资、折旧费等，不随产品产量的变化而变化；变动成本是随着产销量的变动而变动的，如饲料费、燃料费和其他费用。利用成本、价格、产量之间的关系列出总成本的计算公式：

$$PQ=F+QV+PQx$$

$$Q=F/[P(1-x)-V]$$

式中　F——某种产品的固定成本；

　　　x——单位销售额的税金；

　　　V——单位产品的变动成本；

　　　P——单位产品的价格；

　　　Q——单盈亏平衡时的产销量。

如企业计划获利 R 的产销量 Q_R 为：

$$Q_R=(F+R)/[P(1-x)-V]$$

4.决策树法

利用树形决策图进行决策的基本步骤：绘制树形决策图，然后计算期望值，最后剪枝，确定决策方案。如某养殖场可以养快大型肉鸡和土鸡，只知道其年赢利额如表8-1所示，请做出决策选择。

表 8-1　不同方案在不同状态下的年赢利额　　　单位：万元

项目	概率	土鸡		快大型肉鸡	
状态		畅销0.9	滞销0.1	畅销0.8	滞销0.2
饲料涨价A	0.3	15	−20	20	−5
饲料持平B	0.5	30	−10	25	10
饲料降价C	0.2	45	5	40	20

（1）绘制决策树形示意图　□表示决策点，由它引出的分枝叫决策方案枝；○表示状态点，由它引出的分枝叫状态分枝，上面标明了这种状态发生的概率；△表示结果点，它后面的数字是某种方案在某状态下的收益值（图8-2）。

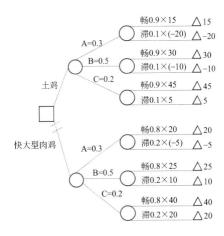

图8-2　决策树形示意图

（2）计算期望值

① 土鸡=[0.9×15+0.1×(−20)]×0.3+[0.9×30+0.1×(−10)]×0.5+(0.9×45+0.1×5)×0.2=24.7

② 快大型肉鸡=[0.8×20+0.2×(−5)]×0.3+(0.8×25+0.2×10)×0.5+(0.8×40+0.2×20)×0.2=22.7

（3）剪枝　由于土鸡的期望值是24.7，大于快大型肉鸡的期望值，剪掉快大型肉鸡项目，留下的土鸡项目就是较好的项目。

第三节　计划管理

计划是决策的具体化，计划管理是经营管理的重要职能。计划管理就是根据土鸡场确定的目标，制订各种计划，用以组织协调全部的生产经营活动，达到预期的目的和效果。

生产经营计划是土鸡场计划体系中的一个核心计划，土鸡场应制订详尽的生产经营计划。生产经营计划主要有以下计划构成：

一、鸡群周转计划

鸡群周转计划是制订其他各项计划的基础，只有制订好周转计划，才能制订饲料计划、产品计划和引种计划。制订鸡群周转计划，应综合考虑鸡舍、设备、人力、成活率、鸡群的淘汰和转群移舍时间、数量等，保证各鸡群的增减和周转能够完成规定的生产任务，又最大限度地降低各种劳动消耗。

二、产蛋计划

商品土蛋鸡场的主要生产指标是商品蛋的产量。按照周转计划确定的每天产蛋鸡的存栏量可以计算出每天、每周、每月的产蛋量，然后可以制订全年产蛋计划。

三、饲料计划

各种生长鸡的日耗料量不同，产蛋鸡的平均日耗料量是稳定的。有了周转计划，就可以制订饲料计划。

四、其他计划

其他计划包括产品销售计划、基本建设和设备更新计划、财务计划等。

第四节　生产管理

一、制定技术操作规程

技术操作规程是土鸡场生产中按照科学原理制定的日常作业的技术规范。鸡群管理中的各项技术措施和操作等均通过技术操作规程加以贯彻。同时，它也是检验生产的依据。不同饲养阶段的鸡群，按其生产周期制定不同的技术操作规程，如育雏（或育成鸡、土种鸡、商品土鸡等）技术操作规程。

技术操作规程的主要内容：对饲养任务提出生产指标，使饲养人员有明确的目标；指出不同饲养阶段鸡群的特点及饲养管理要点；按不同的操作内容分段列条、提出切合实际的要求等。

技术操作规程的指标要切合实际，条文要简明具体，易于落实执行。

二、制定综合防疫制度

为了保证鸡群的健康和安全生产，场内必须制定严格的防疫制度，规定对场内、外人员、车辆与场内环境、装蛋放鸡的容器进行及时或定期的消毒，鸡舍在空出后的冲洗、消毒，各类鸡群的免疫，种鸡群的检疫等。

三、劳动定额和劳动组织

（一）劳动定额

土鸡场的劳动定额标准如表8-2所示。

（二）劳动组织

根据规模大小合理安排劳动力，提高直接从事养鸡生产的人员比例；建立健全岗位责任制，奖勤罚懒，知人善用，充分调动饲养管理人员的劳动积极性；注重人员培训，不断提高专业技术水平。

表 8-2 土鸡场的劳动定额标准

工种	工作内容	定额 /（只/人）	工作条件
土种鸡育雏育成（平养）	饲养管理，一次清粪	2500～3000	饲料到舍；自动饮水，人工供暖或集中供暖
土种鸡育雏育成（笼养）	饲养管理，经常清粪	2500～3000	
土种鸡网上-地面饲养	饲养管理，一次清粪	2500～3000	人工供料捡蛋，自动饮水
土种鸡笼养	饲养管理	3000	两层笼养，全部手工操作
商品土鸡（育雏）	舍内圈养	2000	人工供暖喂料、人工饮水
商品土鸡（育肥）	圈养	2000～3000	人工喂料、自动饮水
	放养	1000～2000	人工补料、补水，其他管理
商品土蛋鸡	圈养	2500	人工喂料、自动饮水
	放养	800～1000	人工补料、补水，其他管理
孵化	由种蛋到出售鉴别雏	10000枚/人	蛋车式，全自动孵化器
清粪	人工笼下清粪	20000～40000	清粪后人工运至200米左右处

第五节 记录管理

　　记录管理就是将土鸡场生产经营活动中的人、财、物等消耗情况及有关事情记录在案，并进行规范、计算和分析。记录管理有利于了解和掌握土鸡场的生产经营状况以及市场的变化，有利于进行经济核算，探寻降低生产成本的途径，有利于不断提高生产和管理水平，所以要做好记录管理。

　　土鸡场记录的基本原则是及时准确、简洁完整、便于分析。

一、土鸡场记录的内容

土鸡场记录的内容因土鸡场的经营方式与所需的资料而有所不同，一般应包括以下内容：

（一）生产记录

1.鸡群生产情况记录

鸡的品种、饲养数量、饲养日期、死亡淘汰、产品产量等。

2.饲料记录

将每日不同鸡群（或以每栋或栏或群为单位）所消耗的饲料按其种类、数量及单价等记录下来。

3.劳动记录

记录每天出勤情况、工作时数、工作类别以及完成的工作量、劳动报酬等。

（二）财务记录

1.收支记录

收支记录包括出售产品的时间、数量、价格、去向及各项支出情况。

2.资产记录

固定资产类，包括土地、建筑物、机器设备等的占用和消耗；库存物资类，包括饲料、兽药、在产品、产成品、易耗品、办公用品等的消耗数、库存数量及价值；现金及信用类，包括现金、存款、债券、股票、应付款、应收款等。

（三）饲养管理记录

1.饲养管理程序及操作记录

饲喂程序、光照程序、鸡群的周转、环境控制等记录。

2.疾病防治记录

隔离消毒情况、免疫情况、发病情况、诊断及治疗情况、用药情况、驱虫情况等。

（四）土鸡场生产记录表格

1. 育雏育成记录表格

育雏育成记录表见表5-8。

2. 产蛋和饲料消耗记录表格

产蛋和饲料消耗记录表见表8-3。

表 8-3　产蛋和饲料消耗记录表

品种＿＿＿＿＿　鸡舍栋号＿＿＿＿＿　填表人＿＿＿＿＿

日期	日龄	鸡数/只	死亡淘汰/只	饲料消耗/千克		产蛋量				饲养管理情况	其他情况
				总耗量	只耗量	数量/枚	重量/千克	破蛋率/%	只日产蛋量/克		

3.收支记录表格

收支记录表见表8-4。

表8-4　收支记录表

收入		支出		备注
项目	金额/元	项目	金额/元	
合计				

二、土鸡场记录的分析

通过对土鸡场的记录进行整理、归类，可以进行分析。分析是通过一系列分析指标的计算来实现的。利用成活率、母鸡存活率、蛋重、日产蛋率、饲料转化率等技术效果指标来分析生产资源的投入和产出产品数量的关系以及分析各种技术的有效性和先进性。利用经济效果指标分析生产单位的经营效果和赢利情况，为土鸡场的生产提供依据。

第六节　资金管理

一、流动资产管理

流动资产是指可以在一年内或者超过一年的一个营业周期内变现或者运用的资产，流动资产是企业生产经营活动的主要资产，主要包括土鸡场的现金、存款、应收款及预付款、存货（原材料、在产品、产成品、低值易耗品）等。流动资产周转状况影响到产品的成本。土鸡场要加强流动资产的管理，加速流动资产周转，主要措施如下：

1.减少物资的积压和浪费

加强采购物资的计划性，防止盲目采购，合理地储备物质，避免积压资金，加强物资的保管，定期对库存物资进行清查，防止鼠害和霉烂变质。

2.缩短生产周期

科学地组织生产过程，采用先进技术，尽可能缩短生产周期，节约使用各种材料和物资，减少在产品资金占用量。

3.加强产品销售

及时销售产品，缩短产成品的滞留时间，减少流动资金占有量和占有时间。

4.及时清理债权债务

加速应收款项的回收，减少成品资金和结算资金的占用量。

二、固定资产管理

固定资产是指使用年限在1年以上，单位价值在规定的标准以上，并且在使用中长期保持其实物形态的各项资产。土鸡场的固定资产主要包括建筑物、道路、种鸡和蛋鸡以及其他与生产经营有关的设备、器具、工具等。

（一）固定资产的折旧

1.固定资产折旧的概念

固定资产的长期使用中，在物质上要受到磨损，在价值上要发生损耗。固定资产的损耗，分为有形损耗和无形损耗两种。有形损耗是指固定资产由于使用或者自然力的作用，使固定资产物质上发生磨损。无形损耗是由于劳动生产率提高和科学技术进步而引起的固定资产价值的损失。

固定资产在使用过程中，由于损耗而发生的价值转移，称为折旧，由于固定资产损耗而转移到产品中去的那部分价值叫折旧费或折旧额，用于固定资产的更新改造。

2.固定资产折旧的计算方法

土鸡场提取固定资产折旧，一般采用平均年限法。它是根据固定资产的使用年限，平均计算各个时期的折旧额，因此也称直线法。

其计算公式：

固定资产年折旧额＝[原值-(预计残值-清理费用)]/ 固定资产预计使用年限

固定资产年折旧率＝固定资产年折旧额/固定资产原值×100%＝(1-净残值率)/折旧年限×100%

（二）提高固定资产利用效果的途径

一是根据轻重缓急，合理购置和建设固定资产，把资金使用在经济效果最大而且在生产上迫切需要的项目上；二是购置和建造固定资产要量力而行，做到与单位的生产规模和财力相适应；三是各类固定资产务求配套完备，注意加强设备的通用性和适用性，使固定资产能充分发挥效用；四是建立严格的使用、保养和管理制度，对不需要的固定资产应及时采取措施，以免浪费，注意提高机器设备的时间利用强度和它的生产能力的利用程度。

第七节　成本和赢利核算

产品的生产过程，同时也是生产的耗费过程。企业要生产产品，就会发生各种生产耗费。生产过程的耗费包括劳动对象（如饲料）的耗费、劳动手段（如生产工具）的耗费以及劳动力的耗费等。企业为生产一定数量和种类的产品而发生的直接材料费（包括直接用于产品生产的原材料、燃料动力费等）、直接人工费用（直接参加产品生产的工人工资以及福利费）和间接制造费用的总和构成产品成本。土鸡场通过成本和费用核算，可发现成本升降的原因，降低成本费用耗费，提高产品的竞争能力和盈利能力。

一、做好成本核算的基础工作

1.建立健全各项原始记录

原始记录是计算产品成本的依据，直接影响着产品成本计算的准确性。所以，饲料、燃料动力的消耗、原材料、低值易耗品的领退，生产工时的耗用，畜禽变动、畜群周转、畜禽死亡淘汰、产出产品等原始记录都必须认真如实地登记。

2.建立健全各项定额管理制度

土鸡场要制定各项生产要素的耗费定额（标准）。定额的制定应建立在先进技术的基础上，对经过十分努力仍然达不到的定额标准或不需努力就很容易达到定额标准的定额，要及时进行修订。

3.加强财产物资的计量、验收、保管、收发和盘点制度

财产物资的实物核算是其价值核算的基础。做好各种物资的计量、收集和保管工作，是加强成本管理、正确计算产品成本的前提条件。

二、土鸡场成本的构成项目

1.饲料费

饲料费指饲养过程中耗用的自产和外购的混合饲料和各种饲料原料的费用。凡是购入的按买价加运费计算，自产饲料一般按生产成本（含种植成本和加工成本）进行计算。

2.劳务费

因从事养鸡的生产管理劳动，包括饲养、清粪、捡蛋、防疫、捉鸡、消毒、购物运输等所支付的工资、资金、补贴和福利等。

3.新母鸡培育费

从雏鸡出壳养到140天的所有生产费用。如是购买育成新母鸡，按买价计算，自己培育的按培育成本计算。

4.医疗费

医疗费指用于鸡群的生物制剂、消毒剂及检疫费、化验费、专家咨询服务费等。但已包含在育成新母鸡成本中的费用和配合饲料中的药物及添加剂费用不必重复计算。

5.固定资产折旧维修费

固定资产折旧维修费指禽舍、笼具和专用机械设备等固定资产的基本折旧费及修理费。根据鸡舍结构和设备质量、使用年限来计损。如是租用土地，应加上租金；土地、鸡舍等都是租用的，只计租金，不计折旧。

6.燃料动力费

燃料动力费指饲料加工、鸡舍保暖、排风、供水、供气等耗用的燃料和电力费用，这些费用按实际支出的数额计算。

7.利息

利息是指对固定投资及流动资金一年中支付利息的总额。

8.杂费

杂费包括低值易耗品费用、保险费、通信费、交通费、搬运费等。

9.税金

税金指用于养鸡生产的土地、建筑设备及生产销售等一年内应交的税金。

以上九项构成了土鸡场生产成本，从构成成本比重来看，饲料费、新母鸡培育费、人工费、折旧费、利息五项价额较大，是成本项目构成的主要部分，应当重点控制。

三、成本的计算方法

成本的计算方法分为分群核算和混群核算。

（一）分群核算

分群核算的对象是不同类别的鸡群，如土种鸡群、育雏群、育成群、商品土鸡群等，按鸡群的不同类别分别设置生产成本明细账户，分别归集生产费用和计算成本。如土鸡场的主产品是种蛋、雏鸡、土鸡蛋、土鸡，副产品是粪便。土鸡场的饲养费用包括育成鸡的培育费、饲料费、折旧费、人工费等。

1. 鲜蛋成本

每千克鲜蛋成本 = [土蛋鸡生产费用 - 土鸡残值 - 非鸡蛋收入(包括粪便、淘汰鸡等收入)] / 土母鸡总产蛋量

2. 种蛋成本

每枚种蛋成本 = [土种鸡生产费用 - 土种鸡残值 - 非种蛋收入(包括鸡粪、商品蛋、淘汰鸡等收入)] / 土母鸡出售种蛋数

3. 雏鸡成本

$$每只雏鸡成本 = \frac{全部的孵化费用 - 副产品价值}{成活一昼夜的雏鸡只数}$$

4. 商品土鸡成本

$$每只商品土鸡成本 = \frac{基本鸡群的饲养费用 - 副产品价值}{出售的商品土鸡数}$$

5. 育雏鸡成本

$$每只育雏鸡成本 = \frac{育雏期的饲养费用 - 副产品价值}{育雏期末存活的雏鸡数}$$

6. 育成鸡成本

$$每只育成鸡成本 = \frac{育雏育成期的饲养费用 - 粪便、死淘鸡收入}{育成期末存活的鸡数}$$

（二）混群核算

混群核算的对象是每类畜禽，按畜禽种类设置生产成本明细账户归集生产费用和计算成本。资料不全的小规模鸡场常用。

1. 种蛋成本

每个种蛋成本=[期初存栏种鸡价值+购入种鸡价值+本期种鸡饲养费-期末种鸡存栏价值-出售淘汰种鸡价值-非种蛋收入(商品蛋、鸡粪等收入]/本期收集种蛋数

2. 土鸡蛋成本

鸡蛋成本=(期初存栏蛋鸡价值+购入蛋鸡价值+本期蛋鸡饲养费用-期末蛋鸡存栏价值-淘汰出售蛋鸡价值-鸡粪收入)/本期产蛋总重量

3. 每只商品土鸡成本

每只商品土鸡成本=(期初存栏鸡价值+购入鸡价值+本期鸡饲养费用-期末鸡存栏价值-淘汰出售鸡价值-鸡粪收入)/出售的商品土鸡数

四、赢利核算

赢利核算是对土鸡场的赢利进行观察、记录、计量、计算、分析和比较等工作的总称，所以赢利也称税前利润。赢利是企业在一定时期内的货币表现的最终经营成果，是考核企业生产经营好坏的一个重要经济指标。

（一）赢利的核算公式

赢利=销售产品价值-销售成本=利润+税金

（二）衡量赢利效果的经济指标

1. 销售收入利润率

销售收入利润率表明产品销售利润在产品销售收入中所占的比重。销售收入利润率越高，经营效果越好。

销售收入利润率=产品销售利润/产品销售收入×100%

2. 销售成本利润率

它是反映生产消耗的经济指标，在畜产品价格、税金不变的情况

下，产品成本愈低，销售利润愈多，销售成本利润率愈高。

销售成本利润率＝产品销售利润/产品销售成本×100%

3.产值利润率

它说明实现百元产值可获得多少利润，用以分析生产增长和利润增长的比例关系。

产值利润率＝利润总额/总产值×100%

4.资金利润率

把利润和占用资金联系起来，反映资金占用效果，具有较大的综合性。

资金利润率＝利润总额/流动资金和固定资金的平均占用额×100%

第八节　提高土鸡场效益的措施

提高效益需要从提高市场竞争力、挖掘内部潜力、降低生产成本等方面着手。

一、生产适销对路的产品

在市场调查和预测的基础上，进行正确的、科学的决策提高劳动生产率，根据市场需求的变化生产符合市场需求的质优量多的产品。

二、提高资金的利用效率

提高流动资金和固定资金利用率，减少流动资金占有量，降低固定资产的折旧费，降低产品的生产成本。

三、提高劳动生产率

人工费用可占生产成本的10%左右，应加强控制，购置必要的设备减轻劳动强度，提高工作效率。如使用自动饮水设备、自动控光装置和用小车送料等，可极大提高工作效率。制定合理的劳动指标和计酬考核办法，多劳多得、优劳优酬。

四、提高产品产量

据成本理论可知，如生产费用不变，产量与成本呈反比例关系，提高鸡群生产性能，增加禽产品产量，是降低产品成本的有效途径。

1.选择优良品种

优良品种生产性能高，提供适宜的条件和科学饲养管理就可以高产。

2.培育优质育成鸡

做好育雏育成期饲养管理工作，培育出体形良好、均匀一致、适时开产的优质土种母鸡或土蛋鸡。

3.科学饲养管理

创造适宜的环境条件，保证充足全面的营养，减少应激发生，充分发挥鸡群生产性能；饲料中添加沸石、松针叶、酶制剂、益生素、中药等添加剂能改善土鸡消化功能、促进饲料养分的充分吸收利用、增加机体抵抗力、提高生产性能；制订好生产计划，根据市场需求组织生产。

4.减少疾病发生

做好隔离、卫生、消毒和免疫接种工作，避免疾病发生。

五、降低饲料费用

养鸡成本中，饲料费用要占到70%以上，有的专业场（户）可占到90%，因此它是降低成本的关键。

1.选择质优价廉的饲料

购买饲料和饲料原料要货比三家，选择质量好、价格低的；充分利用当地自产或价格低的原料，严把质量关，控制原料价格，并选择好可靠有效的饲料添加剂，以实现同等营养条件下的饲料价格最低；

自配饲料一般可降低日粮成本，饲料原料特别是蛋白质饲料廉价时，可购买预混料自配全价料，蛋白质饲料价高时，购买浓缩料自配全价料成本低；玉米是土鸡场主要能量饲料，可占饲粮比例60%以上，直接影响饲料的价格，在玉米价格较低时可储存一些以备价格高时使用；大力开发饲料资源，如可以充分利用一些青绿多汁饲料、叶类、野生虫类，也可以人工育虫，增加蛋白质饲料来源，降低饲料成本。

2.减少饲料消耗

根据土鸡不同生长阶段对营养的需要给以不同营养浓度的饲料，在保证正常生长和生产的前提下，尽量减少饲料消耗；饲槽结构合理，放置高度适宜，不同饲养阶段选用不同的饲喂用具，避免鸡采食过程中抓、刨、弹、甩等浪费饲料；投料要准、稳，减少饲料撒落；土鸡要及时放养，充分利用自然界中大量、零星的天然饲料，减少饲料消耗；制订周密饲料计划，按照计划采购各种饲料并妥善保存，减少饲料积压，防止霉变和污染；断喙要标准，第一次断喙不良的鸡可在12周左右补断；鸡舍保持适宜温度，一般应为15～28℃，舍内温度过低，鸡采食量增多；定期驱虫灭鼠，及时淘汰劣质鸡等。

第九章

土鸡场的疾病控制

提示

　　疾病成为制约养鸡业发展的一个重大因素，但疾病控制中存在误区，即注重治疗而忽视综合防制，容易给生产带来损失。疾病控制必须树立和贯彻"预防为主""防重于治"和"养防并重"的疾病防制原则，加强综合防制。

第一节　综合防制措施

一、科学的饲养管理

　　饲养管理工作不仅影响土鸡的生长发育，更影响到土鸡的健康和抗病能力。只有科学的饲养管理，才能维持机体健壮，增强机体的抵抗力和抗病力。

1.提供优质饲料，保证营养供给

　　饲料为土鸡提供营养，土鸡依赖从饲料中摄取的营养物质而生长发育、生产和提高抵抗力，从而维持其健康和生产性能的发挥。提供的饲料营养物质不足、过量或不平衡，不但会引起土鸡的营养缺乏症和中毒症，而且影响机体的免疫力，增强对疾病的易感性。山林果园放养土鸡，要注意饲料的补充，补充的饲料要优质。

2.充足卫生的饮水

水是最重要、最廉价的营养素，也最容易受到污染和传播疾病。所以土鸡场要保证水的充足供应和卫生。

3.保持适宜的环境条件

（1）保持适宜的饲养密度　密度过大，鸡群拥挤，不但会造成鸡只采食困难，而且空气中尘埃和病原微生物数量较多，最终引起鸡群发育不整齐、免疫效果差、易感染疾病和啄癖；密度过小，不利于鸡舍保温，也不经济。密度的大小应随品种、日龄、鸡舍的通风条件、饲养的方式和季节等做调整。

（2）保持适宜的光照　光照是一切生物生长发育和繁殖所必需的。合理的光照制度和光照强度不但可以促进家禽的生长发育，而且可以提高机体的免疫力和抗病能力。土鸡光照强度不能过强，否则易引起鸡群骚动不安、神经质和啄癖等现象。

（3）保持适宜的温湿环境　适宜的温湿环境既可以提高鸡群的饲料转化率，又可以防止环境应激所造成的不利影响。应根据不同阶段土鸡的温度和湿度需要提供最适宜的温湿度。

（4）保持适量的通风换气　土鸡的生长、生产过程中，需要大量的氧气，排出大量的二氧化碳，舍内空气容易污浊，有害气体、二氧化碳、微粒和微生物等含量极易超标，给土鸡健康和生长带来巨大危害，特别是冬季舍内封闭严密，有害气体含量更易超标，刺激呼吸道黏膜，引起黏膜损伤，使病原易于侵袭。所以，山林果园养殖土鸡必须注意通风换气，保证舍内空气新鲜洁净。

二、健全卫生防疫制度

1.做好隔离

（1）土鸡场要远离市区、村庄和居民点，远离屠宰场、畜产品加工厂等污染源　土鸡场周围要有隔离物，大门、生产区入口要建宽度同门口一样、长度是汽车轮一周半以上的消毒池。各鸡舍门口要建与门口同宽、长1.5米的消毒池。

（2）进入土鸡场和鸡舍的人员和用具要消毒　车辆进入土鸡场前应彻底消毒，以防带入疾病；土鸡场谢绝参观，不可避免时，应严格按防疫要求消毒后方可进入；禁止其他养殖户、鸡蛋收购商和收购死鸡的小贩进入鸡舍和放养场地，病鸡和死鸡经疾病诊断后应深埋，并做好消毒工作，严禁销售和随处乱丢。

（3）育雏区与放养区要分离　不同日龄的鸡分别养在不同的区域，并相互隔离。

（4）采用全进全出的饲养制度　采取全进全出的饲养制度是有效防止疾病传播的措施之一。全进全出能够做到净场和充分的消毒，切断疾病传播的途径，从而避免患病鸡只或病原携带者将病原传染给日龄较小的鸡群。

（5）选择洁净的雏鸡　订购雏鸡前要了解孵化场的孵化和养殖户的养殖情况，选择孵化质量好（养殖户饲养的土鸡成活率高，疾病少）的孵化场家购买雏鸡。

2. 搞好卫生

（1）保持鸡舍和鸡舍周围环境卫生　及时清理鸡舍的污物、污水和垃圾，定期打扫鸡舍顶棚和设备用具的灰尘，每天进行适量的通风，保持鸡舍清洁卫生；不在鸡舍周围和道路上堆放废弃物和垃圾。

（2）保持饲料和饮水卫生　饲料不霉变，不被病原污染，饲喂用具勤清洗消毒；饮用水符合卫生标准（人可以饮用的水鸡也可以饮用），水质良好，饮水用具要清洁，饮水系统要定期消毒。

（3）废弃物要无害化处理　粪便堆放要远离鸡舍，最好设置专门的储粪场，对粪便进行无害化处理，如堆积发酵、生产沼气或烘干等处理。病死鸡不要随意出售或乱扔乱放，防止传播疾病。

（4）放养场地的卫生　如果放养土鸡宜采取全进全出制，每出栏一批（群）鸡后清理卫生，全面消毒，并间隔20～30天后，再放养第二批鸡；如果放养面积较大，最好实行分区轮放，在一个区域放养1～2年后，再轮牧到另一区域，让其自然净化1～2年以上，消毒后再放养比较理想。

（5）防害灭鼠　昆虫可以传播疫病，要保持舍内干燥和清洁，夏季使用化学杀虫剂防止昆虫滋生繁殖；老鼠不仅可以传播疫病，而且可以污染和消耗大量的饲料，危害极大，必须注意灭鼠。每2～3个月进行一次彻底灭鼠。

3.健全防疫制度

根据本地区鸡病发生和流行的特点，制定合理的免疫程序，有计划地进行免疫接种，控制主要传染病的发生，用最少的投入达到最好的防病效果。

三、消毒

消毒是指用化学或物理的方法杀灭或清除传播媒介上的病原微生物，使之达到无传播感染水平的处理，即不再有传播感染的危险。消毒的目的在于消灭被病原微生物污染的场内环境、鸡体表面及设备器具上的病原体，切断传播途径，防止疾病的发生或蔓延。

1.进入人员、车辆及物品消毒

土鸡场入口必须设置车辆消毒池（图9-1）和人员消毒室（图9-2）。车辆消毒池的长度为进出车辆车轮2个半周长以上，消毒液可用消毒时间长的复合酚类和3%～5%氢氧化钠溶液，最好再设置喷雾消毒装置，喷雾消毒液可用1∶1000的氯制剂；人员消毒室设置淋浴装置、熏蒸衣柜和场区工作服，进入人员必须淋浴，换上清洁消毒好的工作衣帽和鞋后方可进入，工作服不准穿出生产区，应定期更换清洗消毒。鸡舍入口设置脚踏消毒池，工作人员进入鸡舍前脚踏消毒液，工作前要洗手消毒（消毒后不要立即使用清水冲洗）。进入场区的所有物品、用具都要消毒。舍内的用具要固定，不得互相串用。非生产性用品，一律不能带入生产区。

2.场区消毒

场区每周消毒1～2次，可以使用5%～8%的火碱溶液或5%的甲醛溶液进行喷洒。特别要注意土鸡场道路和鸡舍周围的消毒。放养的土鸡场地要在土鸡淘汰后空闲1～2个月后再饲养。

图9-1 车辆消毒设施及消毒

(a) 雾化中的人员通道　　　　　　(b) 更衣室紫外线灯消毒

图9-2 土鸡场大门口的人员消毒室

3.鸡舍消毒

土鸡上市或转群后，要对土鸡舍进行彻底的清洗消毒。消毒的步骤：先将鸡舍各个部位清理、清扫干净，然后用高压水枪冲洗洁净鸡舍墙壁、地面、屋顶和不能移出的设备用具，最后用5%～8%的火碱溶液喷洒地面、墙壁、屋顶、笼具、饲槽等2～3次，用清水洗刷饲槽和饮水器。其他不易用水冲洗和火碱消毒的设备可以用其他消毒液涂擦。鸡入舍后，在保持鸡舍清洁卫生的基础上，每周消毒2～3次。

4.带鸡消毒

育雏舍和种用土鸡舍每周带鸡消毒1～2次，发生疫病期间每天带鸡消毒1次。选用高效、低毒、广谱、无刺激性的消毒药。冬季寒冷不要把鸡体喷得太湿，消毒液可以使用温水稀释。夏季带鸡消毒有利于降温和减少热应激死亡。

5.发生疫情后的紧急消毒

养鸡场一旦发生疫情应迅速采取措施，隔离病鸡，控制传染，防止健康鸡受到感染，以便将疫病控制在最小范围内加以扑灭。如病鸡数量不多，应淘汰所有病鸡。对未病鸡群应根据诊断结果使用疫苗进行紧急预防接种或用药物进行预防。

对病鸡污染的房舍、饲料、垫料、用具、场地、粪便进行严格的消毒。病死鸡应进行深埋或焚烧。深埋可挖一深坑，一层死鸡一层生石灰，或用有效的消毒剂。禁止从疫区运出鸡群及其产品或饲料。场内发生传染病应报告防疫部门和附近养鸡场。做好防疫记录。

> **注意**
>
> 消毒时清洁至关重要。彻底的机械清除是有效消毒的前提。消毒表面不清洁会阻止消毒剂与细菌的接触，使杀菌效力降低。例如鸡舍内有粪便、羽毛、饲料、蜘蛛网、污泥、脓液、油脂等存在时，常会降低所有消毒剂的效力。在许多情况下，表面的清洁甚至比消毒更重要。进行各种表面的清洗时，除了刷、刮、擦、扫外，还应用高压水枪冲洗，效果会更好，有利于有机物溶解与脱落。消毒前应先将可拆除的用具运至舍外清扫、浸泡、冲洗、刷刮，并反复消毒，舍内从屋顶、墙壁、门窗，直至地面和粪池、水沟等按顺序认真清理和冲刷干净，然后再进行消毒。

四、免疫接种

免疫接种通常是使用疫苗和菌苗等生物制剂作为抗原接种于土鸡体内，激发机体产生特异性免疫力。

1.免疫程序

免疫程序是土鸡场根据本地区、本场疫病发生情况（疫病流行种类、季节、易感日龄）、疫苗性质（疫苗的种类、免疫方法、免疫期）和其他情况制定的适合本场的一个科学的免疫计划。制定免疫程序要考虑土鸡的用途和饲养期，本地或本场的疾病疫情，母源抗体的水平，疫苗种类及其性质和鸡体的状况等因素。免疫程序要符合本地或本场的实际。土鸡参考的免疫程序见表9-1、表9-2。

表9-1　土种鸡和肉蛋兼用型鸡的免疫程序

日龄	疫苗	接种方法
1	马立克病疫苗	皮下或肌内注射
7～10	新城疫+传支弱毒苗（H_{120}） 复合新城疫+多价传支灭活苗	滴鼻或点眼 颈部皮下注射0.3毫升/只
14～16	传染性法氏囊炎弱毒苗	饮水
20～25	新城疫Ⅱ或Ⅳ系+传支弱毒苗（H_{52}） 禽流感灭活苗	气雾、滴鼻或点眼 皮下注射0.3毫升/只
30～35	传染性法氏囊炎弱毒苗	饮水
40	鸡痘疫苗	翅膀内侧刺种或皮下注射
60	传喉弱毒苗	点眼
80	新城疫Ⅰ系	肌内注射
90	传喉弱毒苗	点眼
110～120	传染性脑脊髓炎弱毒苗（土蛋鸡不免疫） 新城疫+传支+减蛋综合征苗 禽流感油苗 传染性法氏囊炎油苗（土蛋鸡不免疫）	饮水 肌内注射 皮下注射0.5毫升/只 肌内注射0.5毫升/只
280	鸡痘弱毒苗	翅膀内侧刺种或皮下注射
320～350	新城疫+传染性法氏囊炎油苗（土蛋鸡不接种传染性法氏囊炎油苗）禽流感油苗	肌内注射0.5毫升/只 皮下注射0.5毫升/只

表9-2　散养商品土鸡免疫参考程序

日龄	疫苗名称	接种途径	剂量	备注
1	马立克疫苗	皮下注射	1～1.5头份	孵房进行，强制免疫
5	鸡传染性支气管炎（H_{120}）	滴鼻点眼	1头份	
7	鸡痘弱毒冻干疫苗	刺种	1头份	夏秋季使用（6～10月）
10	鸡传染性法氏囊炎弱毒疫苗	饮水	2头份	

日龄	疫苗名称	接种途径	剂量	备注
14	新城疫Ⅳ系弱毒疫苗（克隆30更合适）	饮水	2头份	强制免疫
15	禽流感油乳制灭活疫苗（H_5、H_9）	皮下注射	0.3毫升/只	强制免疫
20	鸡传染性法氏囊炎弱毒疫苗	饮水	2头份	
30	新城疫La Sota系或Ⅱ系	饮水	2头份	强制免疫
34	禽流感油乳制灭活疫苗（H_5、H_9）	肌内注射	0.3～0.5毫升/只	强制免疫
45	传染性支气管炎弱毒疫苗（H_{52}）	饮水	2头份	
60（100）	鸡新城疫Ⅰ系弱毒疫苗	肌内注射	1头份	若放养周期为180日龄，此次注射可推迟到100日龄

注：各饲养者应根据鸡的品种、饲养环境、防疫条件、抗体监测等制定出适合当地实际的免疫程序。

2.免疫接种注意事项

（1）加强鸡群的饲养管理　加强饲养管理，维持鸡群健康，健康的鸡群才能获得良好的免疫效果。

（2）注重疫苗的选择和管理　根据本地疫病情况，选择相应的疫苗，严格按要求运输保管，注意疫苗的失效期。按照说明书使用合适的免疫方法。

（3）根据本地鸡病流行情况，制定合理的免疫程序　主要包括什么时间接种什么疫苗，剂量多少，采用什么接种方法，间隔多长时间加强免疫等。首先考虑危害严重的常发病，其次是本地特有的疫病。雏鸡首免时间要考虑母源抗体对机体免疫力的影响，一般母源抗体要降到一定程度才能取得好的免疫效果。还应考虑疫苗间的互相干扰。

（4）严格免疫接种操作　不同的疫苗有最佳的接种途径，应该按照疫苗要求的途径进行免疫；免疫操作时，疫苗要摇匀，剂量要准确、方法要得当、免疫要确实，同时免疫用具要严格清洗消毒，以保证免疫操作的质量，提高免疫的效果。

（5）注意工作人员卫生防护　工作人员穿工作服、戴工作帽、穿工作鞋，工作前后手应消毒。

（6）做好预防接种记录　记录包括日期、品种、数量、日龄、疫苗名称、生产厂家、批号、生产日期、保存温度、稀释剂和稀释浓度、接种方法等。

（7）加强免疫期间的管理　疫苗接种期间要停止在饮水中加消毒剂和带鸡消毒。疫苗接种后要保证鸡舍有良好的通风，保持空气新鲜，有足够的饮水；要防止应激反应，可在饮水中加抗应激药（如电解多维、速补14等），还可用免疫增强剂以提高免疫效果。

五、药物防治

适当合理地使用药物有利于细菌性和寄生虫病的防治，但不能完全依赖和滥用药物。土鸡场药物防治程序见表9-3。

表9-3　土鸡场药物防治程序

病名	预防和治疗
鸡白痢和大肠杆菌病	1～25日龄，氟苯尼考1%～1.2%饮水，连用5～6天；再用盐酸土霉素0.02%～0.05%拌料，连用5～7天
大肠杆菌和霉形体病	20～35日龄，磺胺类药物，如磺胺间甲氧嘧啶（SMM）或磺胺对甲氧嘧啶（SMD）0.05%～0.1%拌料，连用5～7天；然后用泰乐菌素0.05%～0.1%饮水或罗红霉素0.005%～0.02%饮水，连用5～7天
组织滴虫病	要注意雏鸡的驱虫，一般在15日龄可用丙硫咪唑每千克体重5毫克进行驱虫。发生本病时，对鸡群可使用甲硝唑（灭滴灵），按0.025%的比例拌料，连喂2～3天；对个别重症病鸡可用本药1.25%悬浮直接滴服，用量为1毫升/羽，每天2～3次，连用2～3天
球虫病	鸡只在2周龄后可用马杜霉素、氨丙啉等添加在饲料中，定期预防。发病时可用磺胺-5-甲氧嘧啶、常山酮、青霉素等进行治疗
绦虫病	每批鸡要定期驱虫2～3次，发病时可用氯硝柳胺每千克体重100～300毫克，丙硫咪唑每千克体重10毫克进行治疗。预防用量减半
蛔虫病	每批鸡要定期驱虫1～2次，发病时可用左旋咪唑、丙硫咪唑每千克体重10毫克，枸橼酸哌嗪每千克体重250毫克进行治疗。预防用量减半

第二节　土鸡的常见病防治

一、禽流感

　　禽流感又称欧洲鸡瘟或真性鸡瘟，是由 A 型流感病毒（AIV）引起的一种急性、高度接触性和致病性传染病。该病毒不仅血清型多，而且自然界中带毒动物多、毒株易变异，这为禽流感病的防治增加了难度。

（一）流行特点

　　AIV 在低温下抵抗力较强，故冬季和春季容易流行，各种品种和不同日龄的禽类均可感染（火鸡和鸡最易感）。该病发病急、传播快，致死率可达 100%，在禽类中主要依靠水平传播，如空气、粪便、饲料和饮水等。目前我国高致病性禽流感有以下三个特点：一是呈点状散发状态；二是南方疫情主要集中在华中、华东、华南等区域；三是病毒毒力相对较强。

（二）临床症状

1.高致病型

　　防疫过的鸡只出现渐进式死亡，未防疫的突然死亡且死亡率高，可能见不到明显症状就已迅速死亡，喙发紫，窦肿胀，头部水肿和肉冠发绀、充血和出血，腿部也可见到充血和出血（图9-3）；体温升高达43℃，采食减少或不食，可能有呼吸道症状如打喷嚏、窦炎、结膜炎、鼻分泌物增多，呼吸极度困难、甩头，严重的可致窒息死亡；冠和肉髯发绀，呈黑红色，头部及眼睑水肿、流泪；有的出现绿色下痢，蛋鸡产蛋量明显下降，甚至绝产，蛋壳变薄，破蛋、沙皮蛋、软蛋、小蛋增多。

(a) 头部水肿、肉髯肿胀

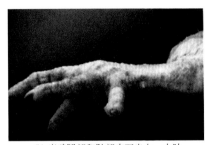
(b) 病鸡腿部和趾部皮下出血、水肿

图9-3　禽流感

2.温和型

产蛋量突然下降，蛋壳颜色变浅、变白；排白色稀粪，伴有呼吸道症状。

（三）病理变化

1.高致病型

眼结膜炎；腹部皮下有黄色胶冻样浸润；全身浆膜、肌肉出血；心包液增多呈黄色，心冠脂肪及腹壁脂肪出血；肝脏肿胀，肝叶之间出血；气囊炎；口腔黏膜、腺胃、肌胃角质层及十二指肠出血；盲肠扁桃体出血、肿胀、突出表面；腺胃糜烂、出血，肌胃溃疡、出血（图9-4）；头骨、枕骨、软骨出血，脑膜充血；卵泡变性，输卵管退化，卵黄性腹膜炎，输卵管内有蛋清样分泌物；胰腺有点状白色坏死灶；个别肌胃皮下出血。

2.温和型

胰腺上有白色坏死点，卵泡变形、坏死；往往伴有卵黄性腹膜炎。

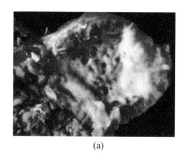 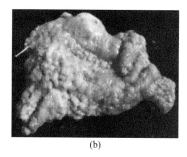

(a)　　　　　　　　　　　　　　　　(b)

图9-4　病理变化

（a）腺胃乳头出血溃疡，黏膜上附有脓性分泌物；（b）禽流感病鸡输卵管、子宫黏膜水肿

（四）防制

1.加强对禽流感的综合控制措施

不从疫区或疫病流行情况不明的地区引种或调入鲜活禽产品；控制外来人员和车辆进入养鸡场，确需进入则必须消毒；不混养家畜家禽；保持饮水卫生；粪尿污物无害化处理（家禽粪便和垫料堆积发酵或焚烧，堆积发酵不少于20天）；做好全面消毒工作；流行季节每天可用过氧乙酸、次氯酸钠等开展1～2次带鸡消毒和环境消毒，平时每2～3天带鸡消毒一次；病死鸡不能在市场流通，应进行无害化处理。

2.免疫接种

某一地区流行的禽流感只有一个血清型，接种单价疫苗是可行的，这样可有利于准确监控疫情。当发生区域不明确血清型禽流感时，可采用多价疫苗免疫。疫苗免疫后的保护期一般可达6个月，但为了保持可靠的免疫效果，通常每三个月应加强免疫一次。免疫程序：首免5～15日龄，每只0.3毫升，颈部皮下注射；二免50～60日龄，每只0.5毫升；三免开产前进行，每只0.5毫升；产蛋中期的40～45周龄鸡只进行四免。

3.发病后淘汰

禽流感发生后，严重影响肉鸡的生长，影响蛋种鸡的产蛋和蛋壳质量，发生高致病性禽流感的病鸡必须扑杀，发生低致病性禽流感的病鸡一般也没有饲养价值，应淘汰。

二、新城疫

鸡新城疫（ND）俗名鸡瘟，是由副黏病毒引起的一种主要侵害鸡和火鸡的急性、高度接触性和高度毁灭性的疾病。临床上表现为呼吸困难、下痢、神经症状、黏膜和浆膜出血，常呈败血症。典型新城疫死亡率可达90%以上。

（一）流行特点

本病不分品种、年龄和性别，均可发生。病鸡是本病的主要传染源，在其症状出现前24小时可由口、鼻分泌物和粪便中排出病毒，在症状消失后5～7天停止排毒。轻症病鸡和临床健康的带毒鸡也是危险的传染源。本病传播途径是消化道和呼吸道，污染的饲料、饮水、空气和尘埃以及人和用具都可传染本病。

现阶段出现了一些新的特点，主要表现是：常引起免疫鸡群发生非典型症状和病变，其死亡率和病死率较低（由于免疫程序不当或有免疫抑制性疾病的存在）；疫苗免疫保护期缩短，保护力下降；多与传染性法氏囊炎、禽流感、霉形体病、大肠杆菌病等混合感染；发病日龄越来越小，最小可见10日龄内的雏鸡发病等。

（二）临床症状

潜伏期3～5天。根据病程将此病分为典型和非典型两类。

1.典型新城疫

体温升至44℃左右，精神沉郁，垂头缩颈，翅膀下垂；鼻、口腔内积有大量黏液，呼吸困难，发出"咯咯"音；食欲废绝，饮水量增加；排出黄绿色或灰白色水样粪便［图9-5（a）］，有时混有血液；冠及肉髯呈青紫色或紫黑色；眼半闭或全闭呈睡眠状；嗉囊充满气体或黏液，触之松软，从嘴角流出带酸臭味的液体；病程稍长，部分病鸡出现头颈向一侧扭曲，一肢或两肢、一翅或两翅麻痹等神经症状［图9-5（b）］。感染鸡的死亡率可达90%以上。

(a) 病鸡排出的黄绿色稀粪　　　　(b) 病鸡出现神经症状，扭颈

图9-5　典型ND临床症状

2.非典型新城疫

幼龄鸡患病，主要表现为呼吸道症状，如呼吸困难，张口喘气，常发出"呼噜"音，咳嗽，口腔中有黏液，往往有摆头和吞咽动作，进而出现歪头、扭头或头向后仰，站立不稳或转圈后退，翅下垂或腿麻痹，安静时可恢复常态，还可采食，若稍遇刺激，又显现各种异常姿势，如此反复发作，病程可达10天以上，死亡率一般为30%～60%。成年鸡患病，主要表现为产蛋量急剧下降，软壳蛋明显增多（图9-6），部分鸡出现拉稀，产蛋量下降幅度差异较大，一般为25%～48%。

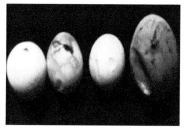

图9-6　非典型ND临床症状

（三）病理变化

典型新城疫腺胃病变具有特征性，如腺胃黏膜水肿，乳头和乳头间有出血点或出血斑，严重时出现坏死和溃疡，在腺胃与肌胃、腺胃与食道交界处有出血带或出血点［图9-7（a）］。肠道黏膜有出血斑点，盲肠扁桃体肿大、出血和坏死［图9-7（b）］；心外膜、肺、腹膜均有出血点；产蛋母鸡的卵泡和输卵管严重出血，有时卵泡破裂形成卵黄性腹膜炎。

非典型新城疫的病变较典型新城疫轻，常见腺胃乳头有少量出血点，肠道黏膜出血点也较少，坏死性变化少见，但盲肠扁桃体肿胀、出血较明显。

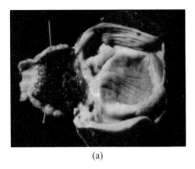
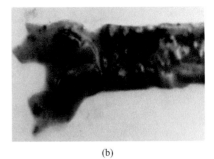

(a)   (b)

图9-7　典型ND病理变化

（a）病鸡腺胃充血、出血，腺胃与食管处有黄色溃疡灶；（b）病鸡回肠黏膜和盲肠扁桃体出血、坏死

（四）防制

1.加强饲养管理

做好土鸡场的隔离和卫生工作，严格消毒管理，减少环境应激，减少疫病传播机会，增强机体的抵抗力。

2.定期进行抗体检测

通过血清学的检测手段，可以及时了解鸡群安全状况和所处的免疫状态，便于科学制定免疫程序，并有利于考核免疫效果和发现疫情动态。

3.控制好其他疾病的发生

控制好传染性法氏囊炎（IBD）、鸡痘、霉形体病、大肠杆菌病、传染性喉气管炎和传染性鼻炎的发生。

4.科学免疫接种

首次免疫至关重要，首免时间要适宜，最好通过检测母源抗体水平或根据种鸡群免疫情况来确定。没有检测条件的一般在7～10日龄首次免疫。首免可使用弱毒活苗（如Ⅱ系苗、Ⅳ系苗、克隆30苗）滴鼻、点眼。由于新城疫病毒毒力变异，可以选用多价的新城疫灭活苗和弱毒苗配合使用，效果更好。有的1日龄雏鸡用"活苗+灭活苗"同时免疫，能有效地克服母源抗体的干扰，使雏鸡获得可靠的免疫力，免疫期可达90天以上。

5.发生新城疫后采取的措施

（1）隔离饲养，紧急消毒　一旦发生本病，应采取隔离饲养措施，防止疫情扩大；对鸡舍和鸡场环境以及用具进行彻底的消毒，每天进行1～2次带鸡消毒；垃圾、粪污、病死鸡和剩余的饲料进行无害化处理；不准病死鸡出售流通；病愈后对全场进行全面彻底消毒。

（2）紧急免疫或应用血清及其制品　小鸡用28/86、Ⅳ系、克隆30、新威灵（含鸡新城疫病毒VG/GA株）等疫苗；成鸡用Ⅰ系、克隆Ⅰ系等疫苗，2月龄内1～1.5倍量，100天后3倍量肌内注射，同时加入疫苗保护剂和免疫增强剂提高效果。或在发病早期注射抗ND血清、卵黄抗体（每2～3毫升），可以减轻症状和降低死亡率。还可注射由高免卵黄液透析、纯化制成的抗NDV因子进行治疗，以提高鸡体免疫功能，清除进入体内的病毒。

（3）ND的辅助治疗

【方法一】　紧急免疫接种2天后，连续5天应用病毒灵、病毒唑、恩诺沙星或中药制剂等药物进行对症辅助治疗，以抑制NDV繁殖和防止继发感染。同时，在饲料中添加蛋白质、多维等营养，饮水中添加黄芪多糖，以提高机体非特异性免疫力。

【方法二】　如与大肠杆菌或支原体等病原混合感染，用清瘟败毒散或瘟毒速克拌料2500克/1000千克，连用5天。四环素类（强力霉素1克/10千克或新强力霉素1克/10千克）饮水，或支大双杀（主要成分是乳酸环丙沙星、硫酸安普霉素、黏膜修复剂、甲氧苄啶等）混饮（100克/300千克），连用3～5天，同时水中加入速溶多维。

三、传染性法氏囊炎

鸡传染性法氏囊炎也称鸡传染性法氏囊病（IBD），是由传染性法氏囊病毒（属于双链核糖核酸病毒属）感染引起雏鸡发生的一种急性、接触性传染病。该病的主要特征是病鸡腹泻，厌食，震颤和重度虚弱，法氏囊肿大、出血，骨骼肌出血，肾小管尿酸盐沉积。

（一）流行特点

病鸡和隐性感染的鸡是本病的主要传染源，通过被污染的饲料、饮水和环境传染易感鸡只。本病通过呼吸道、消化道、眼结膜高度接触传染。吸血昆虫和老鼠带毒也会成为传染媒介。3～6周龄鸡最易感，成年鸡一般呈隐性经过。发病突然，发病率高，呈特征性的尖峰式死亡曲线，痊愈也快。由于疫苗的不断使用和病毒毒力的变化，出现了强毒株（vIBDV）和超强毒株（vvIBDV），发病日龄明显变宽，病程延长（传统是2～15周龄，现在最早1日龄，最晚产蛋鸡都可发病，病程有的可达2周以上）；出现亚临床症状（幼雏畏寒怕冷，拉白色稀粪，肌肉出血明显，法氏囊仅轻度出血、水肿；发病率低，死亡淘汰率高）；易与鸡新城疫、慢性呼吸道病、大肠杆菌病、曲霉菌病并发感染或易继发鸡新城疫、慢性呼吸道病、马立克病、禽流感、曲霉菌病、盲肠肝炎等。

（二）临床症状

本病的潜伏期2～3天，特点是幼、中雏鸡突然大批发病。有些病鸡在病的初期排粪时发生努责，并啄自己的肛门，随后出现羽毛蓬乱，低头沉郁［图9-8（a）］，采食减少或停食，畏寒发抖，嘴插入羽毛中，紧靠热源旁边或拥挤、扎堆在一起。病鸡多在感染后第2～3天排出特征性的米汤样白色稀粪［图9-8（b）］，肛门周围的羽毛被粪便污染。病鸡的体温可达43℃，有明显的脱水、电解质失衡、极度虚弱、皮肤干燥等症状。

本病将在暴发流行后，转入不显任何症状的隐性感染状态，称为亚临床型。该型炎症反应轻，死亡率低，不易被人发现，但由于产生的免疫抑制严重，所以危害性大，造成的经济损失更为严重。

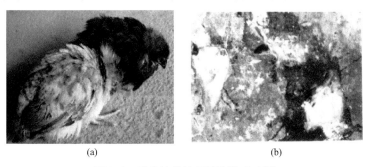

(a)   (b)

图9-8　鸡传染性法氏囊炎临床症状
（a）病鸡精神不振，缩头、翅膀下垂，羽毛蓬乱；（b）病鸡排米汤样白色稀粪

（三）病理变化

本病特征性的病变是：感染2～3天后法氏囊的颜色变为淡黄色，浆膜水肿，有时可见黄色胶冻样物，严重时出血明显，个别法氏囊呈紫黑色，切开后，常见黏膜皱褶有出血点、出血斑［图9-9（a）］，也常见有奶油状物或黄色干酪状物栓塞。此时法氏囊要比正常的肿大2～3倍，感染4天后法氏囊开始缩小（萎缩），其颜色变为白陶土样；感染5日后法氏囊明显萎缩，仅为正常法氏囊的1/10～1/5，此时呈蜡黄色。

病鸡的腿部、腹部及胸部肌肉有出血条纹和出血斑（图9-10），胸腺肿胀出血，肾脏肿胀呈褐红色，尿酸盐沉积明显；腺胃的乳头周围充血、出血；泄殖腔黏膜出血；盲肠扁桃体肿大、出血；脾脏轻度肿大，表面有许多小的坏死灶；肠内的黏液增多，腺胃和肌胃的交界处偶有出血点［图9-9（b）］。

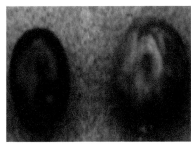

(a)

(b)

图9-9　法氏囊及腺胃与肌胃交界处的病理变化
（a）病鸡法氏囊肿大、出血，外观呈紫红色葡萄状，切面可见皱褶增宽，充血、出血、坏死；（b）病鸡的腺胃和肌胃交界处黏膜出血

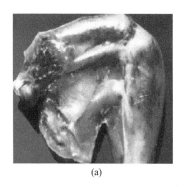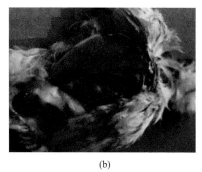

(a)   (b)

图9-10　病鸡肌肉的病理变化

（a）病鸡腿内侧肌肉有条状或斑状出血；（b）病鸡肌肉干燥无光，胸肌有出血条纹和斑块

（四）防制

1.加强饲养管理和环境消毒工作

平时给鸡群以全价营养饲料，密度适当，通风良好，温度适宜，增进鸡体健康。实行全进全出的饲养制度，认真做好清洁卫生和消毒工作，减少或杜绝各种应激因素的刺激等，对防止本病发生和流行具有十分重要的作用。鸡舍和场地可采用2%火碱、0.3%次氯酸钠、0.2%过氧乙酸、1%农福、复合酚消毒剂以及5%甲醛等喷洒消毒，如鸡舍密封，最后可用甲醛熏蒸（40毫升/米^3）消毒。在有鸡的情况下可用过氧乙酸、复合酚消毒剂或农福带鸡消毒。

2.免疫接种

（1）种鸡的免疫接种　雏鸡在10～14日龄时用活苗首次免疫，10天后进行第二次饮水免疫，然后在18～20周龄和40～42周龄用灭活苗各免疫1次。

（2）商品土鸡的免疫接种　种鸡已经进行很好的免疫接种，商品土鸡在10～14日龄时进行首次饮水免疫，隔10天进行第2次饮水免疫；种鸡产蛋前没有免疫接种，商品土鸡在5日龄进行弱毒苗滴口，15日龄、32日龄分别进行免疫接种。

3.发病后的措施

① 保持适宜的温度（气温低的情况下适当提高舍温），每天带鸡消毒，适当降低饲料中的蛋白质含量。

② 注射高免卵黄，20日龄以下0.5毫升/只，20～40日龄1.0毫升/只，40日龄以上1.5毫升/只，病重者再注射一次，与新城疫混合感染时，可以注射含有新城疫和法氏囊抗体的高免卵黄。

③ 水中加入硫酸安普霉素［1克/（2～4）千克］或强效阿莫仙［1克/（10～20）千克］）或杆康（乳酸环丙沙星、硫酸新霉素、头孢噻肟钠、磷霉素钙、减耐因子、特异增效剂）、普杆仙（主要成分阿莫西林、舒巴坦钠）等复合制剂防治大肠杆菌。

④ 水中加入肾宝（主要是淫羊藿、肉苁蓉、山药等优质名贵药材）或肾肿灵（乌洛托品、钾、钠等）或肾可舒（乌洛托品、亚硒酸钠VE、枸橼酸钠、护肾精华、排毒肽等）等消肿、护肾保肾，并加入速溶多维。

⑤ 中药制剂囊复康、板蓝根治疗。

四、传染性支气管炎

传染性支气管炎（IB）是由鸡传染性支气管炎病毒（AIBV，属于冠状病毒属的病毒）引起的一种急性高度接触性呼吸道传染病。其临床特征是咳嗽，打喷嚏，气管、支气管啰音；蛋鸡产蛋量下降，蛋质量变差，肾脏肿大，有尿酸盐沉积。

（一）流行特点

病鸡和康复后的带毒鸡是本病的传染源。病毒主要存在于病鸡呼吸道的渗出物中，也可在肾脏和法氏囊中增殖。病鸡恢复后，可以带毒35天左右，在此期间传染的危险性最大。病鸡可从呼吸道排出病毒，通过空气飞沫传播，也可经蛋传播。

各种年龄的鸡均可感染发病，尤以10～21日龄的雏鸡最易感。外环境过冷、过热，通风不畅，营养不良，特别是维生素和矿物质缺乏都可促使本病的发生，易感鸡和病鸡同舍饲养，往往在48小时内即可出现症状。

本病传播迅速，几乎在同一时间内，有接触史的易感鸡都发病。雏鸡的病死率为25%～90%，6周龄以上的土鸡很少死亡。

（二）临床症状

1.呼吸型

突然出现有呼吸道症状的病鸡并迅速波及全群为本病特征。5周龄以下的雏鸡几乎同时发病，流鼻液、鼻肿胀；流泪、咳嗽、气管啰音、打喷嚏、伸颈张口喘息［图9-11（a）］；病鸡羽毛松乱、怕冷、很少采食；个别鸡出现下痢；成年鸡主要表现轻微的呼吸症状和产蛋量下降，产软蛋、畸形蛋、沙壳蛋，蛋清如水样，没有正常鸡蛋那种浓蛋白和稀蛋白之间的明确分界线，蛋白和蛋黄分离以及蛋白黏着于蛋壳膜上。雏鸡感染IBV，可造成永久性损伤，到产蛋时产蛋数量和质量下降［图9-11（b）］，当支气管炎性渗出物形成干酪样栓塞物堵塞气管时，因窒息可导致死亡。

(a)　　　　　　　　　(b)

图9-11　呼吸型

（a）传染性支气管炎的病雏鸡精神沉郁，张口呼吸；
（b）病鸡产白壳蛋、沙壳蛋、畸形蛋、软壳蛋、小蛋（下面的为正常蛋）

2.肾型

该型多发于20～50日龄的幼鸡，主要继发于呼吸型IB，病鸡精神沉郁，病鸡迅速消瘦，厌食、饮水量增加、排灰白色稀粪或白色淀粉样糊状粪便（图9-12）。可引起肾功能衰竭导致中毒和脱水死亡。

3.腺胃型

该型仅发现于商品肉鸡中，初期一般不易发现。病鸡食欲下降、精神不振、闭眼、奄翅或羽毛蓬乱、生长迟缓；苍白消瘦，采食和饮水急剧下降，拉黄色或绿色稀粪，粪便中有未消化或消化不良的饲料；流泪、眼肿，严重者导致失明；发病中后期极度消瘦，衰竭死亡；有的有呼吸道症状；发病后期鸡群表现发育极不整齐，大小不均。病鸡为同批正常鸡的1/3～1/2不等，出现腹泻，不食，最后由于衰弱而死亡。

 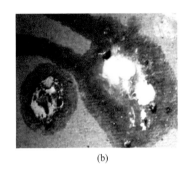

(a) (b)

图9-12 肾型

（a）肾型传染性支气管炎的病鸡羽毛逆立，精神萎靡；
（b）患肾型传染性支气管炎的病鸡排白色淀粉样糊状粪便

（三）病理变化

1.呼吸型

病鸡气管、鼻道和窦中有浆液性、卡他性和干酪样渗出物。在死亡雏鸡的气管中可见到干酪样栓塞物；气囊浑浊、增厚或有干酪样渗出物，鼻腔至咽部蓄有浓稠黏液，产蛋鸡卵泡充血、出血、变性，腹腔内带有大量卵黄浆，雏鸡输卵管萎缩、变形、缩短（图9-13）。

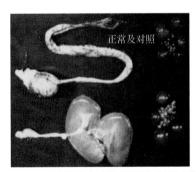

图9-13 呼吸型病鸡输卵管的病理变化

2.肾型

病鸡肾肿大、苍白，肾小管和输尿管充满尿酸盐结晶，并充盈扩张，呈花斑状（图9-14），泄殖腔内有大量石灰样尿酸盐沉积；法

图9-14　肾型病鸡肾脏及
输尿管的病理变化

氏囊、泄殖腔黏膜充血，充积胶样物质；肠黏膜充血，呈卡他性肠炎，全身血液循环障碍而使肌肉发绀，皮下组织因脱水而干燥，呈火烧样；输卵管上皮受病毒侵害时可导致分泌细胞减少和局灶性组织阻塞、破裂，造成继发性卵黄性腹膜炎等。感染IB后的土鸡，特别在育雏阶段会造成输卵管的永久性损伤；开产前20天左右的土鸡，会造成输卵管发育受阻，输卵管狭小、闭塞、部分缺损、囊泡化，到性成熟时，输卵管长度和重量尚不及正常成熟输卵管的1/3～1/2，进而影响以后的产蛋，甚至有的鸡不能产蛋。

3.腺胃型

以腺胃病变为主的病鸡或死鸡，外观极为消瘦。剖解后可见皮下和肠膜几乎没有脂肪；腺胃极度肿胀，肿大如球状，腺胃壁可增厚2～3倍，胃黏膜出血、溃疡，腺胃乳头平整融合，轮廓不清，可挤出脓性分泌物，个别土鸡腺胃乳头有出血，肌胃角质膜个别有溃疡，胰腺肿大、出血，盲肠扁桃体肿大、出血，十二指肠黏膜有出血，空肠和直肠及泄殖腔黏膜有不同程度的出血。有的鸡肾脏肿大，肾脏和输尿管积有白色尿酸盐。

（四）防制

本病迄今尚无特效药物治疗，必须认真做好预防工作。

1.加强饲养管理，搞好鸡舍内外卫生和定期消毒工作

鸡舍、饲养管理用具、运动场地等要经常保持清洁卫生，实施定期消毒，严格执行隔离病鸡等防治措施。注意调整鸡舍的温度，

避免过挤，注意通风换气。对病鸡要喂给营养丰富且易消化的饲料。

2.孵化用种蛋洁净卫生

孵化用的种蛋必须来自健康鸡群，并经过检疫证明无病原污染后方可入孵，以杜绝通过种蛋传染此病。

3.定期接种疫苗

种鸡在开产前要接种传染性支气管炎油乳苗。肉仔鸡7～10日龄使用传染性支气管炎弱毒苗（H_{120}）点眼、滴鼻，间隔2周再用传染性支气管炎弱毒苗（H_{52}）饮水；若有其他类型在本地区流行，可在7～10日龄使用传染性支气管炎弱毒苗（H_{120}）点眼、滴鼻，同时注射复合传染性支气管炎油乳苗。

4.发病后的措施

（1）注射高免卵黄　鸡群中一旦发生本病，应立即采用高免卵黄液对全群进行紧急接种或饮水免疫，对发病鸡的治疗和未发病鸡的预防都有很好的作用。为巩固防治效果，经24小时后可重复用药1次，免疫期可达2周左右。10天后普遍接种1次疫苗，间隔50天再接种1次，免疫期可持续1年。

（2）消毒　加强环境和鸡舍消毒，雏鸡阶段和寒冷季节要提高舍内温度。

（3）药物治疗　饮水中加入肾肿灵或肾消丹等利尿保肾药物5～7天；同时饮水中加入速溶多维或维康等缓解应激，提高机体抵抗力。然后使用下列方法治疗：

【方法一】　饲料中加入0.15%的病毒灵＋支喉康或咳喘灵（主要成分为板蓝根、蟾酥、合成牛黄、胆膏、甘草等）拌料连用5天。

【方法二】　用百毒唑（内含病毒唑、金刚乙胺、增效因子等）饮水（10克/100千克水），麻黄冲剂1000克/1000千克拌料。

五、鸡传染性脑脊髓炎

鸡传染性脑脊髓炎，俗称流行性震颤，是一种主要侵害雏鸡的病毒性传染病，以共济失调和头颈震颤为主要特征。

（一）流行特点

本病病毒可以引起各种年龄的鸡发病，但以1～3周龄的雏鸡最易感。也可引起野鸡和鹌鹑感染发病。本病多发生于冬、春两季。其传播方式是由媒介卵感染雏鸡，病雏再通过粪便向外界排出病毒，在育雏期间进行相互传播，经口感染是主要的传播途径。病毒传播非常迅速，在比较短的时间内，可使全群受到侵害。雏鸡的发病率一般是10%～20%，最高可达60%，死亡率平均为10%左右。

（二）临床症状

发病时病鸡全身震颤，眼神呆滞，接着出现进行性共济失调，驱赶时易发现；走路不稳，常蹲伏，驱赶时不能控制速度和步态，摇摆移动，用跗关节或小腿走动，最后倒于一侧（图9-15）。有时可暂时地恢复常态，但刺激后再度发生震颤，病鸡最后因不能采食和饮水衰竭死亡，死亡率可达15%～35%。

（三）病理变化

剖检病雏时可见有肝脏脂肪变性，脾脏肿大及轻度肠炎。组织学检查时可见有一种非化脓性的脑脊髓炎病变，尤其在小脑、延脑和脊髓的灰质中比较明显，主要是神经细胞的变性，血管周围的淋巴细胞浸润（图9-16）；在脑干、延脑和脊髓的灰质中见有神经胶质细胞增生，从小脑的颗粒层进入分子层。胶质细胞增生为典型病变。

图9-15 鸡传染性脑脊髓炎的临床症状

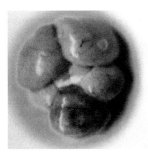

图9-16 脑脊髓炎的小脑脑膜出血

（四）防制

本病在治疗上尚无特效药物。雏鸡发病，一般是将发病鸡群扑杀并作无害化处理。预防本病的关键措施是对种鸡进行免疫，通过种蛋传给雏鸡的母源抗体可以保护雏鸡在8周左右不患此病。

目前有两类疫苗可供选择：①活毒疫苗，一种用1143毒株制成的活苗，可通过饮水法接种，鸡接种疫苗后1～2周排出的粪便中能分离出脑脊髓炎病毒，这种疫苗可通过自然扩散感染，且具有一定的毒力，对免疫日龄要求严格，应在10周龄至开产前4～5周接种疫苗，因为接种后4周内所产的蛋不能用于孵化，否则容易垂直传播引起子代发病。活毒疫苗常与鸡痘弱毒疫苗制成二联苗，一般于10周龄以上至开产前4周之间进行翼膜制种。②灭活疫苗，用野毒或鸡胚适应毒接种无特定病原体（SPF）鸡胚，取其病料灭活制成油乳剂疫苗。这种疫苗安全性好，接种后不排毒、不带毒，特别适用于无传染性脑脊髓炎病史的鸡群。可于种鸡开产前18～20周接种。

六、禽痘

禽痘是由禽痘病毒引起的一种急性传染病。

（一）流行特点

本病主要感染鸡，主要通过接触传染，脱落和碎散的痘痂是病毒散布的主要形式，一般需经损伤的皮肤和黏膜而感染。蚊子和体表寄生虫可传播本病。本病一年四季均可发生，但在春、秋两季和蚊虫活跃的季节最易流行。夏秋多为皮肤型，冬季较少，多为白喉型。

（二）临床症状

本病分为皮肤型、白喉型（黏膜型）、眼鼻型及混合型四种病型。

1.皮肤型

皮肤型是最常见的病型，病鸡冠、髯、眼皮、耳球、喙角等部位起初出现麸皮样覆盖物，继而形成灰白色小结节（图9-17），很快增大，略发黄，相互融合，最后变为棕黑色痘痂，剥去痂块可露出出血

图9-17 皮肤型临床症状

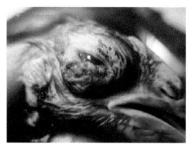

图9-18 眼鼻型临床症状

病灶。病鸡精神沉郁，食欲不振，产蛋减少，如无并发症，病鸡很少死亡。

2.白喉型（黏膜型）

该型病鸡起初流鼻液，有的流泪，经2～3天，在口腔和咽喉膜上出现灰黄白色小斑点，很快扩展，相互融合在一起，气管局部见有干酪样渗出物。由于呼吸道被阻塞，病鸡常常因窒息而死。此型禽痘可致大量鸡只死亡，死亡率可达20%～40%以上。

3.眼鼻型

该型病鸡眼鼻起初流稀薄液体，而后逐渐浓稠，眼内蓄积豆渣样物质，使眼皮胀起，严重的可导致失明（图9-18）。此型很少单独发生，往往伴随白喉型发生。

4.混合型

混合型指鸡群发病兼有皮肤型和白喉型表现。本病若有继发感染，则损失较大。尤其是当鸡只在40～80日龄左右时发病，常见诱发产白壳蛋、白羽型鸡种和肉鸡的葡萄球菌病。

（三）病理变化

皮肤型禽痘的特征性病变是局灶性表皮和其下层的毛囊上皮增生，形成结节。结节起初表现湿润，后变为干燥，外观呈圆形或不规则形，皮肤变得粗糙，呈灰色或暗棕色。结节干燥前切开，切面出血、湿润，结节结痂后易脱落，出现瘢痕。

白喉型禽痘病变出现在口腔、鼻、咽、喉、眼或气管黏膜上（图9-19）。黏膜表面稍微隆起白色结节，以后迅速增大，并常融合而成黄色、奶酪样坏死的伪白喉或白喉样膜，将其剥去可见出血糜烂，炎症蔓延可引起眶下窦肿胀和食管发炎。

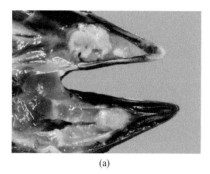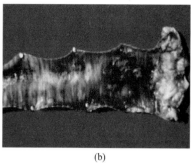

(a)   (b)

图9-19　白喉型禽痘的病理变化

（a）病鸡口腔、喉、气管表面有干酪样坏死灶；（b）白喉型禽痘
病鸡的喉头、气管黏膜处有黄白色痘状结节，痘斑不易剥离

（四）防制

1.预防措施

禽痘的预防，除了加强鸡群的卫生、管理等一般性预防措施之外，可靠的办法是使用禽痘鹌鹑化弱毒疫苗接种，多采用翼翅刺种法。第一次免疫在10～20日龄，第二次免疫在90～110日龄，刺种后7～10天观察刺种部位有无痘痂出现，以确定免疫效果。生产中可以使用连续注射器于翼部内侧无血管处皮下注射0.1毫升疫苗，方法简单确切。有的肌内注射，试验表明其保护率只有60%左右。

2.发病后的措施

（1）紧急接种　发生禽痘后也可视土鸡日龄的大小，紧急接种新城疫Ⅰ系或Ⅳ系疫苗，以干扰禽痘病毒的复制，达到控制禽痘的目的。

（2）防止继发感染　发生禽痘后，由于痘斑的形成造成皮肤外伤，这时易继发引起葡萄球菌感染而出现大批死亡。所以，大群鸡应使用广谱抗生素如0.005%环丙沙星或培氟沙星、恩诺沙星或0.001%氟苯尼考饮水，连用5～7天。

七、传染性喉气管炎

本病以高度呼吸困难和咳出带血的黏液为特征。

（一）流行特点

各种年龄的土鸡都可感染，以成年鸡多发且症状明显。病鸡和康复鸡是主要传染源，主要通过呼吸道和消化道侵入机体，接触污染的饲料、饮水和用具等可感染发病。本病以寒冷季节多发，在鸡群拥挤、通风不良、维生素缺乏、有寄生虫或慢性病感染的情况下，都可诱发或加重本病的发生。

（二）临床症状

本病主要发生于青年鸡和产蛋鸡。病初病鸡鼻腔流半透明液体，有时可见流泪，随后出现其他呼吸症状，伸颈、张口呼吸、低头缩颈，呼气发出"格噜格噜"的声音（图9-20）；咳嗽、甩头，甩出带血的黏液，鸡冠青紫色，排绿色稀粪，眼内蓄有豆渣样物质。

图9-20　传染性喉气管炎临床症状

（三）病理变化

病鸡喉部与气管肿胀、充血、出血，覆有多量浓稠黏液和黄白色假膜，并带有血凝块，鼻腔和眼内蓄有浓稠渗出物及其凝块（图9-21），眼结膜有针尖大点状出血点。病毒侵入上呼吸道后，主要在喉和气管黏膜上皮细胞核内增殖，致使上皮细胞核急剧分裂而胞体不分裂，继而呈现营养不良变化而从受损部位脱落下来。喉和气管黏膜上皮的急剧剥脱，首先由于受病毒的直接作用，其次是由于血管通透性增强，黏膜固有层高度水肿而破坏了组织的解剖学联系，加上剧烈咳嗽导致血管破裂，因而在气管和喉内堵塞混有血液的干酪样渗出物，造成土鸡的窒息死亡。

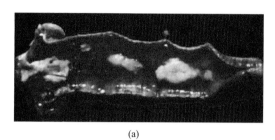

(a)

(b)

图9-21　传染性喉气管炎的病理变化

（a）病鸡喉头和气管黏膜肥厚、充血，有黄色干酪样物质；
（b）病鸡喉头黏膜出血，气管内有血栓

（四）防制

1.预防措施

（1）加强管理　平时加强饲养管理，改善鸡舍通风，注意环境卫生，不引进病鸡，并严格执行消毒卫生措施。

（2）免疫接种　本地区没有本病流行的情况下，一般不主张接种。如果免疫，首免在28日龄左右，二免在首免后6周，即70日龄左右，使用弱毒疫苗，免疫方法常用点眼法。鸡群接种后可产生一定的疫苗反应，轻者出现结膜炎和鼻炎，重者可引起呼吸困难，甚至死亡，因此所使用的疫苗必须严格按使用说明进行接种。免疫后易诱发其他病的发生，在使用疫苗的前后2天内可以使用一些抗菌药物。此外，使用传染性喉气管炎与禽痘二联苗效果也不错。

2. 发病后的措施

本病在治疗上尚无特效药物。使用抗菌药物对防治继发感染有一定作用。确诊后可以立即采用弱毒苗紧急接种，或用中药制剂也有一定效果。

八、马立克病

马立克病是由鸡马立克病病毒（马立克病病毒MDV是α-疱疹病毒，分三个血清型，Ⅰ型为致瘤的MDV，Ⅱ型为不致瘤的MDV，Ⅲ型为火鸡疱疹病毒。游离病毒对外界环境有很强的抵抗力）引起的一种淋巴组织增生性疾病。本病具有很强的传染性，可以引起外周神经、内脏器官、肌肉、皮肤、虹膜等部位发生淋巴细胞样细胞浸润并发展为淋巴瘤。本病由于具有早期感染、后期发病以及发病后无有效治疗方法的特点，具有巨大的危害性，预防工作尤显重要。

（一）流行特点

鸡是本病病毒最重要的自然宿主。不同品种、品系的鸡均能感染，但抵抗力差异很大。在年龄上，1～3月龄鸡感染率最高，死亡率50%～80%，随着鸡月龄的增加，感染率会逐渐下降；在性别上，母鸡比公鸡更易感。近年来，日本、法国、以色列等国有鹌鹑、火鸡感染本病的报道。本病的传染源是病鸡和隐性感染鸡，病毒存在于病鸡的分泌物、排泄物、脱落的羽毛和皮屑中。本病病毒可通过空气传播，也可通过消化道感染。普遍认为本病不发生垂直传播，但附着在羽毛根部或皮屑上的病原可污染种蛋外壳、垫料、尘埃、粪便而具有感染性；发病率和死亡率视免疫情况、饲养管理措施和MDV毒力强弱而差异很大。孵化场污染、育雏舍清洗消毒不彻底、育雏温度不适宜和舍内空气污浊等都可以加剧本病的感染和发生。现在出现的强毒力和强强毒力毒株加速了本病的感染发病。一般死亡率和发病率相等。如不使用疫苗，鸡群的损失可从几只到25%～30%，间或可高达60%，接种疫苗后可把损失减少到5%以下。

（二）临床症状

本病的潜伏期很长，种鸡和产蛋鸡常在16～22周龄（现在有报道发病提前）出现临床症状，可推迟至24～30周龄或60周龄以上。MD的症状随病理类型不同而异，但各型均有食欲减退、生长发育停滞、精神萎靡、软弱、进行性消瘦等共同特征。

1.神经型

该型最常见的临床症状是腿、翅的不对称性麻痹，出现单侧翅下垂和腿的劈叉姿势（图9-22）。颈部神经受损时可见鸡头部低垂、颈部向一侧歪斜；迷走神经受害时，出现嗉囊扩张或呼吸急促。

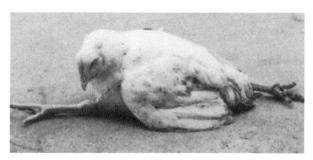

图9-22　神经型临床症状

2.内脏型

该型病鸡精神委顿，食欲减退，羽毛松乱，粪便稀薄，病鸡逐渐消瘦死亡。严重者触摸其腹部感到肝脏肿大。

3.皮肤型

该型病鸡毛囊周围肿大和硬度增加，个别鸡皮肤上出现弥漫样肿胀或结节样肿物（图9-23）；瞳孔边缘不整呈锯齿状，虹膜色素减退

图9-23　皮肤型临床症状

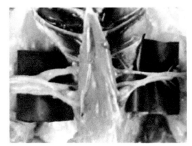
图9-24　神经型马立克病鸡神经纤维肿大

甚至消失。镜检可见眼组织单核细胞、淋巴细胞、浆细胞和网状细胞浸润。

4.眼型

该型病鸡视力减退以至失明，出现灰眼或瞳孔边缘不整如锯齿样；皮肤出现的病变既有肿瘤性的，也有炎症性的。眼观特征为皮肤毛囊肿大，镜下除在羽毛囊周围组织发现大量单核细胞浸润外，真皮内还可见血管周围淋巴细胞、浆细胞等增生。

（三）病理变化

1.神经型

该型损害常是一侧性的，表现为神经纤维肿大（图9-24）、失去光泽、颜色由白色变为灰黄色或淡黄色，横纹消失，有的神经纤维发生水肿。患神经型马立克病时，除神经组织明显受损外，性腺、肝、脾、肾等也同时受到损害，并有肿瘤形成。

2.内脏型

该型以内脏受损和出现肿瘤为特点，常见于性腺、心、肺、肝、肾、腺胃、胰腺等器官（图9-25）。肿瘤块大小不等，灰白色，质地坚硬而致密。镜检可见多形态的淋巴细胞、瘤细胞核分裂现象。

3.皮肤型

皮肤型肿瘤大部分以羽毛为中心，呈半球状突出于皮肤表面，也

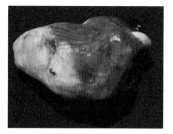

图9-25 内脏型马立克病鸡的肝、脾和心脏上有较多的肿瘤结节

有的在羽毛之间，与相邻的肿瘤融合成血块，严重的形成淡褐色结痂。

（四）防制

1.加强饲养管理

加强环境消毒，尤其是种蛋、孵化器和房舍消毒。成鸡和雏鸡应分开饲养，以减少病毒感染的机会。育雏前对育雏舍进行彻底的清扫和熏蒸消毒（1日龄雏鸡的易感性比成年鸡大1000～10000倍，比50日龄的鸡大12倍）。育雏期保持温度、湿度适宜和稳定（有资料报道过因育雏温度不稳定，忽高忽低或过低引起鸡马立克病暴发的案例），避免密度过大，进行良好的通风换气，减少环境应激。饲料要优质，避免霉变，营养全面平衡。定期进行药物驱虫，特别要加强对球虫病的防治。

2.免疫接种

1日龄雏鸡用鸡马立克病"814"弱毒疫苗，免疫期18个月，或鸡马立克病弱毒双价（CA126+SB1）疫苗，此苗预防超强毒鸡马立克病效果尤为明显，免疫期1.5年，用法同"814"弱毒疫苗。马立克病免疫应在出壳后24小时内接种（如要二免，可在14日龄左右进行）。有条件的土鸡场可在鸡胚18日龄进行胚胎接种。疫苗接种时要注意疫苗质量优良，剂量准确，注射确切，稀释方法正确，在要求的时间内用完疫苗。

九、鸡慢性呼吸道病

鸡慢性呼吸道病又称鸡败血支原体病，是由鸡败血支原体（MG）

所引起的鸡和火鸡的一种慢性呼吸道传染病，其发病特征为气喘、呼吸啰音、咳嗽、流鼻液及窦部肿胀。本病的发展缓慢，病程较长，在鸡群中可长期蔓延，其死亡率虽然不高，但危害严重。据统计，MG感染鸡群后，弱雏率增加10%左右，肉鸡体重减少38%，饲料转化率降低21%，蛋鸡产蛋率下降10%～20%。

（一）流行特点

各种日龄的鸡和火鸡均能感染本病，尤以1～2月龄的雏鸡最敏感，成鸡则多呈隐性经过。

本病的严重程度及死亡率与有无并发症和环境因素的好坏有极大关系。如并发大肠杆菌病、鸡嗜血杆菌病、呼吸道病毒感染以及环境卫生条件不良、鸡群过分拥挤、维生素A缺乏、长途运输、气雾免疫等因素，均可促使本病的暴发和复发，并加剧疾病的严重程度，使死亡率增加。

隐性带菌鸡是本病的主要传染源。病原体通过空气中的尘埃或飞沫经呼吸道感染，也可经被污染的饲料及饮水由消化道而传染，但最重要的传播途径是经卵垂直传播，它可以构成类似鸡白痢的循环传染，使本病代代相传。此外，在发病公鸡的精液和母鸡的输卵管中都发现有病原体的存在，因此在配种或授精时也可能发生传染。

经卵传播的更大危害还在于，一些生物制品厂家用带菌蛋生产疫苗，在使用这种疫苗的鸡群中人为地造成传播。因此，提倡用无特定病原体（SPF）鸡蛋生产疫苗。

图9-26　眶下窦内的豆渣样物质

（二）临床症状

病初病鸡流清鼻液、打喷嚏、甩头或做吞咽动作，有时鼻孔冒气泡、张口呼吸；一侧或两侧眼结膜发炎，流泪，有时泪液在眼角形成小气泡，眼内分泌物变成脓性时形成黄白色豆渣样渗出物并挤压眼球造成失明（图9-26）；

颜面部肿胀、咳嗽、气管啰音，呼吸时气管发出"呼噜呼噜"的声音；食欲下降，产蛋率降低，精神不佳，黄绿色下痢。

本病一般呈慢性经过，病程达一个月以上，成年鸡多呈散发，幼鸡群则往往大批流行，尤其在冬季发病最严重，发病率10%～50%不等，死亡率一般很低；但在其他诱因及并发症存在的情况下，死亡率可达30%～40%以上。

病愈鸡可产生一定程度的免疫力，但可长期带菌，尤其是种蛋带菌，因此往往成为散播本病的主要传染源。

（三）病理变化

病鸡气囊膜浑浊、增厚，有芝麻大到黄豆大黄白色豆渣样渗出物（图9-27），气囊腔内常有白色黏液，鼻腔中有淡黄色恶臭的黏液，气管黏膜增厚、出血、充血、附有豆渣样渗出物；长时间易与大肠杆菌混合感染（气囊炎）；肝脏肿胀，外被浅黄色或白色的纤维素性渗出覆盖（肝周炎）；网膜内充满干酪样渗出物，有的有卵黄性腹膜炎（腹膜炎）；心包膜浑浊、增厚、不透明，内有纤维性渗出（心包炎）。

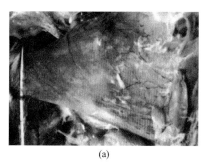 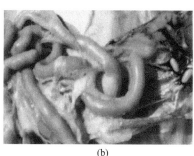

(a)   (b)

图9-27　慢性呼吸道病鸡的病理变化

（a）慢性呼吸道病鸡气囊增厚、浑浊、有黄色豆渣样物；（b）慢性呼吸道病鸡腹腔内有泡沫样液

（四）防制

1.预防措施

（1）雏鸡应来源于无污染的种鸡群或种蛋　由于本病可以垂直传

播，因此刚出壳的雏鸡即有可能感染，所以需要在早期就用药物进行预防。雏鸡出壳后，可用普杀平、福乐星、红霉素及其他药物进行饮水，连用5～7天，可有效地控制本病及其他细菌性疾病，提高雏鸡的成活率。

（2）疫苗预防　进口苗有禽脓毒支原体弱毒菌苗和禽脓毒支原体灭活苗可供应用。前者供2周龄雏鸡饮水免疫，后者适用于各种年龄的鸡，1～10周龄颈部皮下注射，10周龄以上可肌内注射，0.5毫升/次，连用2次，其间间隔4周。也有些单位试制出了皮下或肌内注射的鸡败血支原体灭活油乳苗，雏鸡和成鸡均可应用，0.5毫升/(只·次)。

2.发病后措施

【方法一】　罗红霉素或链霉素治疗，成年鸡肌内注射，20万单位/只，5～6周龄幼鸡为5万～8万单位/只，早期治疗效果很好，2～3天即可痊愈。

【方法二】　大群治疗时，在饲料中添加土霉素0.4%，连喂1周。或支原净120～150毫克/升水饮用1周，氟哌酸对本病也有疗效。

十、鸡白痢

鸡白痢是由鸡白痢沙门氏菌引起的一种常见和多发的传染病。本病特征为幼雏感染后常呈急性败血症，发病率和死亡率都高；成年鸡感染后，多呈慢性或隐性带菌，病菌可随粪便排出，因卵巢带菌，严重影响孵化率和雏鸡成活率。

（一）流行特点

各品种的鸡对本病均有易感性，以2～3周龄以内雏鸡的发病率与病死率最高，呈流行性。随着日龄的增加，鸡的抵抗力也增强。成年鸡感染常呈慢性或隐性经过。现在也常有中雏和成鸡感染发病引起较大危害的情况发生。

本病可经蛋垂直传播，也可水平传播。种鸡可以感染种蛋，种蛋感染雏鸡。孵化过程中也会引起感染。病鸡的排泄物及其污染物是传播本病的媒介物，可以传染给同群未感染的鸡。

本病的发生和死亡受多种诱因影响，环境污染，卫生条件差，温度过低，潮湿、拥挤、通风不良，饲喂不良以及其他疾病，如霉形体病、曲霉菌病、大肠杆菌病等混合感染，都可加重本病的发生和死亡。存在本病的老鸡场，雏鸡的发病率在20%～40%左右，但新传入发病的鸡场，其发病率显著增高，甚至有时高达100%，病死率也高。

（二）临床症状和病理变化

本病在雏鸡和成年鸡中所表现的病状和经过有显著的差异。本病潜伏期4～5天，故出壳后感染的雏鸡，多在孵出后几天才出现明显症状。7～10天后雏鸡群内病雏逐渐增多，在第二、三周达到高峰。发病雏鸡呈最急性者，无症状迅速死亡。稍缓者表现精神委顿，绒毛松乱，两翼下垂，缩颈闭眼昏睡，不愿走动，拥挤在一起；病初食欲减退，而后停食，多数出现软嗉症状；同时腹泻，排稀薄如糨糊状的粪便，肛门周围绒毛被粪便污染，有的因粪便干结封住肛门周围影响排粪（图9-28）；由于肛门周围炎症引起疼痛，故常发出尖锐的叫声，最后因呼吸困难及心力衰竭而死。有的病雏出现眼盲，或肢关节呈跛行症状。病程短的1天，一般为4～7天，20天以上的雏鸡病程较长，且极少死亡。耐过鸡生长发育不良，成为慢性患者或带菌者。因鸡白痢而死亡的雏鸡，如日龄短，发病后很快死亡，病变不明显；病期延长者，在心肌、肺、肝、盲肠、大肠及肌胃肌肉中有坏死灶或结节，胆囊肿大，输尿管充满尿酸盐而扩张，盲肠中有干酪样物堵塞肠腔，

(a)

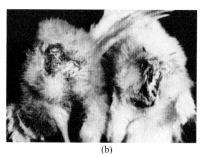
(b)

图9-28　鸡白痢临床症状

（a）病雏精神沉郁，绒毛松乱，两翼下垂，缩头颈，闭眼昏睡，拉灰白色稀粪；
（b）病雏同时腹泻，排稀薄如糨糊状粪便，肛门周围绒毛被粪便污染，糊肛

有时还混有血液，常有腹膜炎。死于几日龄的病雏，有出血性肺炎；稍大的病雏，肺有灰黄色结节和灰色肝变。育成阶段的鸡，突出的变化是肝肿大，可达正常的2～3倍，暗红色至深紫色（图9-29），有的略带土黄色，表面可见散在或弥漫性的小红点或黄白色的粟粒大小或大小不一的坏死灶，质地极脆，易破裂，因此常见有内出血变化，腹腔内积有大量血水，肝表面有较大的凝血块。

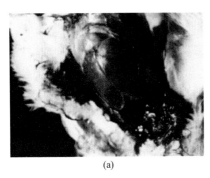
(a)

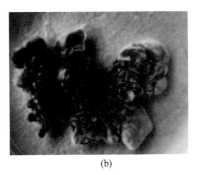
(b)

图9-29　鸡白痢病理变化

（a）病鸡肝脏肿大，有灰白色细小坏死点；（b）成年鸡白痢卵巢变性、变形、坏死

（三）防制

1.加强饲养管理

到洁净的种鸡场引种；加强对环境的消毒；提高育雏温度2～3℃；保持饲料和饮水卫生；密切注意鸡群动态，发现糊肛的鸡只应及时挑出淘汰。从雏鸡开食之日起，在饲料或饮水中添加抗菌药物预防。

2.药物防治

【方法一】　磺胺类药物治疗。磺胺嘧啶、磺胺甲基嘧啶和磺胺二甲基嘧啶为首选药，在饲料中添加量不超过0.5%，饮水中可用0.1%～0.2%，连续使用5天后，停药3天，再继续使用2～3次。

【方法二】　抗生素药物治疗。氟苯尼考0.015%～0.025%拌料投服5～6天，或其他抗菌药物如金霉素、土霉素、四环素、庆大霉素、氟哌酸、卡那霉素。

　　【方法三】 微生物制剂治疗。促菌生，每只鸡每次服0.5亿个菌，每日1次，连服3天（剂型有片剂，每片0.5克，含2亿个菌；胶囊，每粒0.25克，含1亿个菌）。

> **注意**
>
> 　　近年来微生物制剂在防治鸡下痢方面有较好效果，这些制剂具有安全、无毒、不产生副作用、细菌不产生耐药性、价廉等特点，常用的有促菌生、调痢生、乳酸菌等，在用这些药物的同时及其前后4～5天应该禁用抗菌药物。

　　【方法四】 白头翁、白术、茯苓各等份共研细末，每只幼雏每日0.2～0.3克，中雏每日0.3～0.5克，拌入饲料，连喂10天，治疗雏鸡白痢疗效很好，用药后3～5天病情可得到控制而痊愈。

　　【方法五】 黄连、黄芩、苦参、金银花、白头翁、陈皮各等份共研细末，拌匀，按每只雏鸡每日0.3克拌料，防治雏鸡白痢的效果优于抗生素。

十一、大肠杆菌病

　　大肠杆菌是大肠埃希菌的俗称，为肠杆菌科埃希菌属，大肠杆菌抗原主要有O抗原、K抗原和H抗原三种，它们是血清型鉴定的基础。大肠杆菌的O抗原有173种，K抗原有80种，H抗原有56种。虽然自然界存在的血清型高达数万种，但是致病性的大肠杆菌的数量是有限的。败血型大肠杆菌可引起鸡的败血症、气囊炎、脑膜炎、肠炎、肉芽肿。

（一）流行特点

　　各种年龄的鸡都能感染本病，雏鸡易感性较高，20～45日龄的肉鸡最易发生。发病早的有4日龄、7日龄的鸡，也有大雏发病。本病一年四季均可发生，但以冬末春初较为常见。

　　本病传播途径广泛，病菌可污染饲料和饮水，尤以污染饮水经过消化道引起发病最为常见；携有本病菌的尘埃被易感鸡吸入，进入下呼吸道后侵入血液引起发病；种蛋产出后，被粪便污染，在蛋温降至环境温度的过程中，蛋壳表面沾染的大肠杆菌很容易穿透蛋壳进入蛋内。污染的种蛋常于孵化的后期引起胚胎死亡，或刚出壳的雏鸡发生本病；患有大肠杆菌性输卵管炎的母鸡，在蛋的形成过程中本菌即可进入蛋内，从而引起本病经蛋传播；另外还可以通过交配、断喙、雌雄鉴别等途径传播。鸡群密集、空气污浊、过冷过热、营养不良、饮水不洁等都可促使本病流行。

本病常易成为其他疾病的并发病和继发病。常与沙门氏菌病、传染性法氏囊炎、新城疫、支原体病、传染性支气管炎、葡萄球菌病、盲肠肝炎、球虫病等并发或继发。本病发病率和死亡率与血清型和毒力、有无并发或继发、环境条件是否良好、采取措施是否及时有效等有关。发病率一般为30%～69%，死亡率42%～75%。

（二）临床症状及病理变化

1.脐炎

脐炎主要发生于2周内的雏鸡，病雏脐部红肿并常破溃，后腹部胀大，皮薄，发红或呈青紫色（图9-30），粪便黏稠呈黄白色、腥臭，采食量减少或不食。残余卵黄囊胀大，充满黄绿色稀薄液体，胆囊肿大，胆汁外渗。肝土黄色（低日龄）或暗红色（高日龄）、肿胀、质脆、有斑状、点状出血，小肠鼓气、黏膜充血或片状出血。

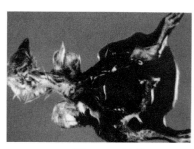

图9-30　脐炎

2.急性败血症

本病主要发生于雏鸡和4月龄以下的青年鸡，病鸡体温升高达43℃以上，饮水增多、采食锐减、腹泻、排绿白色粪便，有的临死前出现扭头、仰头等神经症状。病变：①纤维素性心包炎，心包蓄积多量淡黄色黏液（纤维渗出物），囊壁增厚、粗糙，心脏扩张，表面有灰白色霉斑样覆盖物；②纤维素性肝周炎，肝淤血肿大，呈暗紫色，表面覆盖一层灰白色、灰黄色的纤维素膜；③纤维素性腹膜炎，腹腔中有大量淡黄色清亮腹水或胶冻样物，有时腹膜及内脏表面附有多量黄白色渗出物，致使器官粘连（图9-31）。

(a)

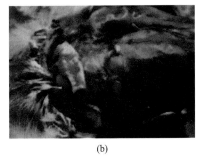

(b)

(c)

图9-31　急性败血症

（a）部分病鸡离群呆立或拥挤打堆，羽毛逆立，食欲减退或废绝，排黄绿白色稀粪，肛门周围羽毛被污染；（b）病鸡肝脏肿大，瘀血，外有黄白色包膜（纤维素性渗出物），腹部有黄色纤维素膜；（c）病鸡心包炎，心包增厚，心包腔内集聚大量的灰白色炎性渗出物，与心肌相粘连

3.气囊炎

5～12周龄的肉仔鸡发病较多，6～9周龄为发病高峰，病鸡呼吸困难、咳嗽、有啰音。剖检可见气囊增厚，附有多量豆渣样渗出物（图9-32）；有的病鸡肺水肿。

4.卵黄性腹膜炎

本病主要见于产蛋母鸡，病鸡食欲差，采食减少，腹部外观膨胀或下坠；腹腔内有大量卵黄凝固，有恶臭味；广泛性腹膜炎，卵泡膜充血，卵泡变性萎缩，局部或整个卵泡红褐色或黑褐色，输卵管有大量分泌物，有的有黄色絮状物或块状干酪样物（图9-33）。

5.大肠杆菌性肉芽肿

病鸡内脏器官上产生典型的肉芽肿，肝脏上有坏死灶（图9-34）。

图9-32　气囊炎

图9-33　卵黄性腹膜炎

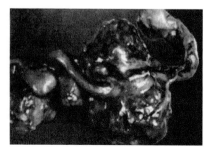

(a) 病鸡肠系膜上形成肉芽肿

(b) 大肠杆菌性肉芽肿病鸡的心、十二指肠、胰腺都有肉芽肿病灶

图9-34　大肠杆菌性肉芽肿

（三）防制

1.预防措施

（1）引种　从无病原性大肠杆菌感染的种鸡场购买雏鸡，加强运输过程中的卫生管理。

（2）优化环境　选好场址和隔离饲养，场址应建立在地势高燥、水源充足、水质良好、排水方便、远离居民区（最少500米）的地方，特别要远离其他鸡场、屠宰场或畜产品加工厂。生产区与生活区及经营管理区分开，饲料加工车间、种鸡舍、育雏舍、育成鸡舍及孵化厅分开（相隔500米）。

（3）科学饲养管理　鸡舍温度、湿度、光照，鸡群密度，饲料和管理均应按规定要求进行，减少各种应激反应。通过及时清粪，并堆积密封发酵，加强通风换气和环境绿化等减少鸡舍内氨气等有害气体的产生和积聚。

2.药物防治

选择敏感药物在发病日龄前1～2天进行预防性投药，或发病后做紧急治疗。

【方法一】　氟苯尼考5～8克/100千克。

【方法二】　丁胺卡那霉素8～10克/100千克，饮水3～5天等。

十二、传染性鼻炎

本病是由鸡嗜血杆菌和副鸡嗜血杆菌所引起的鸡的急性呼吸系统疾病，主要症状为鼻腔炎与鼻窦炎，流鼻涕，脸部肿胀和打喷嚏。

（一）流行特点

本病发生于各种年龄的鸡，老龄鸡感染较为严重。7日龄的雏鸡，以鼻腔内人工接种病菌常可发生本病，而3～4天的雏鸡则稍有抵抗力。4周龄至3年的鸡易感，但有个体的差异性。人工感染4～8周龄雏鸡有90%出现典型的症状，13周龄和大些的鸡则100%感染。在较老的鸡中，本病潜伏期较短，而病程长。本病发病率虽高，但死亡率较低，尤其是在流行的早、中期鸡群很少有死鸡出现。在鸡群恢复阶段，死淘增加，但不见死亡高峰。这部分死淘鸡多属继发感染所致。本病可使产蛋鸡产蛋率显著下降，育成鸡生长停滞。

病鸡及隐性带菌鸡是传染源，而慢性病鸡及隐性带菌鸡是鸡群中发生本病的重要原因。其主要以飞沫及尘埃经呼吸传染，但也可通过污染的饲料和饮水经消化道传染。

本病的发生与一些能使机体抵抗力下降的诱因密切有关。如鸡群拥挤，不同年龄的鸡混群饲养，通风不良，鸡舍内闷热，氨气浓度大，或鸡舍寒冷潮湿，缺乏维生素A，受寄生虫侵袭等都能促使鸡群严重发病。鸡群接种鸡痘疫苗引起的全身反应，也常常是传染性鼻炎的诱因。本病多发于秋、冬两季，这可能与气候和饲养管理条件有关。

（二）临床症状和病理变化

疾病的损害在鼻腔和鼻窦，发生炎症者常仅表现鼻腔流稀薄清液，一般不引人注意。常见症状为鼻孔先流出清液以后转为浆液性分泌物，有时打喷嚏；脸肿胀或水肿，眼结膜发炎、眼睑肿胀（图9-35）；食欲减退及饮水减少，或有下痢，体重减轻。病鸡精神沉郁，面部浮肿，缩头，呆立。雏鸡生长不良，成年母鸡产卵减少；公鸡肉髯常见肿大。如炎症蔓延至下呼吸道，则呼吸困难，病鸡常摇头欲将呼吸道内的黏液排出，并有啰音，咽喉亦可积有分泌物的凝块，最后常窒息而死。

病理剖检变化也比较复杂多样，有的死鸡具有一种疾病的主要病理变化，有的死鸡则兼有2～3种疾病的病理变化特征。在本病流行中由于继发症致死的鸡中常见鸡慢性呼吸道疾病、鸡大肠杆菌病、鸡白痢等。病死鸡多瘦弱，不产蛋；育成鸡主要病变为鼻腔和窦黏膜呈急性卡他性炎症，黏膜充血肿胀，表面覆有大量黏液，窦内有渗出物凝块，后成为干酪样坏死物（图9-36）。常见卡他性结膜炎，结膜充血肿胀，脸部及肉髯皮下水肿，严重时可见气管黏膜炎症，偶有肺炎及气囊炎。

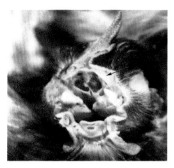

图9-35　传染性鼻炎临床症状　　　　图9-36　传染性鼻炎病理变化

（三）防制

1. 加强饲养管理

平时鸡场应加强饲养管理，改善鸡舍通风条件，保持适宜的饲养密度，做好鸡舍内外的兽医卫生消毒工作，以及病毒性呼吸道疾病的防治工作，提高鸡只抵抗力对防治本病有重要意义。鸡场内每栋鸡舍应做到全进全出，禁止不同日龄的鸡混养。清舍之后要彻底进行消毒，空舍一定时间后方可让新鸡群进入。

2. 免疫接种

使用传染性鼻炎油佐剂灭活苗免疫接种，30～40日龄首免，每只鸡0.3毫升；18～19周龄第二次免疫，每只鸡0.5毫升。污染鸡群免疫时要使用5～7天抗生素，以防带菌鸡发病。

3. 发病后的措施

发病后应及早使用药物治疗，磺胺类药物和抗生素效果良好。

当鸡群食欲尚好时，可投服易吸收的磺胺类药物和抗生素，如饲料中添加0.05%～0.1%的复方磺胺嘧啶，连用5天；当采食少时，可采用饮水或注射给药，可用链霉素（成鸡15万～20万国际单位/只）、庆大霉素（2000～3000国际单位/只）等连用3天。

治疗注意事项：①多种磺胺和抗生素类药物对本病都有疗效，但只能减轻病的症状和缩短病程，而不能消除带菌状态。②治疗本病时应注意，饮水比拌料的效果好，用药的同时补充一定量的维生素A、维生素D及维生素E效果更好；当有霉形体、葡萄球菌合并感染时，必须同时使用泰乐菌素和青霉素才有效；为防止耐药菌株可并用两种药物；在不引起中毒的前提下，用药剂量要足，并要连续用够一个疗程；早期用药效果好，而且可避免对产蛋鸡造成卵巢感染。③国外已研制出预防本病的灭活菌苗和弱毒菌苗，但因其免疫效果差、免疫期短（2～3个月），故需连续进行2～3次菌苗接种，以后每3个月进行1次。免疫过的鸡群也只有80%的保护率，因此防治本病应注重综合防治，改善饲养管理，多喂一些富含维生素A的饲料。

十三、禽霍乱

禽霍乱是由多杀性巴氏杆菌（两端钝圆，中央微凸的短杆菌，长1～1.5微米、宽0.3～0.6微米，不形成芽孢，也无运动性）引起的一种侵害鸡和野鸡的接触性疾病，又名鸡巴氏杆菌病、鸡出血性败血症。本病常呈现败血性症状，发病率和死亡率很高，但也常出现慢性或良性经过。

（一）流行特点

本病一年四季均可发生，但在高温多雨的夏、秋季节以及气候多变的春季最容易发生。本病常呈散发或地方性流行，16周龄以下的鸡一般具有较强的抵抗力。禽霍乱造成鸡的死亡损失通常发生于产蛋鸡群，因这种年龄的鸡较幼龄鸡更为易感。但临床上也曾发现10天发病的鸡群。自然感染鸡的死亡率通常是0～20%或更高，经常发生产蛋量下降和持续性局部感染。慢性感染鸡被认为是传染的主要来源。细菌经蛋传播很少发生。大多数家畜都可能是多杀性巴氏杆菌的带菌者，污染的笼子、饲槽等都可能传播病原。多杀性巴氏杆菌在鸡群中的传播主要是通过病鸡口腔、鼻腔和眼结膜的分泌物进行的，这些分泌物污染了环境，特别是饲料和饮水。粪便中很少含有活的多杀性巴氏杆菌。鸡群的饲养管理不良、体内寄生虫病、营养缺乏、气候突变、鸡群拥挤和通风不良等，都可使鸡对禽霍乱的易感性提高。

（二）临床症状和病理变化

自然感染的潜伏期一般为2～9天，有时在引进病鸡后48小时内也会突然暴发病。人工感染通常在24～48小时发病。由于鸡的机体抵抗力和病菌的致病力强弱不同，所表现的病状亦有差异。一般分为最急性、急性和慢性三种病型。

1.最急性型

此型常见于流行初期，以产蛋高的鸡最常见。病鸡无前驱症状，晚间一切正常，吃得很饱，次日发病死在鸡舍内。最急性型死亡的病鸡无特殊病变，有时只能看见心外膜有少许出血点。

2.急性型

此型最为常见，病鸡主要表现为精神沉郁，羽毛松乱，缩颈闭眼，头缩在翅下，不愿走动，离群呆立［图9-37（a）］。病鸡常有腹泻，排出黄色、灰白色或绿色的稀粪；体温升高到43～44℃，减食或不食，渴欲增加；呼吸困难，口、鼻分泌物增加；鸡冠和肉髯变青紫色，有的病鸡肉髯肿胀，有热痛感，产蛋鸡停止产蛋；最后发生衰竭，昏迷而死亡，病程短的约半天，长的1～3天。急性病例病变特征：病鸡的腹膜、皮下组织及腹部脂肪常见小点出血；心包变厚，心包内积有多量不透明淡黄色液体，有的含纤维素絮状液体，心外膜、心冠脂肪出血尤为明显；肺有充血或出血点；肝脏的病变具有特征性，肝稍肿，质变脆，呈棕色或黄棕色，肝表面散布有许多灰白色、针尖大的坏死点［图9-37（b）］；脾脏一般不见明显变化，或稍微肿大，质地较柔软；肌胃出血显著，肠道尤其是十二指肠呈卡他性和出血性肠炎，肠内容物含有血液。

(a)

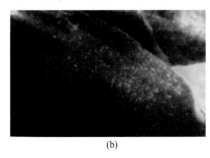
(b)

图9-37　急性禽霍乱

（a）急性禽霍乱病鸡精神沉郁；（b）肝脏肿大、质脆，
表面散在大量灰白色、针尖大的坏死点

3.慢性型

此型由急性型转变而来，多见于流行后期，以慢性肺炎、慢性呼吸道炎和慢性胃肠炎较多见。病鸡鼻孔有黏性分泌物流出，鼻窦肿大，喉

头积有分泌物而影响呼吸；经常腹泻；消瘦，精神委顿，冠苍白。有些病鸡一侧或两侧肉髯显著肿大（图9-38），随后可能有脓性干酪样物质，或干结、坏死、脱落。有的病鸡有关节炎，常局限于脚或翼关节和腱鞘处，表现为关节肿大、疼痛，脚趾麻痹，因而发生跛行。病程可拖至一个月以上，但生长发育和产蛋长期不能恢复。慢性型因侵害的器官不同症状有差异。当以呼

图9-38　慢性禽霍乱病鸡肉髯水肿增厚

吸道症状为主时，见到鼻腔和鼻窦内有多量黏性分泌物，某些病例见肺硬变；局限于关节炎和腱鞘炎的病例，主要见关节肿大、变形，有炎性渗出物和干酪样坏死，公鸡的肉髯肿大，内有干酪样的渗出物，母鸡的卵巢明显出血，有时卵泡变形，似半煮熟样。

（三）防制

1.加强鸡群的饲养管理

平时严格执行鸡场兽医卫生防疫制度是防治本病的关键措施。因为本病的发生经常是由于一些不良的外界因素降低了鸡体的抵抗力而引起的。如鸡群的拥挤、圈舍的潮湿、营养缺乏、寄生虫感染或其他应激因素都是本病的诱因。所以必须加强饲养管理，以栋舍为单位采取全进全出的饲养制度，并注意严格执行隔离卫生和消毒制度，从无病鸡场购鸡，以此预防本病的发生是完全有可能的。

2.药物预防

定期在饲料中加入抗菌药。每吨饲料中添加40～45克喹乙醇或杆菌肽锌，具有较好的预防作用。

3.发病后的措施

（1）及时采取封闭、隔离和消毒措施　加强对鸡舍和鸡群的消毒；有条件的地方应通过药敏试验选择有效药物全群给药。

（2）药物治疗

【方法一】　土霉素或磺胺二甲基嘧啶按0.5%～1%的比例配入饲料中连用3～4天。

【方法二】　喹乙醇0.2～0.3克/千克拌料，连用一周，或每千克体重30毫克，每天一次饲喂，连用3～4天。

【方法三】　病鸡按每千克体重青霉素水剂1万单位肌内注射，每天2～3次。症状明显的病鸡采用大剂量的抗生素进行肌内注射1～2次，这对降低死亡率有显著作用。

> **注意**
>
> 治疗过程中，药的剂量要足，疗程要合理，当鸡只死亡明显减少后，再继续投药2～3天以巩固疗效、防止复发。

十四、鸡葡萄球菌病

本病主要由皮肤创伤或毛孔侵入引起，致病菌主要是金黄色葡萄球菌，主要发生于肉用仔鸡、笼养鸡和条件较差的大鸡群。

（一）流行特点

葡萄球菌在自然界分布很广，在人、畜、禽的皮肤上也经常存在。鸡对葡萄球菌较易感，主要经皮肤创伤或毛孔入侵。鸡群拥挤互相啄斗，鸡笼破旧致使铁丝刺破皮肤而患皮肤型禽痘或其他造成皮肤破损等因素，都是引起本病的诱因。各种年龄和品种的鸡均可感染，而以1.5～3月龄的幼鸡多见，常呈急性败血症。中雏和成鸡常为慢性、局灶性感染。

本病一年四季均可发生，以雨季、潮湿季节发生较多。通常本病多为散发，但有时也迅速扩散至全群中，特别当鸡舍卫生太差、饲养密度太大时，发病率更高。

（二）临床症状和病理变化

1.急性败血型

该型多见于1～2月龄肉用仔鸡，病鸡体温升高达43℃，精神较差，羽毛松乱，缩头闭目，无食欲，有的下痢，排灰色稀粪。主要病变是皮下、浆膜、黏膜水肿、充血、出血或溶血，有棕黄色或黄红色胶样浸润，特别是胸骨柄处肌肉呈弥漫性出血斑或条纹状出血；实质脏器充血肿大，肝呈淡紫红色，有花纹斑；肝、脾有白色坏死点；输尿管有尿酸盐沉积；心冠状脂肪、腹腔脂肪、肌胃黏膜等出血水肿，心包有黄红色积液。

图9-39　病鸡趾底肿胀、溃疡

2.关节炎型

该型多见于较大的青年鸡和成年鸡，病鸡腿、翅膀的一部分关节（跗关节和趾关节）肿胀、热痛、化脓，足趾间及足底常形成较大的脓肿，有的破溃，病鸡跛行（图9-39）。主要表现关节肿大，滑膜增厚、充血、出血，关节腔内有渗出液，有时含有纤维蛋白，病程长者则发生干酪样坏死。

3.脐炎

该型多发于雏鸡，病鸡脐孔发炎、肿大，流暗红色或黄色液体，最后变成干涸的坏死；脐部肿胀膨大，呈紫红或紫黑色，有暗红色水肿液，时间稍久则为脓性干涸坏死；肝脏有出血点；卵黄吸收不全，呈黄红或黑灰色。

（三）防制

1.预防措施

（1）加强管理　加强饲养管理，建立严格的卫生制度，减少鸡体外损的发生；饲喂全价饲料，保证适量的维生素和矿物质；鸡舍应通风、干燥，饲养密度要合理，防止拥挤；搞好鸡舍及鸡群周围环境的清洁卫生和消毒工作，可定期对鸡舍用0.2%次氯酸钠或0.3%过氧乙酸进行带鸡喷雾消毒。

（2）免疫接种　在疫区预防本病可试用葡萄球菌多价菌苗，21～24日龄雏鸡皮下注射1毫升/只（含菌60亿个/毫升），15天产生免疫力，免疫期约6个月。

2.发病后措施

病鸡应隔离饲养。可从病死鸡分离出病原菌后做药敏试验，选用敏感的药物对病鸡群进行治疗，无此条件时，可选择新霉素、卡那霉素或庆大霉素进行治疗。

十五、禽曲霉菌病

禽曲霉菌病又叫禽曲霉性肺炎，是由曲霉菌属的烟曲霉、黄曲霉及黑曲霉等引起的鸡、火鸡、鸭、鹅、鹌鹑等的一类疾病。本病以幼龄鸡多发，常呈急性群发性，发病率和死亡率都较高，成年鸡多为散发。该病特征是呼吸困难，于肺和气囊上出现霉菌结节。

（一）流行特点

胚胎期及6周龄以下的雏鸡比成年鸡易感，4～12日龄最为易感，幼雏常呈急性暴发，发病率很高，死亡率一般为10%～50%，成年鸡仅为散发，多为慢性。本病可通过多种途径感染，曲霉菌可穿透蛋壳进入蛋内，引起胚胎死亡或雏鸡感染，此外，通过呼吸道吸入、肌内注射、眼睛接种、气雾免疫、阉割伤口等也可感染本病。曲霉菌经常存在于垫料和饲料中，在适宜条件下大量生长繁殖，形成曲霉菌孢子，若严重污染环境与种蛋，可造成曲霉菌病的发生。

（二）临床症状和病理变化

幼鸡发病多呈急性经过，病鸡表现呼吸困难，张口呼吸［图9-40（a）］，喘气，有浆液性鼻漏；食欲减退，饮欲增加，精神委顿，嗜睡；羽毛松乱，缩颈垂翅；后期病鸡迅速消瘦，发生下痢。若病原侵害眼睛，可能出现一侧或两侧眼睛发生灰白浑浊，也可能引起一侧眼肿胀，结膜囊有干酪样物。若食道黏膜受损，则吞咽困难。少数鸡由于病原侵害脑组织，引起共济失调、角弓反张、麻痹等神经症状。一般发病后2～7天死亡，慢性者可达2周以上，死亡率一般为5%～50%。若曲霉菌污染种蛋，常造成孵化率下降，胚胎大批死亡。成年鸡多呈慢性经过，引起产蛋下降，病程拖延数周，死亡率不定。

病理变化主要在肺和气囊上，肺脏可见散在的粟粒大至绿豆大小的黄白色或灰白色的结节，质地较硬［图9-40（b）］，有时气囊壁上可见大小不等的干酪样结节或斑块。随着病程的发展，气囊壁明显增厚，干酪样斑块增多、增大，有的融合在一起。后期病例可见在干酪样斑块上以及气囊壁上形成灰绿色霉菌斑。严重病例的腹腔、浆膜、肝脏或其他部位表面有结节或圆形灰绿色斑块。

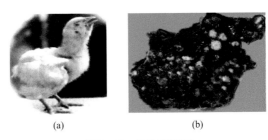

(a)   (b)

图9-40　禽曲霉菌病

（a）幼鸡曲霉菌肺炎，呼吸困难，张口喘气，两翅下垂；（b）肺脏上的结节

（三）防治

1.加强饲养卫生管理

应防止饲料和垫料发霉，使用清洁、干燥的垫料和无霉菌污染的饲料，避免鸡接触发霉堆放物，改善鸡舍通风和控制湿度，减少空气中霉菌孢子的含量。为了防止种蛋被污染，应及时收蛋，保持蛋库与蛋箱清洁卫生。

2.发病后的措施

（1）隔离消毒　及时隔离病雏，清除污染霉菌的饲料与垫料，清扫鸡舍，喷洒1：2000的硫酸铜溶液，换上不发霉的垫料。严重病例扑杀淘汰，轻症者可用1：2000或1：3000的硫酸铜溶液饮水，连用3～4天，可以减少新病例的发生，有效地控制本病的继续蔓延。

（2）药物治疗

【方法一】 制霉菌素，成鸡15～20毫克/只，雏鸡3～5毫克/只，混于饲料中喂服3～5天，有一定疗效。

【方法二】 病鸡用碘化钾口服治疗，每升水加碘化钾5～10克，具有一定疗效。

【方法三】 金银花、连翘、莱菔子（炒）各30克，丹皮、黄芪各15克，柴胡18克，桑白皮、枇杷叶、甘草各12克，水煎取汁1000毫升，为500只鸡的一日量，每日分4次拌料喂服，每天一剂，连用四剂，治疗鸡曲霉菌病有一定效果。

【方法四】 桔梗250克，蒲公英、鱼腥草、苏叶各500克，水煎取汁，为1000只鸡的一日用量，用药液拌料喂服，每天2次，连用1周。另可在饮水中加0.1%高锰酸钾。

十六、鸡球虫病

鸡球虫病是一种或多种球虫寄生于鸡肠道黏膜上皮细胞内引起的一种急性流行性原虫病，是鸡常见且危害十分严重的寄生虫病，它造成的经济损失是惊人的。雏鸡的发病率和致死率均较高。病愈的雏鸡生长受阻，增重缓慢；成年鸡多为带虫者，但增重和产蛋能力降低。

（一）流行特点

病鸡是主要传染源，苍蝇、甲虫、蟑螂、鼠类和野鸟都可以成为机械传播媒介。凡被带虫鸡污染过的饲料、饮水、土壤和用具等，都有卵囊存在，鸡吃了感染性卵囊就会暴发球虫病。各个品种的鸡均有易感性；15～50日龄的鸡发病率和致死率都较高；成年鸡对球虫有一定的抵抗力；11～13日龄内的雏鸡因有母源抗体保护，极少发病。饲养管理条件不良，鸡舍潮湿、拥挤、卫生条件恶劣时，最易发病。本病在潮湿多雨、气温较高的梅雨季节易发。

（二）临床症状和病理变化

病鸡精神沉郁，羽毛蓬松，头蜷缩［图9-41（a）］，食欲减退，嗉囊内充满液体，鸡冠和可视黏膜贫血、苍白，逐渐消瘦，病鸡常排红色胡萝卜样粪便，若感染柔嫩艾美耳球虫，开始时粪便为咖啡色，以后变为完全的血粪［图9-41（b）］，如不及时采取措施，致死率可达50%以上。若多种球虫混合感染，则粪便中带血液，并含有大量脱落的肠黏膜。

病鸡消瘦，鸡冠与黏膜苍白，内脏变化主要发生在肠管，病变部位和程度与球虫的种别有关。柔嫩艾美耳球虫主要侵害盲肠，两支盲肠显著肿大，可为正常的3～5倍，肠腔中充满凝固的或新鲜的暗红色血液，盲肠上皮变厚，有严重的糜烂。毒害艾美耳球虫损害小肠中段，使肠壁扩张、增厚，有严重的坏死。在裂殖体繁殖的部位，有明显的淡白色斑点，黏膜上有许多小出血点［图9-41（c）］。肠管中有凝固的血液或有胡萝卜色胶冻样内容物。巨型艾美耳球虫损害小肠中段，可使肠管扩张，肠壁增厚；内容物黏稠，呈淡灰色、淡褐色或淡红色。鸡堆型艾美耳球虫多在上皮表层发育，并且同一发育阶段的虫体常聚集在一起，在被损害的肠段出现大量淡白色斑点。哈氏艾美耳球虫损害小肠前段，肠壁上出现大头针头大小的出血点，黏膜有严重的出血。若多种球虫混合感染，则肠管粗大，肠黏膜上有大量的出血点，肠管中有大量的带有脱落的肠上皮细胞的紫黑色血液。

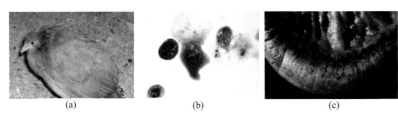

(a)   (b)   (c)

图9-41　鸡球虫病

（a）患球虫病病鸡精神不振，缩颈闭眼；(b)病鸡排出红褐色血样粪；
（c）病鸡小肠肿胀，外表可见大量出血点

（三）防制

1.加强饲养管理

保持鸡舍干燥、通风和鸡场卫生，定期清除粪便，堆放发酵以杀灭卵囊；保持饲料、饮水清洁，笼具、料槽、水槽定期消毒，一般每周一次，可用沸水、热蒸汽或3%～5%热碱水等处理；据报道，用球杀灵和1：200的农乐溶液消毒鸡场及运动场，均对球虫卵囊有强大杀灭作用；每千克日粮中添加0.25～0.5毫克硒可增强鸡对球虫的抵抗力；补充足够的维生素K和给予3～7倍推荐量的维生素A可加速鸡患球虫病后的康复；成鸡与雏鸡分开喂养，以免带虫的成年鸡散播病原导致雏鸡暴发球虫病。

2.药物预防程序

因球虫的类型多，易产生耐药性，应间隔用药或轮换用药。球虫病的预防用药程序是：雏鸡从13～15日龄开始，在饲料或饮水中加入预防用量的抗球虫药物，一直用到上笼后2～3周停止。选择3～5种药物交替使用，效果良好。

3.药物防治

【方法一】 球痢灵（3，5-二硝基邻甲基苯甲酰胺），每千克饲料中加入0.2克球痢灵，或配成0.02%的水溶液，饮水3～4天。

【方法二】 磺胺-6-甲氧嘧啶（SMM）和抗菌增效剂［甲氧苄啶（TMP）或二甲氧苄氨嘧啶（DVD）］，将上述两种药剂按5：1的比例混合后，以0.02%的浓度混于饲料中，连用不得超过7天。

【方法三】 磺胺二甲基嘧啶，以1%的浓度饮水2天，或0.5%的浓度饮水4天。磺胺类药物以早期应用效果较好，且磺胺类药物对鸡副作用大，应慎用。

【方法四】 百球清（甲基三嗪酮）口服液，2.5%口服液做1000倍稀释，饮水1～2天效果较好。

【方法五】 抗球王（1%马杜霉素铵），每吨饲料应用500克，逐级混匀饲喂，产蛋期禁用，饲料中马杜霉素含量不得高于5毫克/千克。

十七、住白细胞原虫病

鸡住白细胞原虫病是血孢子虫亚目的住白细胞原虫引起的急性或慢性血孢子虫病，又叫鸡白冠病、鸡出血性病。本病多发生在炎热地区或炎热季节，常呈地方性流行，对雏鸡危害严重，常引起大批死亡。

（一）流行特点

本病的发生有明显的季节性，北京地区一般在7～9月发生流行。3～6周龄的雏鸡发病率高，死亡率可达到10%～30%。产蛋鸡的死亡率是5%～10%。感染过的鸡有一定的免疫力，一般无症状，也不会死亡。但未感染过此病的鸡会发病，出现贫血，产蛋量明显下降，甚至停产。

（二）临床症状和病理变化

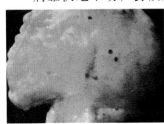

图9-42　住白细胞原虫病脂肪上的出血点

病雏伏地不动，食欲废绝，鸡冠苍白，拉稀，粪便青绿色，脚软或轻瘫。产蛋鸡产蛋量减少或停产，病程可长达1个月。病死鸡的病理变化是口流鲜血，冠白，全身性出血［皮下、脂肪、胸肌、腿肌有出血点或出血斑（图9-42），各内脏器官广泛出血，消化道也可见到出血斑点］，肌肉及某些内脏器官有白色小结节，骨髓变黄。

（三）防治

1.杀灭媒介昆虫

在6～10月流行季节对鸡舍内外喷药消毒，如用0.03%的蝇毒磷进行喷雾杀虫；也可先喷洒0.05%除虫菊酯，再喷洒0.05%百毒杀，既能抑杀病原微生物，又能杀灭库蠓等有害昆虫。消毒时间一般选在傍晚6～8点，因为库蠓在这段时间最为活跃。如鸡舍靠近池塘、屋前、屋后杂草矮树较多，且通风不良时，库蠓繁殖较快，因此建议在6月之前在鸡舍周围喷洒草甘膦除草，或铲除鸡舍周围杂草。同时要加强鸡舍通风。

2.药物预防

鸡住白细胞原虫的发育史为22～27天，因此可在发病季节前1个月左右，开始用有效药物进行预防，一般每隔5天投药5天，坚持 3 ～ 5 个疗程，这样比发病后再治疗能起到事半功倍的效果。常用有效药物：复方泰灭净（磺胺间甲氧嘧啶钠、甲氧苄啶、生血素、肠黏膜修复剂、止血剂、增效剂、特效助溶剂等）30 ～ 50 毫克/千克混饲；痢特灵粉（呋喃唑酮）100 毫克/千克拌料；乙胺嘧啶 1 毫克/千克混饲；磺胺喹噁啉 50 毫克/千克混饲或混水；可爱丹（3,5-二氯-2,6-二甲基-4-羟基吡啶）125 毫克/千克混饲。

3.药物治疗

【方法一】 复方泰灭净（磺胺间甲氧嘧啶钠、甲氧苄啶、生血素、肠黏膜修复剂、止血剂、增效剂、特效助溶剂等），按 100 毫克/千克混水或按 500 毫克/千克混料，连用 5 ～ 7 天。

【方法二】 血虫净（三氮脒），按 100 毫克/千克混水，连用 5 天。

【方法三】 克球粉（氯羟吡啶），按 250 毫克/千克混料，连用 5 天。

【方法四】 氯苯胍，按 66 毫克/千克混料，连用 3 ～ 5 天。

【方法五】 中药卡白灵，1% 混料连喂 5 ～ 7 天。

注意

选用上述药物治疗，病情稳定后可按预防量继续添加一段时间，以彻底杀灭鸡体的住白细胞虫体。

十八、组织滴虫病

组织滴虫病是由组织滴虫（一种很小的原虫，该原虫有两种形式：一种是组织原虫，寄生在细胞里；另一种是腔型原虫，寄生在盲肠腔的内容物中。该虫有强毒株、弱毒株和无毒株三种，强毒株可致盲肠和肝脏病变，引起死亡，弱毒株只在盲肠引起病变，无毒株不产生病变）引起鸡和火鸡的一种原虫病，也称盲肠肝炎或黑头病。本病以肝的坏死和盲肠溃疡为特征。

（一）流行特点

本病易发生在温暖潮湿的夏秋季节，2 ～ 17 周龄的鸡最易感。成年鸡也可感染，但呈隐性感染，成为带虫者，有的慢性散发。传播途径有两种：一是随病鸡粪排出的虫体，在外界环境中能生存很久，鸡食入这些虫体便可感染；另一种是通过寄生在盲肠内的异刺线虫的卵而传播。当异刺线虫在病鸡体内寄生时，其虫卵内可带上组织滴虫。异刺线虫卵中约有0.5%带有这种组织滴虫。这些组织滴虫在线虫卵壳的保护下，随粪便排出体外，在外界环境中能生存2～3年。当外界环境条件适宜时，则发育为感染性虫卵。鸡吞食了这样的虫卵后，卵壳被消化，线虫的幼虫和组织滴虫一起被施放出来，共同移行至盲肠部位繁殖，进入血液。线虫幼虫对盲肠黏膜的机械性刺激，能够促进盲肠肝炎的发生。组织滴虫钻入肠壁繁殖，进入血液，寄生于肝脏。这是其主要的传染方式。

鸡群过分拥挤，鸡舍和运动场不清洁，饲料中营养缺乏，尤其是维生素A缺乏，都可诱发和加重本病。

（二）临床症状和病理变化

本病的潜伏期一般为15～20天，最短的为3天。病鸡精神委顿，食欲不振，缩头，羽毛松乱，翅膀下垂，身体蜷缩，畏寒怕冷，腹泻，排出黄白色或淡绿色稀粪［图9-43（a）］。急性的严重病例，排出的粪便带血或完全是血液。有些鸡的头皮常呈紫蓝色或黑色［图9-43（b）］，所以本病又叫黑头病。本病的病程一般为1～3周，3～12周龄的小鸡死亡率高达50%。康复鸡的粪便中仍然含有原虫。5～6月龄以上的成年鸡很少呈现临床症状。

组织滴虫病的损害常限于盲肠和肝脏。盲肠的一侧或两侧发炎、坏死，肠壁增厚或形成溃疡，有时盲肠穿孔，引起全身性腹膜炎；盲肠表面覆盖有黄色或黄灰绿色渗出物，并有特殊恶臭；有时这种黄灰绿色干硬的干酪样物充塞盲肠腔，呈多层的栓子样；外观呈明显的肿胀并混杂有红、灰、黄等颜色。有的慢性病例，这些盲肠栓子可能已被排出体外。肝脏出现颜色各异、不整圆形稍有凹陷的溃疡病灶［图9-43（c）］，通常呈黄灰色，或是淡绿色。溃疡灶的大小不等，但一般为1～2厘米的环形病灶，也可能相互融合成大片的溃疡区。大多数感染群，通常只有剖检足够数量的病死鸡只后，才能发现典型病理变化。

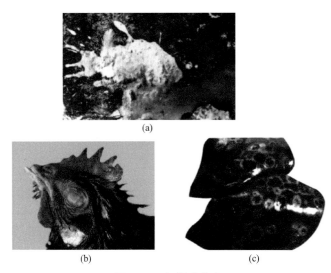
(a)

(b)　　　　　　　　　　　　(c)

图9-43　组织滴虫病

（a）病鸡排黄白色石灰水样粪便，恶臭；（b）病鸡头皮紫蓝色或黑色；
（c）病鸡肝脏上形成圆形的坏死灶

（三）防制

1.预防措施

由于组织滴虫主要是以盲肠体内的异刺线虫虫卵为媒介进行传播的，所以有效的预防措施是排除蠕虫卵，或减少虫卵的数量，以降低这种疾病的传播感染。因此，在进鸡前，必须清除鸡舍杂物并用水冲洗干净，严格消毒。严格做好鸡群的卫生管理，饲养用具不得混用，饲养人员不能串舍，以免互相传播疾病。及时检修供水器，定期移动饲料槽和饮水器的位置，以避免这些地方湿度过高和粪便堆积。用驱虫净定期驱除异刺线虫，每千克体重用药40～50毫克，直到6周龄为止。

2.防治措施

【方法一】 达美素（二甲硝咪唑），按每天40～50毫克/千克体重投药，如为片剂、胶囊剂可直接投喂；如为粉剂可混料，连续

3 ～ 5天，之后剂量改为25 ～ 30毫克/千克体重，连喂2周。

【方法二】 卡巴肿，预防浓度为150 ～ 200毫克/千克混料；治疗浓度为400 ～ 800毫克/千克混料。7天一个疗程。

【方法三】 4-硝基苯胂酸，预防浓度为187.5毫克/千克混料；治疗浓度为400 ～ 800毫克/千克混料。

【方法四】 灭滴灵（甲硝基羟乙唑），按0.05%浓度混水，连用7天，停药3天后再用7天。

注意

治疗时应注意补充维生素K_3，以阻止盲肠出血；补充维生素A，促进盲肠和肝组织的恢复。

十九、鸡蛔虫病

鸡蛔虫病是鸡常见的一种线虫病，是鸡蛔虫（鸡线虫中最大的一种，虫体黄白色，像豆芽梗，雌虫大于雄虫；虫卵椭圆形，深灰色；对外界因素和消毒药抵抗力很强，但在阳光直射、沸水处理和粪便堆沤等情况下，可使之迅速死亡）寄生于鸡小肠内所引起的，多发于3月龄左右的鸡。一般无特征症状，只是表现生长缓慢，发育不良，贫血、消瘦，不易引起注意。大群饲养可以引起死亡。

（一）流行特点

虫卵随粪便排出，在外界环境中发育（经10 ～ 12天发育）成侵袭性虫卵。这种含有幼虫、具有致病力的虫卵污染饲料、饮水并被鸡食入后，在鸡体内又发育成成虫。从感染到发育成成虫需35 ～ 50天。

3月龄以内的鸡最易感染，病情也较重，尤其是平养鸡群和散养鸡群，发病率较高。超过3月龄的鸡抵抗力较强，1岁以上的鸡不发病，但可带虫。本病的发生和流行，与雏鸡的营养水平、环境条件、清洁卫生情况、温度、湿度、管理质量等因素有关。

（二）临床症状和病理变化

感染鸡生长不良，精神萎靡，行动迟缓，羽毛松乱 [图9-44（a）]，贫血，食欲减退、异食、泻痢，粪中常见有蛔虫排出 [图9-44（b）]。

剖检时，小肠内见有许多淡黄色豆芽梗样线虫［图9-44（c）］，雄虫长约50～76毫米，雌虫长约65～110毫米。粪便检查可发现蛔虫卵。

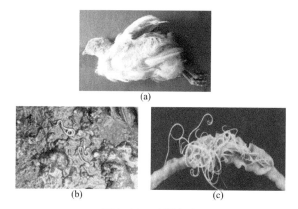

(a)

(b)   (c)

图9-44　鸡蛔虫病
（a）病鸡营养不良和羽毛松乱；（b）粪便中的虫体；（c）肠道中有大量的线虫

（三）诊断

根据临床症状可初步诊断。但必须经粪便检查到虫卵、尸体剖检找到虫体才能最后确诊。虫卵检查时注意与鸡异刺线虫卵区别。

（四）防制

1.预防措施

及时清除积粪和垫料，清洗消毒饮水器和饲料槽；4月龄以内的鸡要与成鸡分开饲养，鸡群定期驱虫可预防本病发生。

2.发病后的治疗措施

本病可用驱蛔灵、驱虫净、左咪唑、硫化二苯胺等药物进行治疗。

二十、鸡绦虫病

鸡绦虫病是由多种绦虫（绦虫虫体为扁平带状，乳白色。在绦虫头部有吸盘，可附着在鸡的肠壁上）寄生于鸡小肠而引起的鸡常见寄生虫病。该病遍布世界各地。在我国常见的是赖利绦虫病和戴文绦虫病。

（一）流行特点

绦虫生活史：孕节片随粪排出，被蚂蚁、蜗牛和甲虫等吞食，经14～45天发育成类囊尾蚴，鸡吞食这些中间宿主后，约经2～3周在小肠内发育为成虫。

（二）临床症状和病理变化

感染绦虫种类不同，鸡的症状也有差异，但均可损伤肠壁，引起肠炎、腹泻，有时粪便带血，可视黏膜苍白或黄染，精神沉郁，采食减少，饮水增多。有的绦虫能使鸡中毒，引起腿脚麻痹、进行性瘫痪及头颈扭曲等症状。一些病鸡因瘦弱、衰竭而死亡。

剖检死鸡可在小肠内发现虫体，严重时阻塞肠道。肠黏膜有点状出血和卡他性肠炎。

（三）防制

1.预防措施

经常清除鸡粪，鸡粪要发酵处理；彻底清除鸡场中的污物，消灭中间宿主蚂蚁、甲虫、蜗牛等；幼鸡与成鸡分开饲养。

2.治疗措施

可按每千克体重加丙硫苯咪唑5～10毫克，或驱绦灵（芬苯哒唑）20毫克、硫双二氯酚300毫克，拌料一次喂给。

二十一、鸡异刺线虫病

鸡异刺线虫又名鸡盲肠虫，寄生在盲肠黏膜上，是长约1～1.5厘米的白色小线虫。病鸡表现消瘦、贫血、下痢等一般寄生虫病症状。剖检可见盲肠黏膜增厚、出血并有大量异刺线虫叮咬在黏膜上。异刺线虫卵能传带盲肠肝炎原虫，鸡吃了异刺线虫卵或含有这种虫卵的蚯蚓，可同时感染异刺线虫病和组织滴虫病。

防治方法同鸡蛔虫病。

二十二、鸡羽虱

羽虱主要寄生在鸡羽毛和皮肤上，是一种永久性寄生虫。目前已发现40多种羽虱。羽虱主要靠咬食羽毛、皮屑和吸食血液而生存，因此患鸡表现羽毛断落，皮肤损伤、发痒，消瘦、贫血，生长发育受阻，产蛋鸡产蛋量下降，并可降低对其他疾病的抵抗力。

防制措施：一是保持环境清洁卫生。使用敌百虫、溴氰菊酯等药物对鸡舍地面、墙壁和棚架进行喷洒，杀灭环境中的羽虱。二是消灭体表羽虱。可用敌百虫精粉剂或0.5%敌百虫粉、5%氟化钠喷撒于鸡全身羽毛及体表皮肤。也可用敌杀死6毫升加入2千克水中，将鸡逐只抓起逆向羽毛喷雾。大群治疗时宜采用药浴法（仅限于夏季进行），方法是取2.5%溴氰菊酯或灭蝇灵1份，加温水4000份，放入大缸或大盆中，将鸡体放入药液浸透体表羽毛。也可用上述药物进行环境灭虱。用药物灭虱时要注意管理，避免鸡群中毒。

二十三、鸡螨

鸡螨又称疥癣虫，是寄生在鸡体表的一种寄生虫。对鸡危害较大的是鸡刺皮螨和突变膝螨。鸡螨大小约0.3～1毫米，肉眼不易看清。鸡刺皮螨呈椭圆形，吸血后变为红色，故又叫红螨，当鸡严重感染时，贫血、消瘦、产蛋减少或发育迟滞。雏鸡严重失血时可造成死亡。突变膝螨又称鳞足螨，其全部生活史都在鸡身上完成；成虫在鸡脚皮下穿行并产卵，幼虫蜕化发育为成虫，藏于皮肤鳞片下面，引起炎症；腿上先起鳞片，以后皮肤增生、粗糙，并发生裂缝；有渗出物流出，干燥后形成灰白色痂皮，如同涂上一层石灰，故又叫石灰脚病，若不及时治疗，可引起关节炎、趾骨坏死，影响生长发育和产蛋。

防制措施：一是主要应搞好环境卫生，定期消毒，以杀死鸡螨；二是大群发生刺皮螨后，可用20%的杀灭菊酯乳油剂稀释4000倍，或0.25%敌敌畏溶液对鸡体喷雾，但应注意防止中毒。环境可用0.5%敌敌畏喷洒。对于感染突变膝螨的患鸡，可用0.03%蝇毒磷或20%杀灭菊酯乳油剂2000倍稀释液药浴或喷雾治疗，间隔7天，再重复1次。大群治疗可用0.1%敌百虫溶液，浸泡患鸡脚、腿4～5分钟，效果较好。

二十四、食盐中毒

食盐是鸡维持正常生理活动所不可缺少的物质之一，适量的食盐有增进食欲、增强消化机能、促进代谢等重要功能，但鸡对其又敏感，尤其是幼鸡。鸡对食盐的需要量约占饲料的0.25%～0.5%，以0.37%最为适宜；若过量，则极易引起中毒甚至死亡。

（一）病因

饲料配合时食盐用量过大，或使用的鱼粉中有较高盐量，配料时又添加食盐；限制饮水不当；饲料中其他营养物质，如维生素E、Ca、Mg及含硫氨基酸缺乏，引起增加食盐中毒的敏感性。

（二）临床症状和病理变化

病鸡的临床表现为燥渴而大量饮水和惊慌不安的尖叫；口鼻内有大量的黏液流出，嗉囊软肿，拉水样稀粪；运动失调，时而转圈，时而倒地，步态不稳，呼吸困难，虚脱，抽搐，痉挛，昏睡而死。

剖检可见皮下组织水肿，食道、嗉囊、胃肠黏膜充血或出血，腺胃表面形成假膜；血黏稠、凝固不良；肝肿大，肾变硬，色淡。病程较长者，还可见肺水肿，腹腔和心包囊中有积水，心脏有针尖状出血点。

（三）防制

1.严格控制饲料中食盐的含量，尤其对幼鸡

一方面严格检测饲料原料鱼粉或其副产品的盐分含量；另一方面配料时加食盐也要求粉细，混合要均匀。平时要保证充足的新鲜洁净饮用水。

2.治疗措施

发现中毒后立即停喂原有饲料，换无盐或低盐分易消化饲料直至康复；供给病鸡5%的葡萄糖或红糖水以利尿解毒，病情严重者另加0.3%～0.5%醋酸钾溶液饮水，可逐只灌服。中毒早期服用植物油缓

泻可减轻症状。

二十五、磺胺类药物中毒

磺胺类药物是治疗鸡的细菌性疾病和球虫病的常用广谱抗菌药物，但是如果用药不当，尤其是使用肠道内容易吸收的磺胺类药物不当会引起急性或慢性中毒。

（一）病因

鸡对磺胺类药物较为敏感，剂量过大或疗程过长等可引起中毒，如1周龄以下雏鸡较为敏感，采食含0.25%～1.5%磺胺嘧啶的饲料1周或口服0.5克磺胺类药物后，即可呈现中毒表现。

（二）临床症状和病理变化

急性中毒主要表现为兴奋不安、厌食、腹泻、痉挛、共济失调、肌肉颤抖、惊厥、呼吸加快，短时间内死亡。慢性中毒（多见于用药时间太长）表现为食欲减退，鸡冠苍白，羽毛松乱，渴欲增加；有的病鸡头面部呈局部性肿胀，皮肤呈蓝紫色；时而便秘，时而下痢，粪呈酱色，产蛋鸡产蛋量下降，有的产薄壳蛋、软壳蛋，蛋壳粗糙，色泽变淡。

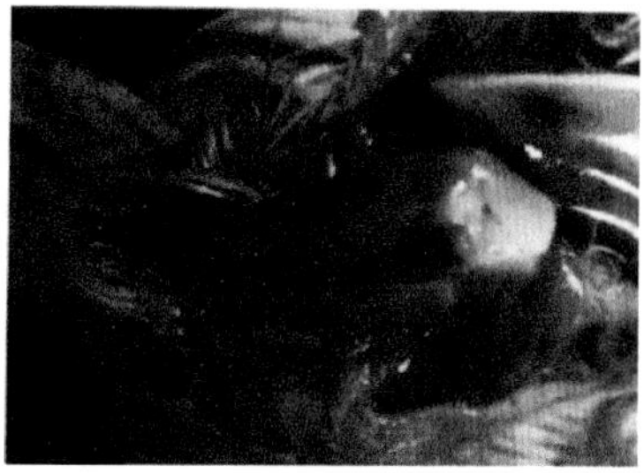

主要表现以机体的主要器官均有不同程度的出血为特征，皮下、冠、眼睑有大小不等的斑状出血。胸肌弥漫性斑点状或涂刷状出血，肌肉苍白或呈透明样淡黄色，大腿肌肉散在有鲜红色出血斑（图9-45）；血液稀薄，凝

图9-45　磺胺类药物中毒

固不良；肝肿大，淤血，呈紫红色或黄褐色，表面可见少量出血斑点或针尖大的坏死灶，坏死灶中央凹陷呈深红色，周围呈灰色；肾肿大，土黄色，表面有紫红色出血斑；输尿管变粗，充满白色尿酸盐；腺胃和肌胃交界处黏膜有陈旧的紫红色或条状出血，腺胃黏膜和肌胃角质膜下有出血点等。

（三）防制

1.预防措施

严格掌握用药剂量及时间，一般用药不超过1周；拌料要均匀，可适当配以等量的碳酸氢钠，同时注意供给充足饮水；1周龄以内雏鸡或体质较弱和即将开产的蛋鸡应慎用；临床上应选用含有增效剂的磺胺类药物（如复方敌菌净、复方新诺明等），其用量小，毒性也较低。

2.治疗措施

发现中毒，应立即停药并供给充足饮水；口服或饮用1%～5%碳酸氢钠溶液；可配合维生素C制剂和维生素K_3进行治疗。中毒严重的鸡可肌内注射维生素B_{12} 1～2微克或叶酸50～100微克。

二十六、马杜霉素中毒

马杜霉素（商品名杜球、抗球王等）是防治鸡球虫病常用的药物之一，近年来生产中其中毒病例不断出现。

（一）病因

1.饲料混合不均匀

马杜霉素在规定的使用范围内安全可靠，无明显的毒性作用。马杜霉素推荐使用剂量为每吨饲料添加5克，据报道，用量达到每1000千克饲料7克时鸡群即出现生长停止或轻微中毒症状，达到每1000千克饲料9克时可引起明显中毒。因此要求在拌料给药时必须混合均匀，但一般养鸡场较难达到。由于马杜霉素与饲料中其他组分的粒径相差很大，混合时应将马杜霉素与饲料成分逐级混匀，否则一次就将马杜霉素和各种饲料成分放在一起搅拌混合，会造成药物在饲料中分布不均匀而引起马杜霉素中毒。

2.联合使用药物引起中毒

马杜霉素不能与某些抗生素和磺胺类药物联合使用。例如马杜霉素不能与红霉素、泰妙菌素以及磺胺二甲氧嘧啶、磺胺喹噁啉、磺胺氯哒嗪合用，与泰妙菌素合用即使在常量下也可引起中毒。因此与其他药物合用时应谨慎。

3.重复用药产生中毒

马杜霉素在兽药市场上常以不同商品名出现，如杀球王、加福、杜球、抗球王等，但生产厂家在标签上没有标明其有效成分，造成饲养户在联合用药治疗球虫病时将多种马杜霉素制剂同时使用；或购买的饲料已加有马杜霉素，用户又添加导致饲料中药物含量高于推荐剂量，因剂量过大鸡食用后发生中毒。

4.其他原因

养殖户常常有超剂量用药的习惯，不严格按照说明书上的使用方法及用量大小来使用，常常随意加大使用剂量，导致马杜霉素中毒；在使用溶液剂饮水给药时，热天鸡只的饮水量大，会造成因摄入过量而中毒。

（二）临床症状和病理变化

病鸡病初精神不振，吃料减少，羽毛松乱，饮水量增加，排水样稀粪，蹲卧或站立，走路不稳；继之症状加重，鸡冠、肉髯等处发绀或呈紫黑色；精神高度沉郁或昏迷，脚软瘫痪，匍匐在地或侧卧，两腿向后直伸，排黄白色水样稀粪，中毒鸡明显失水消瘦，部分鸡死前发生全身性痉挛。

剖检死鸡呈侧卧，两腿向后直伸，肌肉明显失水，肝脏暗红色或黑红色，无明显肿大，胆囊多充满黑绿色胆汁，心外膜有小出血斑点，腺胃黏膜充血、水肿，肠道水肿、出血，尤以十二指肠严重，肾肿大、淤血，有的有尿酸盐沉积。

（三）防制

1.预防措施

马杜霉素和饲料混合时，采用粉料配药，逐级稀释法混合，使马杜霉素和饲料充分混匀；查明所用抗球虫药的主要成分，避免重复用药或与其他聚醚类药物同时使用造成中毒；购买饲料时要查询饲料中是否加有马杜霉素；使用马杜霉素治疗球虫病时，严格按照说明书上的使用方法及用量来使用，不要随意加大使用剂量；在使用溶液剂饮水给药时，要注意热天鸡只的饮水量大，适当降低饮水中的药物浓度，以免造成摄入过量而引起中毒。

2.治疗措施

立即停喂含马杜霉素的饲料，饮服水溶性电解质多种维生素（如苏威多维），并按5%浓度加入葡萄糖及0.05%维生素粉，对排除毒物、减轻症状、提高鸡的抗病力有一定效果，用中药绿豆、甘草、金银花、车前草等煎水，供中毒鸡自由饮用。中毒严重的鸡只隔离饲养，在口服给药的同时，每只皮下注射含50毫克维生素C的5%葡萄糖生理盐水5～10毫升，每日2次。但中毒量大者仍不免死亡。

二十七、黄曲霉毒素中毒

黄曲霉毒素中毒是鸡的一种常见的中毒病，该病由发霉饲料中霉菌产生的毒素引起。本病主要危害肝脏，影响肝功能，肝脏变性、出血和坏死，腹水，脾肿大及消化障碍等，并有致癌作用。

（一）病因

黄曲霉菌是一种真菌，广泛存在于自然界，在温暖潮湿的环境中最易生长繁殖，其中有些毒株可产生毒力很强的黄曲霉毒素。当各种饲料成分（谷物、饼类等）或混合好的饲料污染这种霉菌后，便可引起发霉变质，并含有大量黄曲霉毒素。鸡食入这种饲料可引起中毒，其中以幼龄的鸡、鸭和火鸡，特别是2～6周龄的雏鸡最为敏感，饲料中只要含有微量毒素，即可引起中毒，且发病后较为严重。

（二）临床症状和病理变化

2～6周龄雏鸡敏感，表现沉郁，嗜睡，食欲不振，消瘦，贫血，鸡冠苍白，虚弱，尖叫，拉淡绿色稀粪，有时带血，腿软不能站立，翅下垂。成鸡耐受性稍高，多为慢性中毒，症状与雏鸡相似，但病程较长，病情和缓，产蛋减少或开产推迟，个别可发生肝癌，呈极度消瘦的恶病质而死亡。

急性中毒，剖检可见肝充血、肿大、出血及坏死，胆囊充盈〔图9-46（a）〕；肾苍白、肿大；胸部皮下、肌肉有时出血。慢性中毒时，常见肝质地变硬，体积缩小，颜色发黄，并有白色点状或结节状病灶。个别可见肝癌结节，伴有腹水；心肌色淡，心包积水；胃和嗉囊有溃疡，肠道充血、出血。

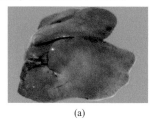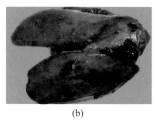

(a)　　　　　　　　　　　(b)

图9-46　黄曲霉毒素中毒

（a）肝肿大、色黄；（b）肝质地变硬，有出血斑点

（三）防制

平时搞好饲料保管，注意通风，防止发霉；不用霉变饲料喂鸡；为防止发霉，可用福尔马林对饲料进行熏蒸消毒。

目前对本病还无特效解毒药，发病后应立即停喂霉变饲料，更换新料，饮服5%葡萄糖水；用2%次氯酸钠对鸡舍内外进行彻底消毒；中毒死鸡要销毁或深埋，不能食用；鸡粪便中也含有毒素，应集中处理，防止污染饲料、饮水和环境。

二十八、棉籽饼中毒

棉籽经处理提取棉籽油后，剩下的棉籽饼是一种低廉的蛋白质饲料，如果棉籽蒸炒不充分，加工调制不好，棉酚不能完全被破坏，吃过多这种棉籽饼可引起中毒。棉酚是一种血液毒和原浆毒，对神经、血管均有毒性作用，可引起胃及肾脏严重损坏。

（一）临床症状和病理变化

病鸡食欲废绝，消瘦，四肢无力，抽搐，冠和髯发绀，最后呼吸困难，衰竭而死。剖检有明显的肠炎，肝、肾退行性变化；肺水肿，心外膜出血，胸腹腔积液。

（二）防制

用棉籽饼喂鸡时，应先脱毒再用，雏鸡最好不超过2%～3%，成鸡不超过5%～7%。鸡群中毒时，应立即停喂棉籽饼，并对症治疗。

二十九、中暑

中暑是日射病和热射病的总称。鸡在烈日下暴晒，使头部血管扩张而引起脑及脑膜急性充血，导致中枢神经系统机能障碍称为日射病。鸡在闷热环境中因机体散热困难而造成体内过热，引起中枢神经系统、循环系统和呼吸系统机能障碍称为热射病，又称热衰竭。本病多见于酷暑炎热季节，特别是大规模密集型笼养鸡容易发生。

（一）病因

由于禽类皮肤缺乏汗腺，体表覆盖厚厚的羽毛，主要靠蒸发进行散热，散热途径单一。因此，当家禽在烈日下暴晒，或在高温高湿环境中长时间闷热、拥挤、通风不良并得不到足够饮水，或装在密闭、拥挤的车辆内长途运输时，机体散热困难，产热不能及时散失，引起本病发生。

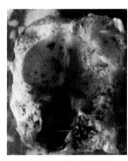

图9-47　病鸡大脑和小脑软脑膜有大小不等的出血斑点

（二）临床症状和病理变化

本病常突然发生，急性经过。日射病的患鸡表现体温升高，烦躁不安，然后反应迟钝，足部麻木，体躯、颈部肌肉痉挛，常在几分钟内死亡。剖检可见脑膜充血、出血，大脑充血、水肿及出血（图9-47）。热射病患鸡除可见体温升高外，还表现呼吸困难、频率加快，张口喘气，翅膀张开下垂，很快眩晕，步态不稳或不能站多，大量饮水，虚脱，易引起惊厥而死亡。剖检可见尸体血液凝固不良，全身淤血，心外膜、脑部出血。

（三）防制

1.预防措施

夏季应在鸡舍及运动场上搭置凉棚，供鸡只活动或栖息，避免鸡特别是雏鸡长时间受到烈日暴晒，高温潮湿时更应注意；舍内饲养特别是笼养，应加强夏季防暑降温，避免舍内温度过高；做好遮阳、通风工作，必要时进行强制通风，安装湿帘通风系统；降低饲养密度；保证供足饮水等。

2.治疗措施

发生日射病时迅速将鸡只转移到无日光处，但禁止冷浴；发生热射病时使鸡只很快处于阴凉的环境中，以利于降温散热，同时给予清凉饮水，也可将鸡只放入凉水中稍作冷浴。

三十、恶食癖

恶食癖又叫啄癖、异食癖或同类残食症，大、小鸡都可发生，以群养鸡多见。其中啄肛癖危害最大，常导致被啄者死亡。

（一）病因

恶食癖发生的原因很复杂，主要有四个方面：一是饲养管理不善。如鸡群密度过大，由于拥挤使其形成烦躁、好斗性格；成年母鸡因产蛋箱、窝太少、简陋或光线太强，产蛋后不能较好地休息而使子宫难以复位或鸡过肥而使子宫复位时间太久，红色的子宫在外边裸露引起啄癖发生。二是饲料营养不足。如食盐缺乏，鸡就会寻求咸味食物，引起啄肛、啄肉；缺乏蛋氨酸、胱氨酸时，鸡就会啄毛、啄蛋，特别是高产鸡群；某些矿物质和维生素缺乏、饲料粗纤维含量太低或限饲时，长期处于饥饿状态下等，都易发生本病。三是一些外寄生虫病。如虱、螨等引起鸡只局部发痒，而致使其不断啄叼患部，甚至啄叼破溃出血，引起恶食癖。四是遗传因素。白壳蛋鸡啄癖的发生率较高，特别是刚开产的新母鸡，啄肛引起病残和死亡的较多，而褐壳蛋鸡发生较少。

（二）临床表现

本病表现为啄肛癖［图9-48(a)］、啄卵癖、啄羽癖［图9-48(b)］、啄趾癖和啄头癖。其中啄肛癖危害最大，常导致被啄者死亡。

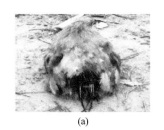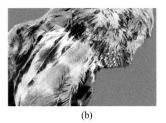

图9-48　恶食癖

（a）啄肛癖；（b）啄羽癖

（三）防制

1.预防措施

雏鸡在7～10日龄进行断喙，育成阶段再补充断喙一次。上喙断1/2，下喙断1/3，雏鸡上、下喙一起切。断喙后的成年鸡喙呈浑圆形，短而弯曲。保持适宜饲养环境。平养鸡舍产蛋前要将产蛋箱或窝准备好，每4～5只母鸡设置一个产蛋箱，样式要一致，产蛋箱应宽敞，使鸡伏卧其内不露头尾，并放置于较安静处。饲养密度不宜过大，光照不要太强，饲料营养要全面，饲料中的蛋白质、维生素和微量元素要充足，各种营养素之间要平衡。

2.治疗措施

【方法一】　可将蔬菜、瓜果或青草吊于鸡群头顶，以转移其注意力。啄肛严重时，可将鸡群关在舍内暂时不放，换上红灯泡，糊上红窗纸，使鸡看不出肛门的红色，这样可制止啄肛，待过几天啄癖消失后，再恢复正常饲养管理。

【方法二】　在饲料中添加羽毛粉、蛋氨酸、啄肛灵、硫酸亚铁、核黄素和生石膏等。其中以生石膏效果较好，按2%～3%加入饲料喂半月左右即可。

【方法三】　将饲料中食盐含量提高到2%，连喂2天，并保证足够的饮水，可防止啄肛。因为鸡的饮水量比采食量大，切不可将食盐加入饮水，否则易引起中毒，而且越饮越渴，越渴越饮。

【方法四】　发生恶食癖时，成鸡全部戴鼻环，便可防止啄肛。

参 考 文 献

［1］ 魏刚才.土鸡高效健康养殖技术［M］.北京：化学工业出版社，2010.

［2］ 张敬，江乐泽.无公害散养蛋鸡［M］.北京：中国农业出版社，2009.

［3］ 刘益平.果园林地生态养鸡技术［M］.第2版.北京：金盾出版社，2008.

［4］ 李英，谷子林.规模化生态放养鸡［M］.北京：中国农业大学出版社，2010.

［5］ 魏刚才.鸡场疾病预防与控制［M］.北京：化学工业出版社，2011.

［6］ 黄朝学，谢良平，韩杰.夏季土鸡放养的注意事项［J］.农村养殖技术，2003，14.